全国一级造价工程师职业资格考试一本通系列

建设工程造价案例分析
(土木建筑工程、安装工程)

陈江潮 主编

中国建筑工业出版社
中国城市出版社

图书在版编目（CIP）数据

建设工程造价案例分析. 土木建筑工程、安装工程 / 陈江潮主编. -- 北京：中国城市出版社，2024. 7.
（全国一级造价工程师职业资格考试一本通系列）.
ISBN 978-7-5074-3726-3

Ⅰ. TU723. 31

中国国家版本馆 CIP 数据核字第 2024SR6906 号

本书既可作为一级造价工程师的培训教材，也可作为普通本科院校、应用型本科院校、高等职业院校、中等职业院校、职业本科院校工程管理、工程监理、工程造价等相关专业的教材，还可供管理、经济类相关从业者学习阅读。

责任编辑：张礼庆　朱晓瑜　李闻智
责任校对：张惠雯

全国一级造价工程师职业资格考试一本通系列
建设工程造价案例分析
（土木建筑工程、安装工程）
陈江潮　主编
*
中国建筑工业出版社、中国城市出版社出版、发行（北京海淀三里河路 9 号）
各地新华书店、建筑书店经销
北京鸿文瀚海文化传媒有限公司制版
建工社（河北）印刷有限公司印刷
*
开本：787 毫米×1092 毫米　1/16　印张：18　字数：422 千字
2024 年 7 月第一版　　2024 年 7 月第一次印刷
定价：**69. 00** 元
ISBN 978-7-5074-3726-3
（904743）

前　言

《全国一级造价工程师职业资格考试一本通系列》由当前一线造价工程师职业培训教学名师编写。针对一级造价工程师职业资格考试备考时间紧、记忆难、压力大的客观实际情况，依据最新版考试大纲、命题特点，集合行业、培训优势与教学、科研经验，将经过高度凝练、整合、总结的高频考点，通过简单明了的编排方式呈现出来，以满足考生高效备考的需求。

全国一级造价工程师职业资格考试各科目试题类型、时间安排

科目名称	建设工程造价管理	建设工程计价	建设工程技术与计量（土木建筑工程、交通运输工程、水利工程、安装工程）	建设工程造价案例分析（土木建筑工程、交通运输工程、水利工程、安装工程）
考试时间（小时）	2. 5	2. 5	2. 5	4
满分	100	100	100	120
试题类型	客观题	客观题	客观题	主观题

说明：客观题指单项选择题、多项选择题等题型，主观题指问答题、计算题等题型。

全国一级造价工程师职业资格考试年度考试时间安排

<table>
<tr><td rowspan="9">每年10月
的中、下旬</td><td>上午：9：00~11：30</td><td>备注</td></tr>
<tr><td>建设工程造价管理</td><td rowspan="8">每年考试具体时间，请注意人事考试部门的相关通知</td></tr>
<tr><td>下午：2：00~4：30</td></tr>
<tr><td>建设工程计价</td></tr>
<tr><td>上午：9：00~11：30</td></tr>
<tr><td>建设工程技术与计量（土木建筑工程、交通运输工程、水利工程、安装工程）</td></tr>
<tr><td>下午：2：00~6：00</td></tr>
<tr><td>建设工程造价案例分析（土木建筑工程、交通运输工程、水利工程、安装工程）</td></tr>
</table>

全国一级造价工程师职业资格考试最大的特点是，连续四个考试年度达到各个考试科目的合格标准，才能通过考试，学员朋友应根据自身学习情况统筹考虑四个考试科目

的学习投入时间精力。因此，全书在编写过程中力求将复杂内容抽丝剥茧，在教师多年教学和培训的基础上开发出特有体系。全书通过分析核心考点、提炼主要知识点、经典题型训练三个层次，为考生搭建系统、清晰的知识架构，对各门课程的核心考点、考题设计等进行全面的梳理和剖析，使考生能够把握全局、分清主次指导自己学习。针对知识点及考核要点，通过图表、对比分析、典型真题、模拟题等方式帮助考生准确理解掌握，通过一本通的学习和训练，使考生能够夯实基础，强化应试能力。

此外，关于丛书，还有以下几点值得注意：

(1) 客观考题科目每一章都总结了近年的真题分值分布，核心重点一目了然。分值多的部分，多投入精力学习，分值极少的部分，有所舍得，切莫一味地痴迷于各种“盲点”“误区”，舍本逐末。

(2) 客观考题科目每一章提炼出本章核心考点和真题分析，并配有章节习题训练，做到学练结合，为通过考试保驾护航。

(3) 案例分析科目提炼了考试大纲的核心考点，综合考虑了前三个科目教材的相关内容并结合案例考试要求进行了重新组合整理，为案例解题提供理论依据，节省学员查阅相关资料的时间。

(4) 案例分析科目针对核心考点设置了对应的典型案例分析，做到了核心考点系统全面，同时避免大量重复做题，节约考生备考时间并提高备考效率。

(5) 本书辅以线上交流平台，通过抖音、微信群等多种学习交流平台方便考生学习交流，各科主编参与交流平台学习交流，方便学员高效完成备考工作。

《全国一级造价工程师职业资格考试一本通系列》各册主编人员如下：

《建设工程造价管理》　王竹梅

《建设工程计价》　李　娜

《建设工程技术与计量》(土木建筑工程)　李志国

《建设工程造价案例分析》(土木建筑工程、安装工程)　陈江潮

本系列图书在编写、出版过程中，得到了诸多专家学者的指点帮助，在此表示衷心感谢！由于时间仓促、水平有限，虽经仔细推敲和多次校核，书中难免出现纰漏和瑕疵，敬请广大考生、读者批评和指正。

编写组

2024 年 6 月

目　录

第一章　建设项目投资估算与财务评价

本章考试大纲要求

1. 建设项目投资估算；
2. 建设项目财务分析；
3. 建设项目不确定性分析与风险分析。

本章核心考点解析

序号	核心考点	考核要点
1	建设项目总投资构成及计算	总投资构成和计算、建设期利息、预备费等
2	项目投资现金流量表的财务评价（融资前）	折旧、总成本、增值税、调整所得税、评价指标计算
3	项目资本金现金流量表的财务评价（融资后）	还本付息、折旧、总成本、增值税及附加、所得税、评价指标等计算
4	基于利润与利润分配表的财务评价	还本付息、折旧、总成本、增值税及附加、所得税、评价指标等计算
5	基于项目财务计划现金流量表的财务评价	还本付息、折旧、总成本、增值税及附加、所得税、累计盈余资金等计算
6	盈亏平衡分析法	固定成本、可变成本计算，基本方程等式
7	单因素敏感性分析法	敏感度系数和临界点计算

核心考点一　建设项目总投资构成及计算

1. 总投资构成

总投资构成图如图 1-1 所示。

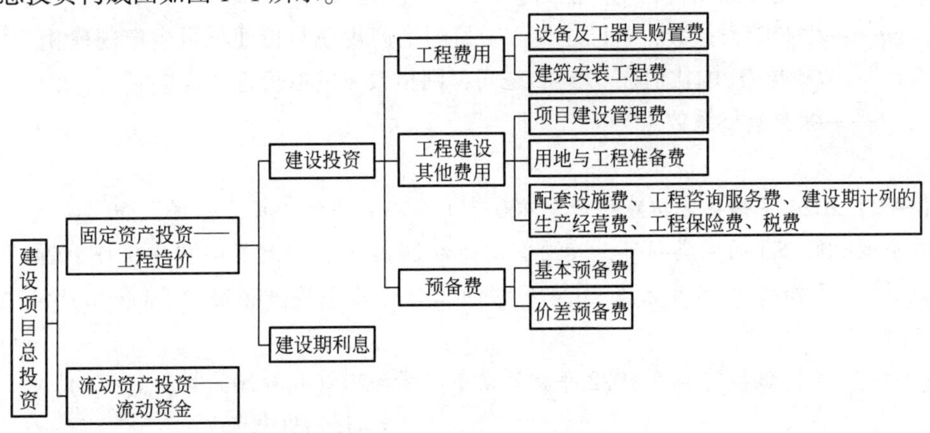

图 1-1　总投资构成图

【例1】 我国某建设项目的建设投资构成如下：

（1）主要生产车间工程费15000万元，其中设备购置费10500万元，建筑工程费3000万元，安装工程费1500万元。

（2）辅助生产车间工程费3000万元，其中设备购置费110万元，建筑工程费150万元，安装工程费40万元。

（3）公用工程工程费1500万元。

工程建设其他费为250万元。

预备费520万元，其中基本预备费为220万元，价差预备费为300万元。

计算期18年，其中项目建设期2年，运营期16年，建设期贷款1200万元，建设期贷款利息合计为65.66万元。

项目流动资金为500万元，其中自有资金400万元，其余为银行借款，利息总计20万元。

【问题】 列式计算该建设项目的总投资额（以"万元"为单位）。（注：计算过程和结果数据有小数的，保留两位小数）

【参考答案】

工程费用=15000+3000+1500=19500（万元）

建设投资=19500+250+520=20270（万元）

固定资产投资=20270+65.66=20335.66（万元）

项目总投资=20335.66+500=20835.66（万元）

2. 建设投资估算方法

（1）生产能力指数法

$$C_2=C_1(Q_2/Q_1)^n\times f$$

式中：C_2——拟建项目静态投资额；

C_1——已建类似项目的静态投资额；

Q_2——拟建项目生产能力；

Q_1——已建类似项目的生产能力；

n——生产能力指数，若已建类似项目的生产规模与拟建项目生产规模相差不大，Q_1与Q_2的比值在0.5~2之间，则指数n的取值近似为1；

f——综合调整系数。

【例2】 2024年初某地拟建年产量400万t的石油炼化项目，根据调查，该地区2015年末建成的200万t的同类项目，其设备投资为20亿元，试估算该拟建项目2024年初的设备投资。（已知从2015年末至2024年初的工程造价平均每年递增5%；生产能力指数为0.5）

【参考答案】 该拟建项目2022年初的设备投资$=20\times(400/200)^{0.5}\times(1+5\%)^8$

$=41.79$（亿元）

（2）设备系数估算法

$$拟建项目投资=工艺设备投资\times(1+\sum K_i)$$

式中：K_i——与工艺设备有关的各专业工程的投资系数。

【例3】 A项目主厂房工艺设备投资3600万元，已建类似项目资料：主厂房工艺设备投资2400万元，主厂房其他各专业工程投资占工艺设备投资的比例见表1-1，用系数估算法估算A项目主厂房投资。

主厂房其他各专业工程投资占工艺设备投资的比例　　**表1-1**

加热炉	汽化冷却	余热锅炉	自动化仪表	起重设备	供电与传动	建安工程
0.12	0.01	0.04	0.02	0.09	0.18	0.40

【参考答案】A项目主厂房投资＝3600×（1+12%+1%+4%+2%+9%+18%+40%）＝3600×（1+0.86）＝6696（万元）

（3）设备及工器具购置费

设备及工器具购置费＝设备购置费+工器具及生产家具购置费

进口设备购置费组成内容，如图1-2所示。

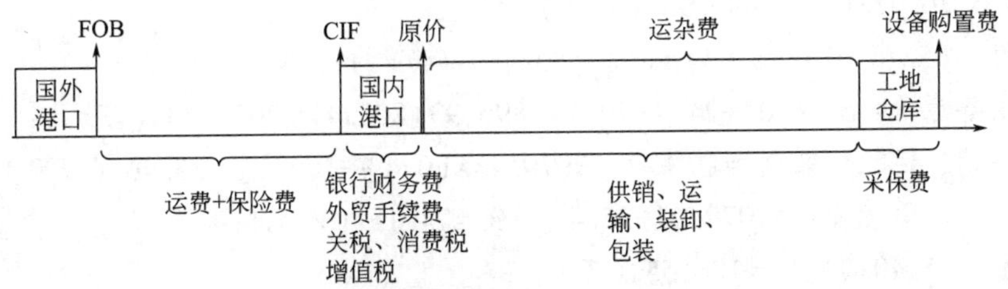

图1-2　进口设备购置费组成内容

进口设备购置费的计算，见表1-2。

进口设备购置费计算公式　　**表1-2**

费用名称	计算公式	备注
1. 货价（FOB）（离岸价）	货价＝离岸价外币金额×外汇牌价（汇率）	外汇牌价（汇率）给定
2. 国外运输费	国外运输费＝硬件货价×国外运输费率	国外运输费率给定
3. 国外运输保险费（价内税）	国外运输保险费＝（硬件货价+运输费）×运输保险费率÷（1-运输保险费率）	运输保险费率给定
4. 关税	硬件关税＝（硬件货价+运费+运输保险费）×关税税率＝硬件到岸价（CIF价）×关税税率	关税税率给定
5. 消费税（价内税）	消费税＝$\frac{到岸价+关税}{1-消费税税率}$×消费税率（进口车辆才有此税）	可能有或无，消费税率给定
6. 增值税	增值税＝（硬件到岸价+关税+消费税）×增值税率	增值税率给定
7. 银行财务费	硬件货价（FOB价）×银行财务费率	银行财务费率给定

续表

费用名称	计算公式	备注
8. 外贸手续费	硬件到岸价×外贸手续费率	外贸手续费率给定
抵岸价（原价）	抵岸价=1+2+3+4+5+6+7+8	
进口设备购置费	进口设备购置费=抵岸价+国内运杂费	
国内运杂费	运费和装卸费、包装费、设备供销部门的手续费、采购与仓库保管费	

【例4】某项目，设备从国外引进，设备的离岸价（FOB价）为800万美元，国际海洋运输公司的海运费率6%，国外运输保险费率3.5‰，外贸手续费率、银行手续费率、关税税率和增值税率分别按1.5%、5‰、17%、13%计取。国内供销手续费率为0.4%，运输、装卸和包装费率为0.1%，采购保管费率为1%。美元兑换人民币的汇率均按1美元=6.2元人民币计算。设备的安装费率为设备原价的10%。计算设备购置费和安装工程费。

【参考答案】设备购置费计算：

FOB=800×6.2=4960.00（万元）；

CIF=4960×1.06/(1−3.5‰)=5276.07（万元）；

银行手续费：4960×5‰=24.80（万元）；

外贸手续费：5276.07×1.5%=79.14（万元）；

关税：5276.07×0.17=896.93（万元）；

增值税：(5276.07+896.93)×13%=802.49（万元）；

进口设备原价：5276.07+24.8+79.14+896.93+802.49=7079.43（万元）；

国内供销、运输、装卸和包装费：7079.43×(0.4%+0.1%)=35.40（万元）；

采购与仓库保管费：(7079.43+35.4)×1%=71.15（万元）；

运杂费：35.40+71.15=106.55（万元）；

购置费：7079.43+106.55=7185.98（万元）；

安装工程费计算：7079.43×10%=707.94（万元）。

（4）建筑安装工程费

按照费用要素构成计算：

建筑安装工程费=人工费+材料费（包含工程设备）+施工机具使用费+其他（企业管理费、利润、规费和税金）

按照工程造价形成计算：

建筑安装工程费=分部分项工程费+措施项目费+其他项目费+规费+税金

（5）预备费

预备费=基本预备费+价差预备费

基本预备费=(工程费+工程建设其他费)×基本预备费率

定义：基本预备费指投资估算或工程概算阶段预留的，由于工程实施中不可预见的工程变更及洽商、一般自然灾害处理、地下障碍物处理、超规超限设备运输等而可能增加的费用，亦可称为工程建设不可预见费。

价差预备费 $P=\sum I_t\left[(1+f)^m\times(1+f)^{0.5}\times(1+f)^{t-1}-1\right]$（分年计算累计求和）

定义：价差预备费是指为建设期内利率、汇率或价格等因素的变化而预留的可能增加的费用，亦称为价格变动不可预见费。

m——建设前期年限（从投资估算到开工的日期）；

I_t——建设期第 t 年的静态投资；

f——建设期物价年均上涨率。

【例 5】 某建设项目在建设期初的建安工程费和设备工器具购置费为 45000 万元。该项目建设期为三年，投资分年使用比例为：第一年 25%，第二年 55%，第三年 20%，建设期内预计年平均价格总水平上涨率为 5%。建设期贷款利息为 1395 万元，工程建设其他费用为 3860 万元，基本预备费率为 10%。建设前期年限按 1 年计。计算该项目的基本预备费、价差预备费及预备费。

解：基本预备费 $=(45000+3860)\times10\%=4886$（万元）；

第一年价差预备费 $=(45000+4886+3860)\times25\%\times\left[(1+5\%)^1\times(1+5\%)^{0.5}\times(1+5\%)^{1-1}-1\right]=$ 1020.23（万元）；

第二年价差预备费 $=(45000+4886+3860)\times55\%\times\left[(1+5\%)^1\times(1+5\%)^{0.5}\times(1+5\%)^{2-1}-1\right]=$ 3834.75（万元）；

第三年价差预备费 $=(45000+4886+3860)\times20\%\times\left[(1+5\%)^1\times(1+5\%)^{0.5}\times(1+5\%)^{3-1}-1\right]=$ 2001.64（万元）；

价差预备费 $=1020.23+3834.75+2001.64=6856.62$（万元）；

预备费 $=4886+6856.62=11742.62$（万元）。

3. 建设期利息（题目给定建设期均衡贷款、建设期只计息不还本息）（逐年计算）

建设期某年利息 =（年初累计本利和 + 本年新增借款 ÷2）× 贷款实际利率

其中：实际利率 $=(1+\text{名义利率}/\text{年计息次数})^{\text{年计息次数}}-1$，比如告诉我们年利率 6%（按季计息），那么年实际利率就是：$(1+6\%/4)^4-1$。

【例 6】 某项目建设期为 3 年，分年均衡贷款，第一年贷款 3000 万元，第二年 6000 万元，第三年 4000 万元，年利率为 12%（按年计息），假设建设期内不还本付息，计算建设期贷款利息。

【参考答案】 在建设期，各年利息计算如下：

第 1 年利息 $=(0+3000/2)\times12\%=180$（万元）；

第 2 年利息 $=(3000+180+6000/2)\times12\%=741.60$（万元）；

第 3 年利息 $=(3000+180+6000+741.6+4000/2)\times12\%=1430.59$（万元）；

建设期贷款利息 $=180+741.60+1430.59=2352.19$（万元）。

【例 7】 某拟建项目，建设期 2 年，运营期 10 年。建设期内贷款本金为 900 万元，其中第 1 年贷款 300 万元，第 2 年贷款 600 万元，贷款年利率 6%（按季计息），列式计算该项目建设期利息。

【参考答案】实际利率 $=(1+6\%/4)^4-1=6.14\%$；

第1年贷款利息 $=300/2\times6.14\%=9.21$（万元）；

第2年贷款利息 $=[(300+9.21)+600/2]\times6.14\%=37.41$（万元）；

建设期借款利息 $=9.21+37.41=46.62$（万元）。

4. 流动资金计算方法

流动资金是指运营期内长期占用并周转使用的运营资金，不包括运营需要的临时性运营资金。

（1）第一种方法是用扩大指标估算法估算流动资金

若题目给定以拟建项目固定资产总投资为基数，则项目的流动资金计算如下：

项目的流动资金=拟建项目固定资产总投资×固定资产投资流动资金率

【例8】 A项目为拟建年产量30万t的铸钢厂，若单位产量占用流动资金额为33.67元/t，试用扩大指标法估算该项目的流动资金。

【参考答案】 项目的流动资金 $=30\times33.67=1010.10$（万元）。

（2）第二种方法是用分项详细估算法估算流动资金

流动资金=流动资产-流动负债

式中：流动资产=应收账款+预付账款+现金+存货

流动负债=应付账款+预收账款

流动资金本年增加额=本年流动资金-上年流动资金

周转次数=360天/最低周转天数

应收账款=年经营成本÷年周转次数

现金=(年工资福利费+年其他费)÷年周转次数

存货=外购原材料、燃料+在产品+产成品

其中，外购原材料、燃料=年外购原材料、燃料动力费÷年周转次数

在产品=(年工资福利费+年其他制造费+年外购原材料、燃料费+年修理费)÷年周转次数

产成品=(年经营成本-年其他营业费用)÷年周转次数

应付账款=年外购原材料、燃料、动力费÷年周转次数

核心考点二 项目投资现金流量表的财务评价（融资前）

融资前财务评价是不考虑融资方案影响的，也就是不考虑建设期和运营期利息的影响，即利用项目投资现金流量表进行财务评价。

1. 总成本计算

（1）生产要素估算法

总成本组成如图1-3所示，某项目总成本费用估算见表1-3。

按生产要素消耗计算：

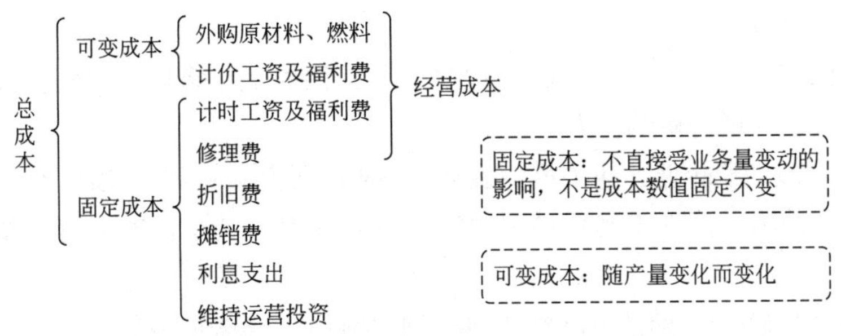

图 1-3 总成本组成

总成本费用=外购原材料、燃料及动力费+工资及福利费+修理费+折旧费+摊销费+财务费用（利息支出）+其他费用

注：融资前财务分析时利息为 0。

（2）按期间费用计算

总成本费用=可变成本+固定成本=经营成本+折旧费+摊销费+利息支出（各种借款利息，融资前财务分析时利息为 0）+维持运营投资

某项目总成本费用估算表（单位：万元） **表 1-3**

编号	年份	3	4	5	6	7	8
1	经营成本						
2	折旧费						
3	摊销费						
4	长期贷款利息						
5	流动资金贷款利息						
6	临时借款利息						
7	维持运营投资						
8	总成本费用（1+2+3+4+5+6+7）						
8.1	固定成本						
8.2	可变成本						

注：维持运营投资根据题目给定条件计算；总成本根据题目计算。

【例 1】 某项目设计产量为 2 万件/年。单位产品不含税销售价格预计为 450 元，单位产品不含进项税可变成本估算为 240 元，单位产品平均可抵扣进项税估算为 15 元，正常达产年份的经营成本为 550 万元（不含可抵扣进项税）。

项目运营期第 1 年产量为设计产量的 80%，营业收入亦为达产年份的 80%，以后各年均达到设计产量。

【问题】 运营期第 1 年的经营成本（不含可抵扣进项税）为多少？

【参考答案】 运营期第 1 年经营成本＝550−240×2×20%＝454（万元）；

或＝550−(240×2−240×2×80%)＝454（万元）。

2. 增值税及附加的计算

在中华人民共和国境内销售、进口货物或者提供加工、修理、修配劳务以及应税服务的单位和个人，为增值税纳税人。

（1）对于一般纳税企业，应纳增值税额=当期销项税额-当期进项税额

注意：当期销项税额小于当期进项税额不足抵扣时，其不足部分可以结转下期继续抵扣。

即：应纳增值税额=当期销项税额-当期进项税额-上一年未抵扣完的进项税额（若有）；

应纳增值税（运营期第 1 年）= 当年的销项税-当年可抵扣的进项税-固定资产中可抵扣的进项税（新建项目）；

当年的销项税=当年的营业收入（不含税）×增值税率；

增值税（运营期第 2 年及以后）= 当年的销项税-当年可抵扣的进项税-上一年可抵扣的进项税。

注意：当某年的增值税为负值时，在利润及利润分配表格中“应缴纳增值税”一栏应填写 0，但计算过程应保留其负值，在下一年计算增值税时继续抵扣。

（2）增值税附加计算公式

增值税附加=应纳增值税×增值税附加税率

3. 基于项目投资现金流量表的财务评价

具体见表 1-4。

某拟建项目投资现金流量表（单位：万元） **表 1-4**

序号	项目	计算方法
1	现金流入	1=1.1+1.2+1.3+1.4
1.1	营业收入（不含销项税额）	年营业收入=设计生产能力×产品单价×年生产负荷
1.2	销项税额	根据案例背景计算（销售额×税率）
1.3	补贴收入	补贴收入是指与收益相关的政府补贴
1.4	回收固定资产余值	固定资产余值=年折旧费×(固定资产使用年限-营运期)+残值 年折旧费=(固定资产原值-残值)÷折旧年限 固定资产投资=建设投资（融资前和后不同） 固定资产残值=固定资产原值×残值率 固定资产原值=固定资产投资-无形资产-其他资产-可抵扣的进项税 (此值填写在运营期或计算期的最后一年)
1.5	回收流动资金	各年投入的流动资金在项目期末一次全额回收
2	现金流出	2=2.1+2.2+2.3+2.4+2.5
2.1	建设投资	建设投资=工程费+工程建设其他费+预备费
2.2	流动资金	一般发生在投产期各年
2.3	经营成本（不含进项税额）	一般发生在运营期各年
2.4	进项税额	根据案例背景计算
2.5	应纳增值税额	销项税额-进项税额（负值不征收，可转到下期继续扣）
2.6	增值税附加	应纳增值税额×税金附加税率

续表

序号	项目	计算方法
2.7	维持运营投资	有些项目运营期内需投入的固定资产投资
2.8	调整所得税	调整所得税=息税前利润（*EBIT*）×所得税率 息税前利润（*EBIT*）=营业收入（不含税）-增值税附加-总成本费用（不含税）（利息为0）+补贴收入=营业收入（不含税）-增值税附加-经营成本-折旧费-摊销费-维持运营投资+补贴收入 总成本费用=经营成本+折旧费+摊销费+利息支出（0）+维持运营投资 年摊销费=无形资产（或其他资产）/摊销年限 利息不考虑
3	所得税后净现金流量（1-2）	各年=1-2
4	累计所得税后净现金流量	各对应年份的第3项的累计值
基于项目投资现金流量表的财务评价指标 1）有三个常见指标：净现值（*FNPV*）、内部收益率（*FIRR*）、静态投资回收期或动态投资回收期（P_t 或 P_t'）。其中，静态投资回收期=(累计净现金流量出现正值的年份-1)+(出现正值年份上年累计净现金流量绝对值÷出现正值年份当年净现金流量)； 动态投资回收期=(累计折现净现金流量出现正值的年份-1)+(出现正值年份上年累计折现净现金流量绝对值÷出现正值年份当年折现净现金流量)。 内部收益率=$FIRR=i_1+(i_2-i_1)\times[FNPV_1\div(\mid FNPV_1\mid+\mid FNPV_2\mid)]$ i_2 与 i_1 之间的差距以不超过2%为宜，最大不要超过5%，$FNPV_1>0$，$FNPV_2<0$。 2）财务评价：净现值≥0，项目可行；内部收益率≥行业基准收益率，项目可行；静态投资回收期≤基准回收期，项目可行；动态投资回收期不大于项目寿命期，项目可行。反之不可行		

【例2】 某新建项目，正常年份产能50万t，工程费和工程建设其他费为6000万元(包含可抵扣固定资产进项税额500万元)，预备费为554.44万元，建设期利息为0，建设投资全部形成固定资产。该项目有关其他数据资料如下：

(1) 项目建设期为1年，运营期为6年，固定资产使用年限10年，按直线法折旧，期末净残值率为4%，固定资产余值在项目运营期末收回。

(2) 运营期第1年投入流动资金500万元，全部为自有资金，流动资金在计算期末全部收回。

(3) 产品不含税价格60元/t，增值税率13%。在运营期间，正常年份每年的经营成本（不含进项税额）为800万元，单位产品进项税额为4元/t，增值税附加税率为10%，企业所得税率为25%。

(4) 投产第1年生产能力达到设计生产能力的60%，预计这一年的营业收入及其所含销项税额、经营成本及其所含进项税额均为正常年份的60%，以后各年均达到设计生产能力。

【问题】

1. 计算固定资产投资和固定资产年折旧。

2. 列式计算运营期每年应缴纳的增值税和增值税附加。

(注：计算过程和结果以“万元”为单位，数据有小数的保留两位小数)

【参考答案】

1. 固定资产投资=6000+554.44=6554.44（万元）；

固定资产年折旧=(6554.44−500)×(1−4%)/10=581.23（万元）。

2.（1）运营期第1年（即计算期第2年）：

销项税=50×60×60%×13%=234（万元）；

当年进项税=50×60%×4=120（万元）；

建设投资中没有抵扣的进项税为500万元（上一年没有抵扣的）；

增值税=50×60×60%×13%−50×60%×4−500=−386（万元）<0；

则，应纳增值税=0；增值税附加=0。

（2）运营期第2年（计算期第3年）：

增值税=50×60×13%−50×4−386=−196（万元）<0；

则，应纳增值税=0；增值税附加=0。

（3）运营期第3年（计算期第4年）：

增值税=50×60×13%−50×4−196=−6（万元）<0；

则，应纳增值税=0；增值税附加=0。

（4）运营期第4年（计算期第5年）：

增值税=50×60×13%−50×4−6=184（万元）>0；

则，应纳增值税=184（万元）；增值税附加=184×10%=18.4（万元）。

（5）运营期第5年~6年（计算期第6~7年）：

应纳增值税=50×60×13%−50×4=190（万元）；增值税附加=190×10%=19（万元）。

核心考点三 项目资本金现金流量表的财务评价（融资后财务评价）

融资后财务评价要考虑融资方案（要考虑利息），是在融资前财务评价可行的基础上进行的，利用项目资本金现金流量表进行计算评价。

1. 还本付息计算

通常建设期利息在运营期偿还，偿还方式主要有：等额本金法、等额本息法、最大还款能力（未分配利润+折旧+摊销=还本金）。

（1）等额本金法

基本原理：考题给定运营期内某几年等额还本，利息照付。

还款期每年应还的本金=第一次等额还本时期初借款余额（建设期本金和利息）/还款年限

还款期某年应付利息=当年期初本利和×年利率

（2）等额本息法

基本原理：运营期内某几年等额还本付息。

一般针对长期借款的还款（如建设投资借款和建设期利息的偿还），运用以下联动公式计算。

$$F=P\cdot(1+i)^n=A\frac{(1+i)^n-1}{i}$$

式中：F——最后一次等额还本付息时期末借款余额；

P——第一次等额还本付息时期初借款余额；

A——每次等额本金+利息。

应还本金及利息的计算：

还款期内每年应还的等额本息和＝建设期贷款本利和×资金回收系数

＝建设期贷款本利和×$(A/P,\ i,\ n)$

＝建设期贷款本利和×$\dfrac{(1+i)^n \times i}{(1+i)^n - 1}$

其中：还款期某年应付利息＝当年期初本利和×年利率

还款期某年应付本金＝当年应还的等额本息－当年应付利息

（3）最大还款能力（项目运营中可用于还款的资金全部还款）

偿还的本金＝项目运营中可用于还款的资金＝未分配利润+折旧费+摊销费；

特殊情况下，如运营期第一年不提取公积金和不分配投资者各方利润时：

偿还的本金＝净利润+折旧费+摊销费

（4）流动资金借款利息（流动资金为运营期周转性资金）

注意：

1）每年发生的流动资金均在当年年初；

2）若无特殊说明，一般当年利息当年还，以单利计息，最后一年还本付息。

2. 基于项目资本金现金流量表的财务评价

某项目资本金投资现金流量表见表1-5。

某项目资本金投资现金流量表（单位：万元）　　表1-5

序号	项目	计算方法
1	现金流入	1＝1.1+1.2+1.3+1.4+1.5
1.1	营业收入（不含销项税额）	年营业收入＝设计生产能力×产品单价×年生产负荷
1.2	销项税额	根据案例背景计算（销售额×税率）
1.3	补贴收入	补贴收入是指与收益相关的政府补贴
1.4	回收固定资产余值	固定资产余值＝年折旧费×（固定资产使用年限－营运期）+残值 年折旧费＝（固定资产原值－残值）÷折旧年限 固定资产投资＝建设投资+建设期贷款利息（融资前和融资后不同） 固定资产原值＝固定资产投资－无形资产－其他资产－可抵扣进项税 固定资产残值＝固定资产原值×残值率 （此值填写在运营期或计算期的最后一年）
1.5	回收流动资金	各年投入的流动资金在项目期末一次全额回收
2	现金流出	2＝2.1+2.2+2.3+2.4+2.5+2.6+2.7+2.8+2.9
2.1	项目资本金	
2.2	借款本金偿还	
2.3	借款利息支付	
2.4	经营成本（不含进项税额）	一般发生在运营期各年

续表

序号	项目	计算方法
2.5	进项税额	根据案例背景计算
2.6	应纳增值税额	销项税额-进项税额（负值不征收，可转到下期继续扣）
2.7	增值税附加	应纳增值税额×税金附加税率
2.8	维持运营投资	有些项目运营期内需投入的固定资产投资
2.9	所得税	所得税=应纳税所得额×所得税率
3	所得税后净现金流量（1-2）	各年=1-2
4	累计所得税后净现金流量	各对应年份的第3项的累计值
基于项目投资现金流量表的财务评价指标 1）有三个常见指标：净现值（*FNPV*）、内部收益率（*FIRR*）、静态投资回收期或动态投资回收期（P_t或P_t'）。其中，静态投资回收期=（累计净现金流量出现正值的年份-1）+（出现正值年份上年累计净现金流量绝对值÷出现正值年份当年净现金流量） 动态投资回收期=（累计折现净现金流量出现正值的年份-1）+（出现正值年份上年累计折现净现金流量绝对值÷出现正值年份当年折现净现金流量） 内部收益率$=FIRR=i_1+(i_2-i_1)\times[FNPV_1\div(\lvert FNPV_1\rvert+\lvert FNPV_2\rvert)]$ i_2与i_1之间的差距以不超过2%为宜，最大不要超过5%，$FNPV_1>0$，$FNPV_2<0$ 2）财务评价：净现值≥0，项目可行；内部收益率≥投资者期望收益率，项目可行；静态投资回收期≤基准回收期，项目可行；动态投资回收期不大于项目寿命期，项目可行。反之不可行		

核心考点四 基于利润与利润分配表的财务评价

某项目利润与利润分配表见表1-6。

某项目利润与利润分配表（单位：万元） **表1-6**

序号	项目	计算方法
1	营业收入（含销项税额）	年营业收入=设计生产能力×产品单价（不含税）×年生产负荷×（1+增值税率）
2	总成本费用（含进项税额）	总成本费用=经营成本（含进项税额）+折旧费+摊销费+利息支出+维持运营投资
3	应纳增值税	销项税额-进项税额
3.1	销项税	
3.2	进项税	
4	增值税附加	增值税×附加税率
5	补贴收入	补贴收入是指与收益相关的政府补贴
6	利润总额	利润总额=（1-2-3-4+5） =营业收入（含销项税额）-总成本费用（含进项税额）-应纳增值税-增值税附加+补贴收入（慎重使用，满足当年销项税额=当年进税额+增值税时才可用）； =营业收入（不含销项税额）-总成本费用（不含进项税额）-增值税附加+补贴收入

续表

序号	项目	计算方法
7	弥补以前年度亏损	利润总额中用于弥补以前年度亏损的部分
8	应纳税所得额	应纳税所得额=(6-7)
9	所得税	所得税=(8)×所得税率
10	净利润（6-9）	净利润=利润总额-所得税
11	期初未分配利润	上一年度末留存的利润
12	可供分配的利润（10+11）	可供分配的利润=净利润+期初未分配利润
13	提取法定盈余公积金	按净利润提取=净利润×相应比例
14	可供投资者分配的利润（12-13）	可供投资者分配的利润=可供分配的利润-提取法定盈余公积金
15	应付优先股股利	视企业情况填写（14×相应比例）
16	提取任意盈余公积金	视企业情况填写（14×相应比例）
17	应付普通股股利（14-15-16）	视企业情况填写
18	各投资方利润分配	视企业情况填写
	其中：××方	
	××方	
19	未分配利润（14-15-16-18）	未分配利润=应付普通股股利-各投资方利润分配
19.1	用于还款未分配利润	当未分配的利润+折旧费+摊销费大于该年应还本金时，用于还款未分配利润=当年应还本金-折旧费-摊销费；否则未分配利润全部还款，不足部分需要临时借款
19.2	剩余利润转下年期初未分配利润	剩余利润转下年期初未分配利润=(19-19.1)
20	息税前利润（*EBIT*）（利润总额+利息支出）	息税前利润（*EBIT*）=(利润总额+利息支出)
21	息税折旧摊销前利润（*EBITDA*）（息税前利润+折旧费+摊销费）	息税折旧摊销前利润（*EBITDA*）=(息税前利润+折旧费+摊销费)
基于利润与利润分配表的财务评价 1）主要评价指标：总投资收益率（*ROI*）、项目资本金利润率（*ROE*） 2）相关计算公式： 总投资收益率（*ROI*）=[正常年份（或运营期内年平均）息税前利润/总投资]×100% 项目资本金净利润率（*ROE*）=[正常年份（或运营期内年平均）净利润/项目资本金]×100% 3）财务评价：总投资收益率≥行业收益率参考值，项目可行； 项目资本金净利润率≥行业净利润率参考值，项目可行		

核心考点五　基于项目财务计划现金流量表的财务评价

某年净现金流量=经营活动净现金流量+投资活动净现金流量+筹资活动净现金流量

（1）经营活动的净现金流量=经营活动的现金流入-经营活动的现金流出

经营活动的现金流入=营业收入+增值税销项税额+补贴收入+与经营活动有关的其他流入

经营活动的现金流出=经营成本+增值税进项税额+增值税及附加+所得税+与经营活动有关的其他流出

（2）投资活动的净现金流量=投资活动的现金流入−投资活动的现金流出

对于新设法人项目，投资活动的现金流入为0。

投资活动的现金流出=建设投资+维持运营投资+流动资金+与投资活动有关的其他流出

（3）筹资活动的净现金流量=筹资活动的现金流入−筹资活动的现金流出

筹资活动的现金流入=项目资本金投入+建设投资借款+流动资金借款+债券+短期借款+与筹资活动有关的其他流入

筹资活动的现金流出=各种利息支出+偿还债务本金+应付利润（股利分配）+与筹资活动有关的其他流出

（4）累计盈余资金=∑净现金流量（即各年净现金流量之和）

建设项目各年累计盈余资金不出现负值是财务上可持续的必要条件。在整个运营期间允许个别年份的净现金流量出现负值，但是不能容许任一年份的累计盈余资金出现负值。

核心考点六 盈亏平衡分析法

（1）盈亏平衡分析法的基本公式：

利润=QP（不含税单价）−C_1−QC_2（不含税可变成本）−增值税×增值税附加税率+补贴收入

式中：Q——产量；

P——单价；

C_1——年固定成本；

C_2——单位产量可变成本（不含税可变成本）。

计算盈亏平衡点时令利润为0，即：

0=QP（不含税单价）−C_1−QC_2（不含税可变成本）−增值税×增值税附加税率+补贴收入

（注意：记住此等式便可推出以下两个公式，不要死记公式，以下两个公式是在利润为零的情况下推导出的，亦即盈亏平衡点）

$$产量盈亏平衡点=\frac{年固定成本}{产品单价-单位产品可变成本-单位产品增值税\times增值税附加税率}$$

单价盈亏平衡点=

$$\frac{年固定成本+设计生产能力\times单位产品可变成本-设计生产能力\times单位产品进项税\times增值税附加税率}{设计生产能力\times(1-增值税率\times增值税附加税率)}$$

（2）盈亏平衡分析法的注意事项：

1）采用线性盈亏平衡分析法，盈亏平衡点是指利润为零时的产量、生产能力利用率、销售额或销售单价。

2）如果给出增值税附加税率，则增值税附加=增值税×增值税附加税率。

3）不必记忆各种盈亏平衡的计算式，利用基本损益方程式为零，即可推导出各个盈亏平衡点的计算公式。

4）盈亏平衡点反映了项目对市场变化的适应能力和抗风险能力，所以分析结论要紧扣这一点。一般来说，盈亏平衡点越低，适应市场变化的能力越强，抗风险能力也越强。

核心考点七 单因素敏感性分析法

（1）敏感性分析是在确定性分析的基础上，通过进一步分析、预测项目主要不确定因素的变化对项目评价指标（如内部收益率、净现值等）的影响，从中找出敏感因素，确定评价指标对该因素的敏感程度和项目对其变化的承受能力的一种不确定性分析方法。

（2）计算因素的敏感度公式：

$$敏感度=[(Y_1-Y_0)\div Y_0]/[(X_1-X_0)\div X_0]$$

式中：Y_0——初始条件下的财务评价指标值（$FNPV_0$、$FIRR_0$ 等）；

Y_1——不确定因素按一定幅度变化后的财务评价指标值（$FNPV_1$、$FIRR_1$ 等）；

X_0——初始条件下的不确定因素数值；

X_1——不确定因素按一定幅度变化后的数值。

（3）单因素敏感性分析步骤：

1）确定分析指标（如 *FIRR*、*FNPV* 等）。

2）选择需要分析的不确定性因素（如项目投资、营业收入、经营成本等）。

3）分析每个不确定性因素的波动程度及其对分析指标可能带来的增减变化情况。

4）确定敏感性因素。

5）给出敏感性分析结论。

6）一般应选择敏感程度小、承受风险能力强、可靠性大的项目或方案。

临界点的概念：如以 *FNPV* 为评价指标，则 $FNPV=0$ 时所对应的点为临界点，它可以判别不确定因素的允许变动范围。

典型案例母题

试题一（投资构成、融资前现金流量表编制）

某企业拟新建一工业产品生产线，采用同等生产规模的标准化设计资料，项目可行性研究相关基础数据如下：

1. 按现行价格计算的该项目生产线设备购置费为 720 万元，当地已建同类同等生产规模生产线项目的建筑工程费用、生产线设备安装工程费用、其他辅助设备购置及安装费用占生产线设备购置费的权重分别为 70%、20%、15%。根据市场调查，现行生产线设备购置费较已建项目有 10%的下降，建筑工程费用、生产线设备安装工程费用较已建项目有 20%的上涨，其他辅助设备购置及安装费用无变化。拟建项目的其他相关费用为 500 万元（含预备费）。

2. 项目建设期 1 年，运营期 10 年，建设投资（不含可抵扣进项税）全部形成固定资产。固定资产使用年限为 10 年，残值率为 5%，采直线法计算折旧。

3. 项目投产当年需要投入运营期流动资金 200 万元。

4. 项目运营期达产年份不含税销售收入为1200万元，适用的增值税率为16%，增值税附加按增值税的10%计取。项目达产年份的经营成本为760万元（含进项税60万元）。

5. 运营期第1年达到产能的80%，销售收入、经营成本（含进项税）均按达产年份的80%计。第2年及以后年份为达产年份。

6. 企业适用的所得税率为25%，行业平均投资收益率为8%。

【问题】

1. 列式计算拟建项目的建设投资。

2. 若该项目的建设投资为2200万元（包含可抵扣进项税200万元），建设投资在建设期均衡投入。

（1）列式计算运营期第1年、第2年的应纳增值税额。

（2）列式计算运营期第1年、第2年的调整所得税。

（3）进行项目投资现金流量表（第1~4年）的编制，并填入表1-7中。

项目投资现金流量表　　表1-7

序号	项目	建设期	运营期		
		1	2	3	4
1	现金流入				
1.1	营业收入（含销项税额）				
1.2	回收固定资产余值				
1.3	回收流动资金				
2	现金流出		860.50	877.92	979.40
2.1	建设投资				
2.2	流动资金投资				
2.3	经营成本（含进项税额）				
2.4	应纳增值税				
2.5	增值税附加				
2.6	调整所得税				
3	所得税后净现金流量				
4	累计税后净现金流量				

（4）假定计算期第4年（运营期第3年）为正常生产年份，计算项目的总投资收益率，并判断项目的可行性。

（计算结果保留两位小数）

【参考答案】

1. 拟建项目设备购置费为720.00万元，已建类似项目设备购置费=720.00/(1－10%)=800.00（万元）；

已建类似项目建筑工程费用=800.00×70%=560.00（万元）；

已建类似项目设备安装工程费用=800.00×20%=160.00（万元）；

已建类似项目其他辅助设备购置及安装费用=800.00×15%=120.00（万元）；

拟建项目的建筑工程费及设备安装工程费=(560.00+160.00)×(1+20%)=864.00（万元）；

拟建项目的建设投资=720.00+864.00+120.00+500=2204.00（万元）；

或：720.00+720.00/(1-10%)×[(70%+20%)×(1+20%)+15%]+500=2204.00（万元）。

2.（1）运营期第1年应纳增值税额=1200×16%×80%-60×80%-200=-94.40（万元）。

运营期第2年应纳增值税额=1200×16%-60-94.40=37.60（万元）。

（2）折旧费=(2200-200)×(1-5%)/10=190.00（万元）。

运营期第1年调整所得税=[1200×80%-(760-60)×80%-0-190]×25%=52.50（万元）。

运营期第2年调整所得税=[1200-(760-60)-37.60×10%-190]×25%=76.56（万元）。

（3）项目投资现金流量表见表1-8。

项目投资现金流量表（万元） 表1-8

序号	项目	建设期	运营期		
		1	2	3	4
1	现金流入		1113.60	1392	1392
1.1	营业收入（含销项税额）		1113.60	1392	1392
1.2	回收固定资产余值				
1.3	回收流动资金				
2	现金流出	2200	860.50	877.92	979.40
2.1	建设投资	2200			
2.2	流动资金投资		200		
2.3	经营成本（含进项税额）		608	760	760
2.4	应纳增值税		0	37.60	132.00
2.5	增值税附加		0	3.76	13.20
2.6	调整所得税		52.50	76.56	74.20
3	所得税后净现金流量	-2200	253.10	514.08	412.60
4	累计税后净现金流量	-2200	-1946.90	-1432.82	-1020.22

（4）运营期第3年应纳增值税=1200×16%-60=132.00（万元）。

运营期第3年调整所得税=[1200-(760-60)-(1200×16%-60)×10%-190]×25%=74.20（万元）。

运营期第3年息税前利润=1200-(760-60)-13.20-190=296.80（万元）。

总投资收益率=296.80/(2200+200)=12.37%。

总投资收益率为12.37%，大于行业平均投资收益率8%，所以项目可行。

试题二（投资构成、融资前后对比的现金流量表计算）

某生产建设项目基础数据如下：

1. 按当地现行价格计算，项目的设备购置费为 2800 万元。已建类似项目的建筑工程费、安装工程费占设备购置费的比例分别为 45%、25%，由于时间、地点因素引起上述两项费用变化的综合调整系数为 1.1，项目的工程建设其他费用按 800 万元估算。

2. 项目建设期为 1 年，运营期为 10 年。

3. 项目建设投资来源为资本金和贷款，贷款总额 2000 万元，贷款年利率为 6%（按年计息），贷款合同约定的还款方式为运营期前 5 年等额还本、利息照付方式。

4. 项目建设投资全部形成固定资产，固定资产使用年限 10 年，残值率 5%，直线法折旧。

5. 项目流动资金 500 万元为自有资金，在运营期第一年投入。

6. 项目运营期第一年营业收入、经营成本、增值税附加分别为 1650 万元、880 万元、99 万元。

7. 项目所得税率为 25%。

8. 项目计算时，不考虑预备费。

【问题】

1. 列式计算项目的建设投资。

2. 列式计算项目固定资产折旧额。

3. 列式计算运营期第 1 年应还银行的本息额。

4. 列式计算运营期第 1 年的总成本费用、税前利润和所得税。

5. 若项目各年销项税等于进项税与应纳增值税之和，剔除增值税影响后，编制完成表 1-9。

项目投资现金流量表 **表 1-9**

序号	项目	建设期	运营期			
		1	2	3	……	11
1	现金流入		（ ）	2300	……	（ ）
1.1	营业收入		（ ）	2300	……	2300
1.2	回收固定资产余额				……	（ ）
1.3	回收流动资金				……	（ ）
2	现金流出	（ ）	（ ）	（ ）	……	（ ）
2.1	建设投资	（ ）			……	
2.2	流动资金		（ ）		……	
2.3	经营成本		（ ）	1100	……	1100
2.4	增值税附加		（ ）	138	……	138
2.5	调整所得税		（ ）	（ ）	……	（ ）
3	税后净现金流量	（ ）	（ ）	（ ）	……	（ ）

【参考答案】

1. 列式计算项目的建设投资。

设备购置费=2800（万元）。

建筑安装工程费=2800×(45%+25%)×1.1=2156（万元）。

建设投资=2800+2156+800=5756（万元），项目计算时，不考虑预备费。

2. 列式计算项目固定资产折旧额。

建设期利息=2000/2×6%=60（万元）。

固定资产投资=5756+60=5816（万元）。

固定资产折旧额=5816×(1−5%)/10=552.52（万元）。

3. 运营期第1年初借款额：2000+60=2060（万元）；

运营期第1年应还利息=2060×6%=123.6（万元）；

运营期第1年应还本金=2060/5=412（万元）；

运营期第1年应还本息=412+123.6=535.6（万元）。

4. 总成本费用=经营成本+折旧费+摊销费+利息=880+552.52+123.6=1556.12（万元）；

税前利润=营业收入−营业税金及附加−总成本费用=1650−99−1556.12=−5.12（万元）；

由于利润总额为负数，不用缴纳所得税，为0。

5. 编制完成表1-10。

项目投资现金流量表（单位：万元）　　表1-10

序号	项目	建设期	运营期			
		1	2	3	……	11
1	现金流入		1650	2300	……	3087.80
1.1	营业收入		1650	2300	……	2300
1.2	回收固定资产余额				……	287.80
1.3	回收流动资金				……	500
2	现金流出	5756	1510.05	1366.80	……	1366.80
2.1	建设投资	5756			……	
2.2	流动资金		500		……	
2.3	经营成本		880	1100	……	1100
2.4	增值税附加		99	138	……	138
2.5	调整所得税		31.05	128.80	……	128.80
3	税后净现金流量	−5756	139.95	933.20	……	1721.00

表中数值计算：

固定资产折旧=5756×(1−5%)/10=546.82（万元）。

回收固定资产余值=5756×5%=287.80（万元）。

流动资产回收500万元。

运营期第1年调整所得税=(1650−99−880−546.82)×25%=31.05（万元）。

运营期第 2 年及以后各年调整所得税=(2300−138−1100−546.82)×25%=128.80（万元）。

试题三（投资构成、融资后财务评价、盈余资金计算）

某企业拟于某城市新建一个工业项目，该项目可行性研究相关基础数据如下：

1. 拟建项目占地面积 30 亩，建筑面积 11000m²，其项目设计标准、规模与该企业 2 年前在另一城市的同类项目相同，已建同类项目的单位建筑工程费用为 1600 元/m²，建筑工程的综合用工量为 4.5 工日/m²，综合工日单价为 80 元/工日，建筑工程费用中的材料费占比为 50%，机械使用费占比为 8%。考虑地区和交易时间差，拟建项目的综合工日单价为 100 元/工日，材料费修正系数为 1.1，机械使用费的修正系数为 1.05，人材机以外的其他费用修正系数为 1.08。

根据市场询价，该拟建项目设备投资估算为 2000 万元，设备安装工程费用为设备投资的 15%。项目土地相关费用按 20 万元/亩计算，除土地外的工程建设其他费用为项目建安工程费用的 15%，项目的基本预备费率为 5%，不考虑价差预备费。

2. 项目建设期 1 年，运营期 10 年，建设投资全部形成固定资产。固定资产使用年限为 10 年，残值率为 5%，直线法折旧。

3. 项目运营期第 1 年投入自有资金 200 万元作为运营期的流动资金。

4. 项目正常年份销售收入为 1560 万元（不含销项税额），增值税率为 17%，增值税附加税率为 10%，项目正常年份年经营成本为 400 万元（不含可抵扣的进项税额 30 万元）。项目运营期第 1 年产量为设计产量的 85%，第 2 年及以后各年均达到设计产量，运营期第 1 年的销售收入、经营成本、增值税、可抵扣的进项税额和增值税附加均为正常年份的 85%。企业所得税率为 25%。

【问题】

1. 列式计算拟建项目的建设投资。

2. 若该项目的建设投资为 5500 万元（不含可抵扣的进项税额），建设投资来源为自有资金和贷款，贷款为 3000 万元，贷款年利率为 7.2%（按月计息），约定的还款方式为运营期前 5 年等额还本、利息照付方式。分期列式计算项目运营期第 1 年、第 2 年的总成本费用和净利润以及运营期第 2 年末的项目累计盈余资金（不考虑企业公积金、公益金提取及投资者股利分配）。

3. 列式计算资本金现金流量表中计算期第 2 年所得税后净现金流量。

(计算结果保留两位小数)

【参考答案】

1. 人工费占比=4.5×80/1600=22.50%，人工费修正系数=100/80=1.25。

人材机以外的其他费用占比=1−22.50%−50%−8%=19.50%。

单位建筑工程费=1600×(22.5%×1.25+50%×1.1+8%×1.05+19.5%×1.08)=1801.36（元/m²）。

建筑工程费=1801.36×11000/10000=1981.50（万元）。

设备安装工程费=2000×15%=300.00（万元）。

工程建设其他费用=20×30+(1981.50+300.00)×15%=942.23（万元）。

建设投资=(1981.50+300.00+2000+942.23)×(1+5%)=5484.92（万元）。

2. 年实际利率=$(1+7.2\%/12)^{12}-1$=7.44%。

建设期利息=3000/2×7.44%=111.60（万元）。

每年还本额=(3000+111.60)/5=622.32（万元）。

运营期第1年应还利息=(3000+111.60)×7.44%=231.50（万元）。

运营期第2年应还利息=(3000+111.60−622.32)×7.44%=185.20（万元）。

折旧费=(5500+111.60)×(1−5%)/10=533.10（万元）。

运营期第1年总成本费用=400×85%+533.10+231.50=1104.60（万元）。

运营期第2年总成本费用=400+533.10+185.20=1118.30（万元）。

运营期第1年总利润=1560×85%−(1560×85%×0.17−30×85%)×10%−1104.60
=1326−(225.42−25.5)×10%−1104.60=201.41（万元）。

所得税=201.41×25%=50.35（万元）。

运营期第1年净利润=201.41×(1−25%)=151.06（万元）。

运营期第2年总利润=1560−(1560×0.17−30)×10%−1118.30=1560−23.52−1118.30=418.18（万元）。

所得税=418.18×25%=104.55（万元）。

运营期第2年净利润=418.18×(1−25%)=313.64（万元）。

运营期第1年经营活动净现金流量=1560×85%−400×85%−(1560×85%×0.17−30×85%)×10%−50.35=915.66（万元）。

投资活动净现金流量=−200（万元）。

筹资活动净现金流量=200−231.50−622.32=−653.82（万元）。

运营期第1年末的项目累计盈余资金=915.66−200−653.82=61.84（万元）。

运营期第2年经营活动净现金流量=1560−(1560×0.17−30)×10%−400−104.55=1031.93（万元）。

投资活动净现金流量=0。

筹资活动净现金流量=−185.20−622.32=−807.52（万元）。

净现金流量=1031.93−807.52=224.41（万元）。

运营期第2年末的项目累计盈余资金=224.41+61.84=286.25（万元）。

3. 现金流入=1560×85%×1.17=1551.42（万元）。

现金流出=200+231.5+622.32+400×85%+50.35+30×85%+(1560×85%×0.17−30×85%)×1.1=1689.58（万元）。

净现金流=1551.42−1689.58=−138.16（万元）。

试题四（满足最大还款能力时求解产品单价）

某企业投资新建一项目，生产一种市场需求较大的产品。项目的基础数据如下：

1. 项目建设投资估算为1600万元（含可抵扣进项税112万元），建设期1年，运营期8年。建设投资（不含可抵扣进项税）全部形成固定资产，固定资产使用年限8年，残值率4%，按直线法折旧。

2. 项目流动资金估算为200万元，运营期第1年初投入，在项目的运营期末全部回收。

3. 项目资金来源为自有资金和贷款，建设投资贷款利率为8%（按年计息），流动资金贷款利率为5%（按年计息）。建设投资贷款的还款方式为运营期前4年等额还本、利息照付方式。

4. 项目正常年份的设计产能为10万件，运营期第1年的产能为正常年份产能的70%。目前市场同类产品的不含税销售价格为65~75元/件。

5. 项目资金投入、收益及成本等基础测算数据见表1-11。

项目资金投入、收益及成本表 　　**表1-11**

序号	项目	1	2	3	4	5	6~9
1	建设投资	1600					
	其中：自有资金	600					
	贷款本金	1000					
2	流动资金		200				
	其中：自有资金		100				
	贷款本金		100				
3	年产销量（万件）		7	10	10	10	10
4	年经营成本		210	300	300	300	330
	其中：可抵扣进项税		14	20	20	20	25

6. 该项目产品适用的增值税率为13%，增值税附加综合税率为10%，所得税率为25%。

【问题】

1. 列式计算项目的建设期贷款利息及年固定资产折旧额。

2. 若产品的不含税销售单价确定为65元/件，列式计算项目运营期第1年的增值税、税前利润、所得税、税后利润。

3. 若企业希望项目运营期第1年不借助其他资金来源能够满足建设投资贷款还款要求，产品的不含税销售单价至少应确定为多少？

4. 项目运营后期（建设期贷款偿还完成后），考虑到市场成熟后产品价格可能下降，产品单价拟在65元/件的基础上下调10%，列式计算运营后期正常年份的资本金净利润率。

（注：计算过程和结果有小数的，保留两位小数）

【参考答案】

1. 建设期贷款利息=1000×0.5×8%=40（万元）。

年固定资产折旧=(1600+40−112)×(1−4%)÷8=183.36（万元）。

2. 运营期第1年的增值税=7×65×13%−14−112=−66.85（万元）<0，应纳增值税为

0；增值税附加为 0。

运营期第 1 年的税前利润=7×65-(210-14)-183.36-(1000+40)×8%-100×5%=455-196-183.36-83.2-5=-12.56（万元）。

运营期第 1 年的税前利润<0，所得税为 0，税后利润为-12.56 万元。

3. 运营期第 1 年还本=(1000+40)÷4=260（万元）。

运营期第 1 年总成本（不含税）=（210-14）+183.36+(1000+40)×8%+100×5%=467.56（万元）。

设产品的不含税销售单价为 y，

$(7y-467.56)\times(1-25\%)+183.36=260$

$y=81.39$（元）

注意：[$7y$-467.56-增值税附加（是负值）]×(1-25%)+183.36=260；这样结果就错了。

$7\times81.39\times13\%-14-112<0$

4. 运营后期正常年份的增值税附加=[10×65×(1-10%)× 13%-25]×10%=51.05×10%=5.105（万元）。

运营后期正常年份的净利润=[10×65×(1-10%)-(330-25)-183.36-100×5%-5.105]×(1-25%)= 86.535×(1-25%)= 64.90（万元）。

运营后期正常年份的资本金净利润率=64.90÷（600+100)= 9.27%。

试题五（投资构成、能否满足还款要求、产量盈亏平衡点计算）

某企业拟投资建设一工业项目，生产一种市场急需的产品。该项目相关基础数据如下：

1. 项目建设期 1 年，运营期 8 年。建设投资估算 1500 万元（含可抵扣进项税 100 万元），建设投资（不含可抵扣进项税）全部形成固定资产，固定资产使用年限 8 年，期末净残值率 5%，按直线法折旧。

2. 项目建设投资来源为自有资金和银行借款。借款总额 1000 万元，借款年利率 8%（按年计息），借款合同约定的还款方式为运营期前 5 年等额还本付息。自有资金和借款在建设期内均衡投入。

3. 项目投产当年以自有资金投入运营期流动资金 400 万元。

4. 项目设计产量为 2 万件/年。单位产品不含税销售价格预计为 450 元，单位产品不含进项税可变成本估算为 240 元，单位产品平均可抵扣进项税估算为 15 元，正常达产年份的经营成本为 550 万元（不含可抵扣进项税）。

5. 项目运营期第 1 年产量为设计产量的 80%，营业收入亦为达产年份的 80%，以后各年均达到设计产量。

6. 企业适用的增值税率为 13%，增值税附加按应纳增值税的 12%计算，企业所得税率为 25%。

【问题】

1. 列式计算项目建设期贷款利息和固定资产年折旧额。

2. 列式计算项目运营期第 1 年、第 2 年的企业应纳增值税额。

3. 列式计算项目运营期第 1 年的经营成本、总成本费用。

4. 列式计算项目运营期第 1 年、第 2 年的税前利润，并说明运营期第 1 年项目可用于还款的资金能否满足还款要求。

5. 列式计算项目运营期第 2 年的产量盈亏平衡点。

（注：计算过程和结果有小数的，保留两位小数）

【参考答案】

1. 建设期贷款利息=1000÷2×8%=40（万元）。

固定资产折旧=(1500−100+40)×(1−5%)÷8=171（万元）。

2. 运营期第 1 年增值税=2×80%×450×13%−2×80%×15−100=−30.40（万元）。

运营期第 1 年应纳增值税=0。

运营期第 1 年增值税附加=0。

运营期第 2 年增值税=2×450×13%−2×15−30.4=56.60（万元）。

3. 运营期第 1 年经营成本=550−(240×2−240×2×80%)=454（万元）。

运营期第 1 年总成本=经营成本+折旧+摊销+利息=454+171+(1000+40)×8%=708.20（万元）。

4. 运营期第 1 年税前利润=2×80%×450−708.20=11.80（万元）。

运营期第 1 年净利润=11.8×(1−25%)=8.85（万元）。

建设期贷款按年等额还本付息，则年还本付息额 $A=(1000+40)\times8\%\times(1+8\%)^5/[(1+8\%)^5-1]=260.47$（万元）。

运营期第 1 年还本=260.47−(1000+40)×8%=177.27（万元）。

运营期第 2 年利息=(1000+40−177.27)×8%=69.02（万元）。

运营期第 2 年总成本=550+171+69.02=790.02（万元）。

运营期第 2 年税前利润=2×450−790.02−56.6×12%=103.19（万元）。

运营期第 1 年可用于还款的资金=净利润+折旧=8.85+171=179.85（万元）>177.27 万元，满足还款要求。

5. 假定第 2 年的盈亏平衡产量为 Q。

固定成本=总成本−可变成本=790.02−2×240=310.02（万元）

产量为 Q 时，总成本=310.02+Q×240

$Q\times450-(310.02+Q\times240)-(Q\times450\times13\%-Q\times15-30.4)\times12\%=0$

解得：Q=1.50（万件）。

试题六（流动资金和最大还款能力计算）

某企业拟投资建设一个生产市场急需产品的工业项目。该项目建设 2 年，运营期 8 年。项目建设的其他基本数据如下：

1. 项目建设投资估算 5300 万元（包含可抵扣进项税 300 万元），预计全部形成固定资产，固定资产使用年限 8 年。按直线法折旧，期末净残值率为 5%。

2. 建设投资资金来源于自有资金和银行借款，借款年利率 6%（按年计息），借款合同约定还款方式为运营期的前 5 年等额还本付息。建设期内自有资金和借款均为均衡投入。

3. 项目所需流动资金按照分项详细估算法估算，从运营期第 1 年开始由自有资金投入。

4. 项目运营期第 1 年，外购原材料、燃料费为 1680 万元，工资及福利费为 700 万元，其他费用为 290 万元，存货估算为 385 万元。项目应收账款年周转次数、现金年周转次数、应付账款年周转次数分别为 12 次、9 次、6 次。项目无预付账款和预收账款情况。

5. 项目产品适用的增值税率为 13%，增值税附加税率为 12%，企业所得税率为 25%。

6. 项目的资金投入、收益、成本费用见表 1-12。

项目资金投入、收益、成本费用表（单位：万元） 表 1-12

序号	项目	建设期		运营期			
		1	2	3	4	5	6~10
1	建设投资 其中：自有资金 借款本金	2650 1150 1500	2650 1150 1500				
2	营业收入（不含销项税）			3520	4400	4400	4400
3	经营成本（不含可抵扣进项税）			2700	3200	3200	3200
4	经营成本中的可抵扣进项税			200	250	250	250
5	流动资产				855	855	855
6	流动负债				350	350	350

【问题】

1. 列式计算项目运营期年固定资产折旧额。
2. 列式计算项目运营期第 1 年应偿还的本金、利息。
3. 列式计算项目运营期第 1 年、第 2 年应投入的流动资金。
4. 列式计算项目运营期第 1 年应缴纳的增值税。
5. 以不含税价格列式计算项目运营期第 1 年的总成本费用和税后利润，并通过计算说明项目运营期第 1 年能够满足还款要求。

（计算过程和结果有小数的，保留两位小数）

【参考答案】

1. 建设期利息：

第 1 年利息 = 1500×1/2×6% = 45（万元）。

第 2 年利息 =（1500+45+1500×1/2）×6% = 137.70（万元）。

建设期贷款利息合计=45+137.70=182.70（万元）。

固定资产折旧费=(5300+182.70-300)×(1-5%)/8=615.45（万元）。

2. 每年应还本息和=3182.7×(A/P，6%，5)=3182.7×[6%×(1+6%)^5]/[(1+6%)^5-1]=755.56（万元）。

（1）运营期第1年应还利息=3182.7×6%=190.96（万元）。

（2）运营期第1年应还本金=755.56-190.96=564.60（万元）。

3.（1）运营期第1年应投入的流动资金：

应收账款=年经营成本/12=2700/12=225（万元）。

现金=(工资及福利费+其他费用)/9=(700+290)/9=110（万元）。

存货=385（万元）。

流动资产=225+110+385=720（万元）。

应付账款=外购原材料、燃料费/6=1680/6=280（万元）。

流动负债=应付账款=280（万元）。

运营期第1年应投入的流动资金=720-280=440（万元）。

（2）运营期第2年应投入的流动资金=855-350-440=65（万元）。

4. 运营期第1年增值税=3520×13%-200-300=-42.4（万元）<0，因此，应纳增值税为0。

5.（1）运营期第1年总成本费用：

总成本费用=2700+615.45+190.96=3506.41（万元）。

（2）运营期第1年税后利润：

税后利润=(3520-3506.41)×(1-25%)=10.19（万元）。

净利润+折旧+摊销=10.19+615.45=625.64（万元）>当年应还本金564.60万元。

因此，运营期第1年可以满足还款要求。

案例七（项目盈余资金和敏感性分析中临界点计算）

某新建建设项目建设期1年，运营期8年，基础数据如下：

（1）建设投资2500万元（可抵扣进项税150万元），除可抵扣进项税外的建设投资预计全部形成固定资产，项目固定资产使用年限为8年，残值率为5%，采用直线法折旧。

（2）项目建设投资的资金来源为自有资金和贷款，贷款为1500万元，贷款年利率为5%，贷款合同约定运营期前4年按等额还本付息方式偿还债务。建设投资贷款部分在建设期内均衡投入。

（3）流动资金300万元由项目自有资金在运营期第1年投入。

（4）项目正常年份的设计产能为5万件，不含税销售价格为360元/件，正常年份的经营成本为1200万元（其中可抵扣进项税为80万元）。所得税率为25%，增值税率为13%，增值税附加税率为12%。

（5）运营期第1年达到设计产能的80%，该年营业收入和经营成本均为正常年份的80%，以后各年均达到设计产能。（计算结果以“万元”为单位，保留两位小数）

【问题】

1. 列式计算项目运营期第 1 年和第 2 年应纳增值税额。

2. 分别列式计算项目运营期第 1 年、第 2 年的不含税总成本费用、所得税和税后利润。

3. 计算运营期第 1 年末的项目盈余资金（不考虑应付利润）。

4. 若基准收益率为 10%，单价为 360 元/件时的资本金现金流的净现值为 610 万元；单价上涨 10%后，净现值为 1235 万元。在保证项目可行的前提下，试计算单价下浮的临界百分比为多少？

【参考答案】

1. 运营期第 1 年应纳增值税额 = 5×80%×360×13%−80×80%−150 = −26.80（万元）；
应纳增值税为 0。

运营期第 2 年应纳增值税额 = 5×360×13%−80−26.8 = 127.20（万元）；

应纳增值税为 127.20 万元。

2. 建设期利息 = 1500×5%/2 = 37.50（万元）。

运营期第 1 年、第 2 年的还本付息额 = $(1500+37.50)\times(1+5\%)^4\times5\%/[(1+5\%)^4-1]$ = 433.59（万元）。

年折旧额 = (2500+37.50−150)×(1−5%)/8 = 283.52（万元）。

运营期第 1 年：

利息 = (1500+37.50)×5% = 76.88（万元）。

本金 = 433.59−76.88 = 356.71（万元）。

不含税总成本费用 = (1200−80)×80%+283.52+76.88 = 1256.40（万元）。

利润总额 = 5×80%×360−1256.40 = 183.60（万元）。

所得税 = 183.60×25% = 45.90（万元）。

税后利润 = 183.60−45.90 = 137.70（万元）。

运营期第 2 年：

利息 = (1500+37.50−356.71)×5% = 59.04（万元）。

不含税总成本费用 = (1200−80)+283.52+59.04 = 1462.56（万元）。

利润总额 = 5×360−1462.56−127.20×12% = 322.18（万元）。

所得税 = 322.18×25% = 80.55（万元）。

税后利润 = 322.18−80.55 = 241.63（万元）。

3. 由于建设期财务计划现金流量表中流入和流出相等，所以计算期第一年财务计划现金流量净现金流为 0。

则运营期第 1 年末的项目盈余资金：

营业收入+增值税销项税额−经营成本−增值税进项税额−利息支出−本金偿还 = [5×80%×360×(1+13%)] −433.59−1200×80%−45.90 = 187.71（万元）。

4. 设单价下浮的临界百分比为 x，

$610/1235 = x/(x+10\%)$

$x = 9.76\%$，单价下浮的临界百分比为 9.76%。

第二章　工程设计、施工方案技术经济分析

本章考试大纲要求

1. 工程设计、施工方案综合评价；
2. 工程设计、施工方案比选与优化；
3. 工程网络计划的调整与优化。

本章核心考点解析

序号	核心考点	考核要点
1	综合评价法的方案选优	评价指标的权重计算和打分规则应用
2	基于资金时间价值的方案选优	注意计算期是否相同、资金等值计算应用
3	价值工程的多方案评价选优与单方案改进	0~1、0~4 打分规则应用，资金等值计算应用，价值指数计算，价值工程单方案改进计算
4	决策树的多方案选优	绘制决策树和期望值计算
5	基于普通双代号网络图的方案选优	关键线路的查找，总时差、自由时差计算，网络图赶工问题
6	寿命周期理论——费用效率法	系统效率和寿命周期成本的确定与计算

核心考点一　综合评价法的方案选优

主要计算步骤：

（1）针对方案评价的特性及要求，确定评价指标。

（2）根据指标的重要程度，分配指标权重：

$$\sum_{i=1}^{n} w_i = 1$$

式中：w_i 一般为规范化的权重系数，即用 w_i 表示第 i 个指标的权重，满足各个指标的权重之和等于1。

（3）根据相应的评价标准，分别对各备选方案的各个评价指标打分。

（4）将各项指标所得分数与其权重相乘并汇总，得出各备选方案的综合得分；

$$S = \sum_{i=1}^{n} w_i \cdot s_i$$

式中：S——备选方案综合得分；

s_i——某方案在评价指标 i 上的得分；

w_i——评价指标 i 的权重；

n——评价指标数。

(5) 选择综合得分最高的方案为最优方案。

总体思路：确定评价指标→分配指标权重→指标打分→方案的综合得分→选择最佳方案。

【例】 拟投标的某监理单位在进行投标决策时，组织专家及相关人员对A、B两个标段进行了比较分析，确定的主要评价指标、相应权重及相对于A、B两个标段的竞争力分值见表2-1。

评价指标、相应权重及竞争力分值　　　　表2-1

序号	评价指标	权重	标段的竞争力分值	
			A	B
1	总监理工程师能力	0.25	100	80
2	监理人员配置	0.20	85	100
3	技术管理服务能力	0.20	100	80
4	项目效益	0.15	60	100
5	类似工程监理业绩	0.10	100	70
6	其他条件	0.10	80	60
合 计		1.00	—	

分别计算A、B两个标段各项评价指标的加权得分及综合竞争力得分，并指出监理单位应优先选择哪个标段投标。

(1) 相对于A标段的加权得分：25、17、20、9、10、8；综合评价得分：89。

(2) 相对于B标段的加权得分：20、20、16、15、7、6；综合评价得分：84。

(3) 应优先投标A标段。

核心考点二　基于资金时间价值的方案选优（最小费用法/最大收益法应用）

1. 资金等值计算

资金等值计算公式见表2-2。

资金等值计算公式表　　　　表2-2

公式名称		已知	求解	公式	系数名称符号	现金流量图
整付	终值公式	现值 P	终值 F	$F=P(1+i)^{n}$	$(F/P,\ i,\ n)$	P F 0 1 2 $n-1$ n
	现值公式	终值 F	现值 P	$P=F(1+i)^{-n}$	$(P/F,\ i,\ n)$	
等额分付	终值公式	年值 A	终值 F	$F=A\times\frac{(1+i)^{n}-1}{i}$	$(F/A,\ i,\ n)$	0 1 2 $n-1$ n A F
	偿债基金公式	终值 F	年值 A	$A=F\times\frac{i}{(1+i)^{n}-1}$	$(A/F,\ i,\ n)$	
	现值公式	年值 A	终值 F	$P=A\times\frac{(1+i)^{n}-1}{i\ (1+i)^{n}}$	$(P/A,\ i,\ n)$	P A 0 1 2 3 $n-1$ n
	资本回收公式	现值 P	年值 A	$A=P\times\frac{i\ (1+i)^{n}}{(1+i)^{n}-1}$	$(A/P,\ i,\ n)$	

2. 互斥型方案评价

（1）评价指标，见表 2-3。

评价指标　　表 2-3

评价体系	静态评价指标	投资收益率	总投资收益率
			资本金净利润率
		静态投资回收期	静态投资回收期
		偿债能力指标	资产负债率
			利息备付率
			偿债备付率
	动态评价指标	净现值	
		内部收益率	
		净年值	
		净现值率	
		动态投资回收期	
说明：按照是否考虑资金的时间价值将评价指标分为静态指标和动态指标；按照是否考虑资金的时间价值将评价方法分为静态评价方法和动态评价方法			

（2）常用动态评价指标计算，见表 2-4。

常用动态评价指标计算　　表 2-4

动态评价方法	计算期相同	净现值法（*NPV*）	条件	各方案收入不同	净现值最大的方案为最佳方案
				各方案收入相同	费用现值（*PW*）最小的方案为最佳方案
		净年值法（*NAV*）		各方案收入不同	净年值最大的方案为最佳方案
				各方案收入相同	费用年值（*AC*）最小的方案为最佳方案
	计算期不同	净年值法（*NAV*）		各方案收入不同	净年值最大的方案为最佳方案
				各方案收入相同	费用年值（*AC*）最小的方案为最佳方案
		净现值法（*NPV*）		方案可重复	最小公倍数法
				相同时间来研究不同期限的方案	研究期法
				计算期很长	无限计算期法

核心考点三　价值工程的多方案评价选优与单方案改进

1. 价值工程的基本理论

价值是指研究对象所具有的功能与获得这些功能的全部费用之比，用公式可表示为：

价值（V）= 功能（F）/费用（C）

2. 功能价值的计算方法

（1）功能成本法

又称为绝对值法，它是通过一定的测算方法，测定实现应有功能所必须消耗的最低成本，同时计算为实现应有功能所耗费的现实成本，经过分析、对比，求得对象的价值系数和成本降低期望值，确定价值工程的改进对象。

（2）功能指数法

又称相对值法。在功能指数法中，功能的价值用价值指数来表示，它是评定各对象功能的重要程度，用功能指数来表示其功能程度的大小，然后将评价对象的功能指数与相对应的成本指数进行比较，得出该评价对象的价值指数，从而确定改进对象，并求出该对象的成本改进期望值。

价值指数的计算结果有以下三种情况：

● $V=1$。此时评价对象的功能比重与成本比重大致平衡，合理匹配，可以认为功能的现实成本是比较合理的。

● $V<1$。此时评价对象的成本比重大于其功能比重，表明相对于系统内的其他对象而言，目前所占的成本偏高，从而导致该对象的功能过剩。应将评价对象列为改进对象，改善方向主要是降低成本。

● $V>1$。此时评价对象的成本比重小于其功能比重。出现这种结果的原因可能有三种：

第一，由于现实成本偏低，不能满足评价对象实现其应具有的功能要求，致使对象功能偏低，这种情况应列为改进对象，改善方向是增加成本；

第二，对象目前具有的功能已经超过了其应该具有的水平，也即存在过剩功能，这种情况也应列为改进对象，改善方向是降低功能水平；

第三，对象在技术、经济等方面具有某些特征，在客观上存在着功能很重要但需要消耗的成本却很小的情况，这种情况一般就不应列为改进对象。

3. 运用价值工程理论进行多方案选优的计算步骤

（1）确定各项功能的功能重要系数：

运用0~1评分法或0~4评分法对功能重要性进行评分，并计算功能重要性系数（即功能权重）。

① 0~1评分法的运用

仅给出各功能因素重要性之间的关系，将各功能一一对比，重要者得1分，不重要者得0分。

为防止功能指数中出现零的情况，需要将各功能得分分别加1进行修正后再计算其权重。最后用修正得分除以总得分即为功能权重。计算式为：

某项功能重要系数=该功能修正得分/∑各功能修正得分

0~1评分法的特点是：两功能相比较时，不论两者的重要程度相差多大，较重要的得1分，较不重要的得0分。

【例1】 某工程设计方案，有关专家决定以四个功能（分别以F_1、F_2、F_3、F_4表示）对不同方案进行评价，四个功能之间的重要性关系排序为：

$$F_2>F_1>F_4>F_3$$

【问题】 采用0~1评分法确定各功能的权重，并将计算结果填入表2-5。

指标重要程度评分表 表 2-5

指标	F_1	F_2	F_3	F_4	功能得分	修正得分	功能重要系数
F_1	×	0	1	1	2	3	0.3
F_2	1	×	1	1	3	4	0.4
F_3	0	0	×	0	0	1	0.1
F_4	0	0	1	×	1	2	0.2
合计					6	10	1

② 0~4 评分法的运用

仅给出各功能因素重要性之间的关系，各功能因素的权重需要根据 0~4 评分法的计分办法自行计算。

按 0~4 评分法的规定，两个功能因素比较时，其相对重要程度有以下三种基本情况：

很重要的功能因素得 4 分，另一很不重要的功能因素得 0 分；

较重要的功能因素得 3 分，另一较不重要的功能因素得 1 分；

同样重要的功能因素各得 2 分。

【例 2】 某工程技术方案，有关专家决定根据四个功能（分别以 F_1、F_2、F_3、F_4 表示）对不同方案进行评价，若四个功能之间的重要性关系为：F_1 与 F_2 同等重要，F_1 相对 F_4 较重要，F_2 相对 F_3 很重要。

【问题】 采用 0~4 评分法确定各功能的权重，并将计算结果填入表 2-6 中。（计算结果保留三位小数）

指标重要程度评分表 表 2-6

指标	F_1	F_2	F_3	F_4	功能得分	功能重要系数
F_1	×	2	4	3	9	0.375
F_2	2	×	4	3	9	0.375
F_3	0	0	×	1	1	0.042
F_4	1	1	3	×	5	0.208
合计					24	1.000

功能权重的计算式为：

某项功能重要系数 = 该功能得分/∑各功能得分

说明：这一步是解题的关键，须注意：a. 对角线法则；b. 总分规律。

a. 对角线法则

0~1 评分法中，以“×”为对角线对称的两个位置的得分之和一定为 1 分；

0~4 评分法中，以“×”为对角线对称的两个位置的得分之和一定为 4 分。

b. 总分规律

无论两两对比关系怎样变化：0~1 评分法中，最后功能总得分之和一定等于 $n(n-1)/2$，修正功能总得分之和一定等于 $n(n+1)/2$（表 2-7）。

0~1 评分法 表 2-7

（得分：从0～(n-1)的自然数列）

指标	F_1	F_2	F_3	…	F_n	得分	修正得分
F_1	×	0	0	…	1		
F_2	1	×	1	…	1		
F_3	1	0	×	…	0		
…	…	…	…	×	…		
F_n	0	0	1	…	×		
合计						$n(n-1)/2$	$n(n+1)/2$

0~4 评分法中，最后功能总得分之和一定等于 $2n$（$n-1$）（表 2-8）。

0~4 评分法 表 2-8

指标	F_1	F_2	F_3	…	F_n	得分
F_1	×	3	3	…	4	
F_2	1	×	2	…	3	
F_3	1	2	×	…	3	
…	…	…	…	×	…	
F_n	0	1	1	…	×	
合计						$2n(n-1)$

（2）计算各方案的功能加权得分：

根据专家对功能给出的评分表和功能重要性系数，分别计算各方案的功能加权得分。

（3）计算各方案的功能指数（F）：

各方案的功能指数=该方案的功能加权得分/Σ 各方案加权得分。

（4）计算各方案的成本指数（C）：

各方案的成本指数=该方案的成本或造价/Σ 各方案成本或造价。

（5）计算各方案的价值指数（V）：

各方案的价值指数=该方案的功能指数/该方案的成本指数。

（6）方案选择：

比较各方案的价值指数，选择价值指数最大的为最优方案。

4. 运用价值工程理论进行单方案改进的计算步骤

（1）计算各项功能的功能指数 F：

F=该功能得分/Σ 各功能得分。

（2）计算各项功能的成本指数 C：

C=该功能的成本或造价/Σ 各功能的成本或造价。

（3）计算各项功能的价值指数 V：

V=该功能项目的功能指数/该功能项目的成本指数。

（4）确定各项功能的目标成本 F：

F=该功能项目的功能指数×总目标成本。

（5）确定各项功能的成本降低期望值 ΔC：

ΔC=目前成本（改进前的成本）-目标成本。

核心考点四 决策树的多方案选优

1. 决策树定义

决策树是以方框和圆圈为结点，并由直线连接而成的一种像树枝形状的结构，其中方框代表决策点，圆圈代表机会点；从决策点引出的每条线（枝）代表一个方案，叫作方案枝。从机会点画出的每条线（枝）代表一种自然状态及其发生概率的大小，叫作概率枝。在各树枝的末端列出状态的损益值，如图 2-1 所示。

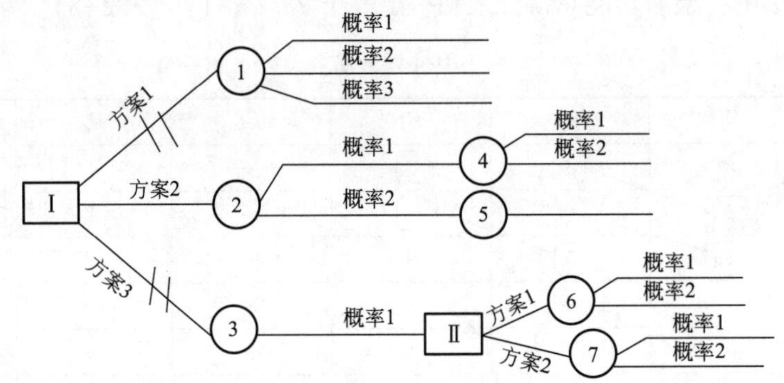

图 2-1 决策树分析图

2. 利用决策树进行决策的步骤

（1）绘制决策树。决策树的绘制应从左向右，从决策点到机会点，再到各树枝的末端。绘制完成后，在树枝末端标上指标的损益值，在相应的树枝上标上该指标损益值所发生的概率。

（2）计算各个方案的期望值。决策树的计算应从右向左，从最后的树枝所连接的机会点，到上一个树枝连接的机会点，最后到最左边的机会点，其每一步的计算采用概率的形式。

（3）方案选择。根据各方案期望值大小进行选择，在收益期望值小的方案分支上画上删除号，表示删去。所保留下来的分支即为最优方案。在所有最左边的（也即最高层的）机会点中，期望值最大的机会点所代表的方案为最佳方案。

（4）注意问题：

① 决策树枝尾的损益值需要根据工程造价计算的具体要求确定。

② 状态概率计算时应注意同一方案在不同状态下状态概率总和为 1。

③ 决策树分析可以分为单阶段和多阶段，不同阶段的方案与各阶段的方形节点关联。

④ 决策树分析使用时可以和资金时间价值分析相结合。

【例】A 企业结合自身情况和投标经验，认为该工程项目投高价标的中标概率为 40%。投低价标的中标概率为 60%；投高价标中标后，收益效果好、中、差三种可能性的概率分别为 30%、60%、10%，计入投标费用后的净损益值分别为 40 万元、35 万元、30 万元；投低价标中标后，收益效果好、中、差三种可能性的概率分别为 15%、60%、25%，计入投标费用后的净损益值分别为 30 万元、25 万元、20 万元；相关费用为 5 万元，A 企业经测算、评估后，最终选择了投低价标，投标价为 500 万元。

【问题】A 企业经测算、评估后，最终选择了投低价标，投标价为 500 万元是否妥当，计算说明。

【参考答案】

如图 2-2 所示。

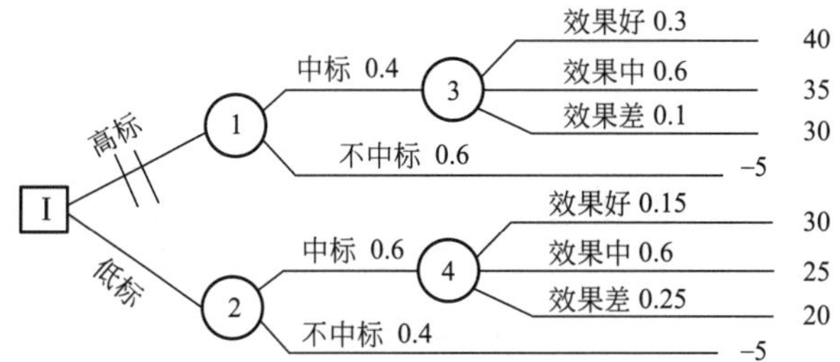

图 2-2　决策树分析图

机会点③期望值：0. 3×40+0. 6×35+0. 1×30=36. 00（万元）。

机会点④期望值：0. 15×30+0. 6×25+0. 25×20=24. 50（万元）。

机会点①期望值：36×0. 4−0. 6×5=11. 40（万元）。

机会点②期望值：24. 5×0. 6−0. 4×5=12. 70（万元）。

机会点②的期望值大于①。

妥当，故应选择投低标。

核心考点五　基于普通双代号网络图的方案选优

1. 基础知识

双代号网络图基础知识见表 2-9。

双代号网络图基础知识　表 2-9

节点	双代号网络图节点只代表工作的开始或结束。不代表工作本身
工作	双代号网络图中工作是用箭线表示的。单代号网络图中工作是用节点表示的。要理解紧前工作、紧后工作、平行工作
虚工作	虚工作是一项虚拟的工作，实际并不存在，仅用来表示工作之间的先后顺序，无工作名称，既不消耗时间，也不消耗资源。用虚箭线表示虚工作，其持续时间为 0（逻辑箭线）
逻辑关系	工艺关系、组织关系
绘制	逻辑关系；循环回路；不合格箭线；严禁在箭线上引入或引出箭线；过桥法或指向法；应只有一个起点节点和一个终点节点

（1）正确画法（图 2-3）

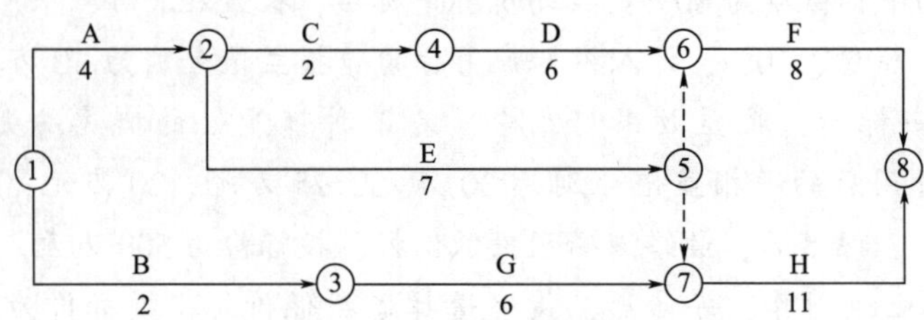

图 2-3 网络图正确画法示意

（2）循环回路（图 2-4）

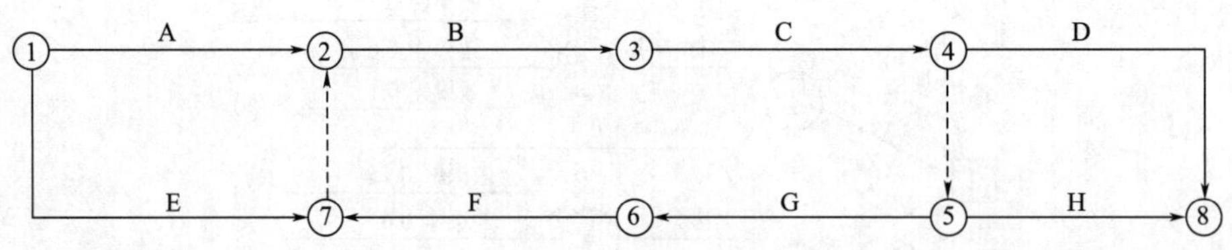

图 2-4 循环回路示意

（3）不合格箭线：箭头指向左方的，双向箭头和无箭头的连线；严禁出现没有箭尾节点的箭线和没有箭头节点的箭线（图 2-5）。

图 2-5 不合格箭线示意

（4）严禁在箭线上引入或引出箭线，一个起点一个终点（图 2-6）

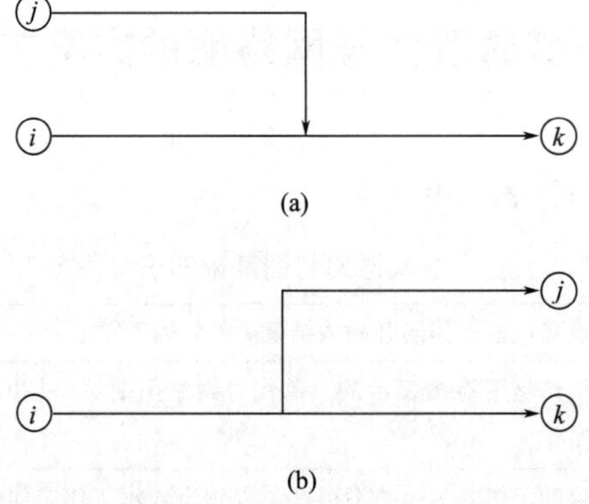

图 2-6 箭线错误画法示意

（5）过桥法或指向法（图 2-7）

（6）应只有一个起点节点和一个终点节点（图 2-8）

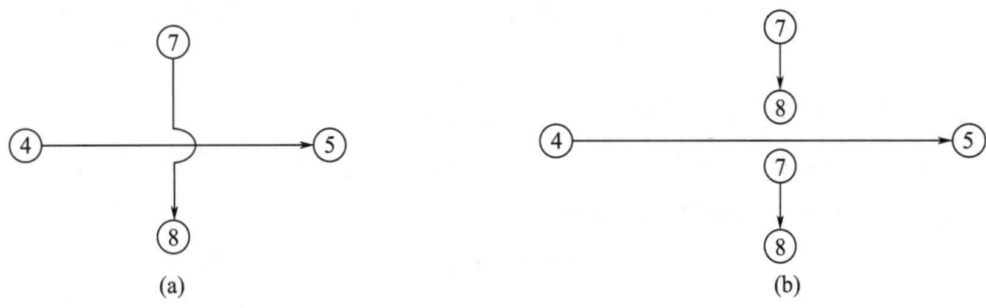

图 2-7 过桥法或指向法示意

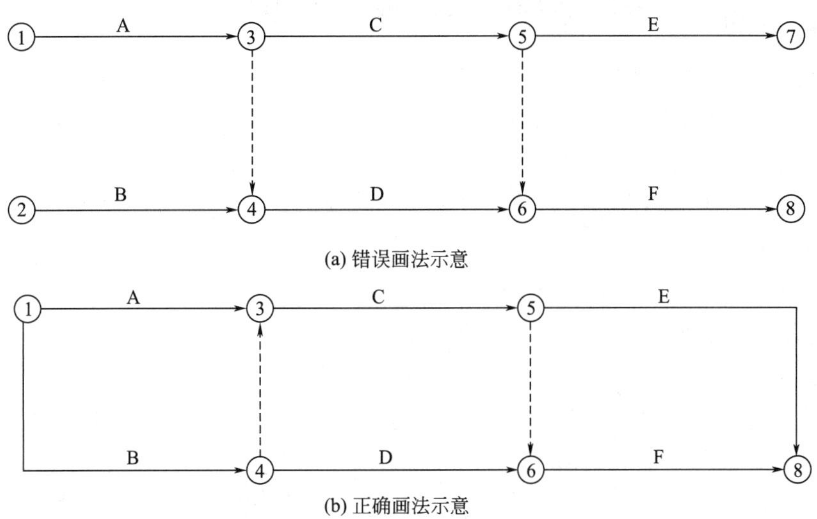

图 2-8 应只有一个起点节点和一个终点节点

2. 网络图优化

网络计划所涉及的总费用由直接费和间接费两部分组成。直接费由人工费、材料费和机械费组成，它随工期的缩短而增加；间接费属于管理费范畴，随工期的缩短而减少。两者进行叠加，必有一个总费用最少的工期，这就是费用优化所要寻求的目标。费用优化的目的：一是计算出工程总费用最低时相对应的总工期，一般用在计划编制过程中；二是求出在规定工期条件下最低费用，一般用在计划实施调整过程中。

费用优化的基本思路：不断地在网络计划中找出直接费用率（或组合直接费用率）最小的关键工作，缩短其持续时间，同时考虑间接费随工期缩短而减小的数值，最后求得工程费用最低时相应的最优工期或工期指定时相应的最低工程费用。

费用优化的步骤：

（1）按工作的正常持续时间确定计算工期和关键线路。

（2）计算出各项工作的直接费率。

（3）在网络计划中找出直接费率（或组合直接费率）最低的一项关键工作（或一组关键工作），作为压缩的对象。

（4）压缩被选择的关键工作（或一组关键工作）的持续时间，其压缩值必须保证所在的关键线路仍然为关键线路，同时，压缩后的工作持续时间不能小于最短工作持续时间。

（5）计算关键工作持续时间缩短后的总费用值。

（6）重复以上步骤（3）~（5），直至计算工期满足要求工期或被压缩对象的直接费率（或组合直接费率）大于工程间接费率为止。

这里应注意在第（4）步中，当需要缩短关键工作的持续时间时，其缩短值的确定必须符合下列两条原则：①缩短后工作的持续时间不能小于其最短工作持续时间；②缩短持续时间的工作不能变成非关键工作。

基本考点六 寿命周期理论——费用效率法

工程寿命周期是指工程产品从研究开发、设计、建造、使用直到报废所经历的全部时间。工程寿命周期成本包括资金成本、环境成本和社会成本。要求考生重点掌握的是其中的资金成本，它由建设成本（设置费）和使用成本（维持费）组成。在工程竣工验收之前发生的成本费用归入建设成本，工程竣工验收之后发生的成本费用（贷款利息除外）归入使用成本。

寿命周期理论的评价方法：费用效率法（*CE*）、固定效率法、固定费用法、权衡分析法等。分析评价中必须考虑“资金的时间价值”。

运用费用效率法（*CE*）进行方案选优的计算步骤：

（1）对方案的投资“成果”进行分析，列出系统效率（*SE*）所包含的主要项目，并计算 *SE*（往往结合资金等值计算）；

（2）分析投资方案的寿命周期成本（*LCC*），分别列出设置费（*IC*）和维持费（*SC*）所包含的项目，并计算 *LCC*（往往结合资金等值计算）；

（3）分别计算各方案的费用效率，$CE=SE/LCC=SE/(IC+SC)$（即：费用效率=收益/成本）；

（4）比较各方案的费用效率，选择费用效率值最大的为最优方案。

典型案例母题

试题一（价值工程应用于多方案选优）

某工程有 A、B、C 三个设计方案，有关专家决定从四个功能（分别以 F_1、F_2、F_3、F_4 表示）对不同方案进行评价，并得到以下结论：A、B、C 三个方案中，F_1 的优劣顺序依次为 B、A、C；F_2 的优劣顺序依次为 A、C、B；F_3 的优劣顺序依次为 C、B、A；F_4 的优劣顺序依次为 A、B、C。经进一步研究，专家确定三个方案各功能的评价计分标准分别为：最优者得 3 分，居中者得 2 分，最差者得 1 分。

据造价工程师估算，A、B、C 三个方案的造价分别为 8500 万元、7600 万元、6900 万元。

【问题】

1. 将 A、B、C 三个方案各功能的得分填入表 2-10 中。

三个方案各功能的得分 表 2-10

方案	A	B	C
F_1			
F_2			
F_3			
F_4			

2. 若四个功能之间的重要性关系排序为 $F_2>F_1>F_4>F_3$，采用 0~1 评分法确定各功能的权重，并将计算结果填入表 2-11 中。

0~1 评分法确定各功能的权重 表 2-11

指标	F_1	F_2	F_3	F_4	得分	修正得分	权重
F_1							
F_2							
F_3							
F_4							
合计							

3. 已知 A、B 两方案的价值指数分别为 1.127、0.961，在 0~1 评分法的基础上计算 C 方案的价值指数，并根据价值指数的大小选择最佳设计方案。

4. 若四个功能之间的重要性关系为：F_1 与 F_2 同等重要，F_1 相对 F_4 较重要，F_2 相对 F_3 很重要。采用 0~4 评分法确定各功能的权重，并将计算结果填入表 2-12 中。（计算结果有小数的保留三位小数）

0~4 评分法确定各功能的权重 表 2-12

指标	F_1	F_2	F_3	F_4	得分	权重
F_1						
F_2						
F_3						
F_4						
合计						

【参考答案】

1. 见表 2-13。

三个方案各功能的得分 表 2-13

方案	A	B	C
F_1	2	3	1
F_2	3	1	2

续表

方案	A	B	C
F_3	1	2	3
F_4	3	2	1

2. 见表 2-14。

0~1 评分法确定各功能的权重 **表 2-14**

指标	F_1	F_2	F_3	F_4	功能得分	修正得分	功能重要系数
F_1	×	0	1	1	2	3	0.300
F_2	1	×	1	1	3	4	0.400
F_3	0	0	×	0	0	1	0.100
F_4	0	0	1	×	1	2	0.200
合计					6	10	1.000

3. A 方案的功能综合得分 $=2\times0.3+3\times0.4+1\times0.1+3\times0.2=2.500$；

B 方案的功能综合得分 $=3\times0.3+1\times0.4+2\times0.1+2\times0.2=1.900$；

C 方案的功能综合得分 $=1\times0.3+2\times0.4+3\times0.1+1\times0.2=1.600$；

C 方案的功能指数 $=1.6/(2.5+1.9+1.6)=0.267$；

C 方案的成本指数 $=6900/(8500+7600+6900)=0.300$；

C 方案的价值指数 $=0.267/0.3=0.890$；

通过比较，A 方案的价值指数最大，所以选择 A 方案为最优方案。

4. 见表 2-15。

0~4 评分法确定各功能的权重 **表 2-15**

指标	F_1	F_2	F_3	F_4	功能得分	功能重要系数
F_1	×	2	4	3	9	0.375
F_2	2	×	4	3	9	0.375
F_3	0	0	×	1	1	0.042
F_4	1	1	3	×	5	0.208
合计					24	1.000

试题二（价值工程应用于单方案选优，0~1、0~4 评分法应用）

某设计院承担了长约 1.8km 的高速公路隧道工程项目的设计任务。为控制工程成本，拟对选定的设计方案进行价值工程分析。专家组选取了四个主要功能项目，7 名专家进行了功能项目评价，其打分结果见表 2-16。

功能项目评价得分表 表 2-16

专家	A	B	C	D	E	F	G
石质隧道挖掘工程	10	9	8	10	10	9	9
钢筋混凝土内衬工程	5	6	4	6	7	5	7
路基及路面工程	8	8	6	8	7	8	6
通风照明监控工程	6	5	4	6	4	4	5

经测算，该四个功能项目的目前成本见表 2-17，其目标总成本拟限定在 18700 万元。

各功能项目目前成本表（单位：万元） 表 2-17

功能项目	石质隧道挖掘工程	钢筋混凝土内衬工程	路基及路面工程	通风照明监控工程
目前成本	6500	3940	5280	3360

【问题】

1. 根据价值工程基本原理，简述提高产品价值的途径。
2. 计算该设计方案中各功能项目得分，将计算结果填写在表 2-18 中。

设计方案中各功能项目得分 表 2-18

专家	A	B	C	D	E	F	G	功能得分
石质隧道挖掘工程	10	9	8	10	10	9	9	
钢筋混凝土内衬工程	5	6	4	6	7	5	7	
路基及路面工程	8	8	6	8	7	8	6	
通风照明监控工程	6	5	4	6	4	4	5	

3. 计算该设计方案中各功能项目的价值指数、目标成本和目标成本降低额，将计算结果填写在表 2-19 中。

该设计方案中各功能项目的价值指数、目标成本和目标成本降低额 表 2-19

计算项目	功能评分	功能指数	目前成本（万元）	成本指数	价值指数	目标成本（万元）	目标成本降低额（万元）
石质隧道挖掘工程							
钢筋混凝土内衬工程							
路基及路面工程							
通风照明监控工程							

4. 确定功能改进的前两项功能项目。

（计算过程保留四位小数，计算结果保留三位小数）

【参考答案】

1. 提高产品价值的途径包括：①在提高产品功能的同时，又降低产品成本；②在产品成本不变的条件下，通过提高产品的功能，提高利用资源的效果或效用，达到提高产品价值的目的；③在保持产品功能不变的前提下，通过降低产品的寿命周期成本，达到提高产品价值的目的；④产品功能有较大幅度提高，产品成本有较少提高；⑤在产品功能略有下降、产品成本大幅度降低的情况下，也可以达到提高产品价值的目的。

2. 参见表2-20。

设计方案中各功能项目得分　　表2-20

专家	A	B	C	D	E	F	G	功能得分
石质隧道挖掘工程	10	9	8	10	10	9	9	9.286
钢筋混凝土内衬工程	5	6	4	6	7	5	7	5.714
路基及路面工程	8	8	6	8	7	8	6	7.286
通风照明监控工程	6	5	4	6	4	4	5	4.857

3. 参见表2-21。

该设计方案中各功能项目的价值指数、目标成本和目标成本降低额　　表2-21

计算项目	功能评分	功能指数	目前成本（万元）	成本指数	价值指数	目标成本（万元）	目标成本降低额（万元）
石质隧道挖掘工程	9.286	0.3421	6500	0.3407	1.004	6397.270	102.730
钢筋混凝土内衬工程	5.714	0.2105	3940	0.2065	1.019	3936.350	3.650
路基及路面工程	7.286	0.2684	5280	0.2767	0.970	5019.080	260.920
通风照明监控工程	4.857	0.1789	3360	0.1761	1.016	3345.430	14.570
合计	27.143	0.9999	19080	1.0000		18700.000	381.870

4. 成本降低额从大到小排序为路基及路面工程、石质隧道挖掘工程、通风照明监控工程、钢筋混凝土内衬工程。所以功能改进的前两项分别为路基及路面工程、石质隧道挖掘工程。

试题三（二级决策树的方案选优）

某隧洞工程，施工单位与项目业主签订了120000万元的施工总承包合同，合同约定：每延长（或缩短）1天工期，处罚（或奖励）金额3万元。施工过程中发生了以下事件。

事件1：施工前，施工单位拟定了三种隧洞开挖施工方案，并测算了各方案的施工成本，见表2-22。

各施工方案施工成本（单位：万元）　　表2-22

施工方案	施工准备工作成本	不同地质条件下的施工成本	
		地质较好	地质不好
先拱后墙法	4300	101000	102000
台阶法	4500	99000	106000
全断面法	6800	93000	—

当采用全断面法施工时，在地质条件不好的情况下，须改用其他施工方法，如果改用先拱后墙法施工，需再投入 3300 万元的施工准备工作成本。如果改用台阶法施工，需再投入 1100 万元的施工准备工作成本。

根据对地质勘探资料的分析评估，地质情况较好的可能性为 0.6。

事件 2：实际开工前发现地质情况不好，经综合考虑施工方案采用台阶法，造价工程师测算了按计划工期施工的间接成本为 2 万元/天；直接成本每压缩工期 5 天增加 30 万元，每延长工期 5 天减少 20 万元。

【问题】

1. 绘制事件 1 中施工单位施工方案的决策树。

2. 列式计算事件 1 中施工方案选择的决策过程，并按成本最低原则确定最佳施工方案。

3. 事件 2 中，从经济的角度考虑，施工单位应压缩工期、延长工期还是按计划工期施工？说明理由。

4. 事件 2 中，施工单位按计划工期施工的产值利润率为多少？若施工单位希望实现 10%的产值利润率，应降低成本多少万元？

【参考答案】

1. 决策树如图 2-9 所示。

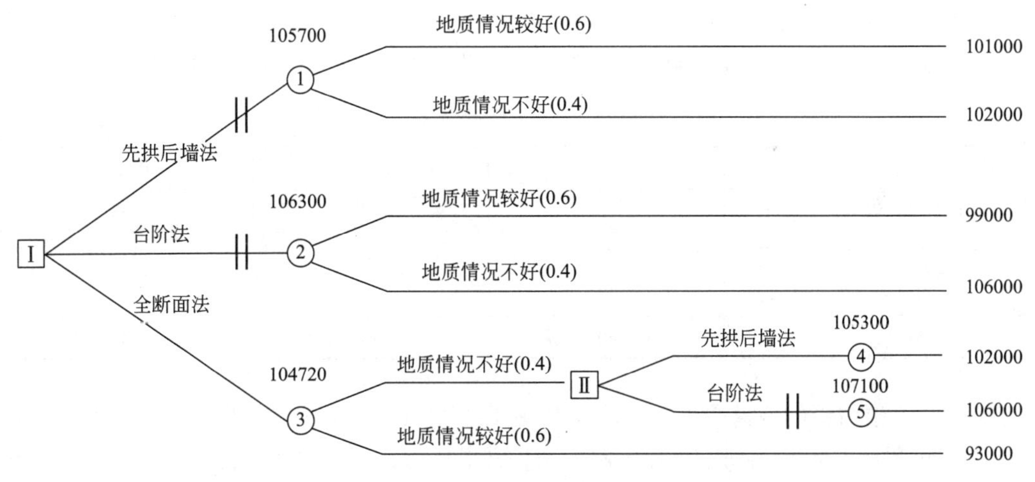

图 2-9　决策树

2. ① 计算二级决策点各备选方案的期望值并作出决策：

机会点 4 成本期望值 = 102000+3300 = 105300（万元）；

机会点 5 成本期望值 = 106000+1100 = 107100（万元）；

由于机会点 5 的成本期望值大于机会点 4 的成本期望值，所以地质情况不好时，应采用先拱后墙法。

② 计算一级决策点各备选方案的期望值并作出决策：

机会点 1 总成本期望值＝101000×0.6+102000×0.4+4300＝105700（万元）；

机会点 2 总成本期望值＝99000×0.6+106000×0.4+4500＝106300（万元）；

机会点 3 总成本期望值＝93000×0.6+6800+105300×0.4＝104720（万元）；

由于机会点 3 的成本期望值小于机会点 1 和机会点 2 的成本期望值，所以应当优选机会点 3 全断面法的方案。

3. 按计划工期每天费用＝2（万元/天）；

压缩工期每天费用增加＝30/5−3−2＝1（万元/天）；

延长工期每天费用增加＝2+3−20/5＝1（万元/天）；

按原计划工期施工，费用增加 0，所以按原计划工期施工。

4. 采用台阶法施工成本＝4500+106000＝110500（万元）；

产值利润率＝(120000−110500)/120000＝7.92%；

实现 10%的产值利润率，应降低成本 A 万元；

(120000−110500+A)/120000＝10%；

求解，成本降低额＝2500（万元）。

试题四（综合评分法方案选优、费用净现值计算方案选优）

某利用原有仓储库房改建养老院项目，有三个可选设计方案。方案一：不改变原建筑结构和外立面装修，内部格局和装修做部分调整。方案二：部分改变原建筑结构，外立面装修全部拆除重做，内部格局和装修做较大调整。方案三：整体拆除新建。三个方案的基础数据见表 2-23。假设初始投资发生在期初，维护费用和残值发生在期末。

各设计方案的基础数据 表 2-23

设计方案	方案一	方案二	方案三
初始投资（万元）	1200	1800	2100
维护费用（万元/年）	150	130	120
使用年限（年）	30	40	50
残值（万元）	20	40	70

经建设单位组织的专家组评审，决定从施工工期（Z_1）、初始投资（Z_2）、维护费用（Z_3）、空间利用（Z_4）、使用年限（Z_5）、建筑能耗（Z_6）六个指标对设计方案进行评价。专家组采用 0~1 评分方法对各指标的重要程度进行评分，评分结果见表 2-24。专家组对各设计方案的评价指标打分的算术平均值见表 2-25。

指标重要程度评分表 表 2-24

指标	Z_1	Z_2	Z_3	Z_4	Z_5	Z_6
Z_1	×	0	0	1	1	1
Z_2	1	×	1	1	1	1
Z_3	1	0	×	1	1	1
Z_4	0	0	0	×	0	1

续表

指标	Z_1	Z_2	Z_3	Z_4	Z_5	Z_6
Z_5	0	0	0	1	×	1
Z_6	0	0	0	0	0	×

各设计方案评价指标打分算术平均值　　**表 2-25**

设计方案	方案一	方案二	方案三
Z_1	10	8	7
Z_2	10	7	6
Z_3	8	9	10
Z_4	6	9	10
Z_5	6	8	10
Z_6	7	9	10

【问题】

1. 利用表 2-26，计算各评价指标的权重。

权重计算表　　**表 2-26**

评价指标	Z_1	Z_2	Z_3	Z_4	Z_5	Z_6	得分	修正得分	权重
Z_1	×	0	0	1	1	1	3	4	
Z_2	1	×	1	1	1	1	5	6	
Z_3	1	0	×	1	1	1	4	5	
Z_4	0	0	0	×	0	1	1	2	
Z_5	0	0	0	1	×	1	2	3	
Z_6	0	0	0	0	0	×	0	1	
							15	21	

2. 按 Z_1 到 Z_6 组成的评价指标体系，采用综合评审法对三个方案进行评价，并推荐最优方案。

3. 为了进一步对三个方案进行比较，专家组采用结构耐久度、空间利用、建筑能耗、建筑外观四个指标作为功能项目，经综合评价确定的三个方案的功能指数分别为：方案一 0. 241，方案二 0. 351，方案三 0. 408。在考虑初始投资、维护费用和残值的前提下，已知方案一和方案二的寿命期年费用分别为 256. 415 万元和 280. 789 万元，试计算方案三的寿命期年费用，并用价值工程方法选择最优方案。年复利率为 8%，现值系数见表 2-27。

现值系数表　　**表 2-27**

n	10	20	30	40	50
$(P/A, 8\%, n)$	6. 710	9. 818	11. 258	11. 925	12. 233
$(P/F, 8\%, n)$	0. 463	0. 215	0. 099	0. 046	0. 021

4. 在选定方案二的前提下，设计单位提出，通过增设护理监测系统降低维护费用，该系统又有 A、B 两个设计方案。方案 A 初始投资 60 万元，每年降低维护费用 8 万元，每 10 年大修一次，每次大修费用 20 万元；方案 B 初始投资 100 万元，每年降低维护费用 11 万元，每 20 年大修一次，每次大修费用 50 万元，试分别计算 A、B 两个方案的费用净现值，并选择最优方案。（计算过程和结果均保留三位小数）

【参考答案】

1. 参见表 2-28。

权重计算表 表 2-28

评价指标	Z_1	Z_2	Z_3	Z_4	Z_5	Z6	得分	修正得分	权重
Z_1	×	0	0	1	1	1	3	4	0.190
Z_2	1	×	1	1	1	1	5	6	0.286
Z_3	1	0	×	1	1	1	4	5	0.238
Z_4	0	0	0	×	0	1	1	2	0.095
Z_5	0	0	0	1	×	1	2	3	0.143
Z_6	0	0	0	0	0	×	0	1	0.048
							15	21	1.000

2. 方案一得分：10×0.19+10×0.286+8×0.238+6×0.095+6×0.143+7×0.048=8.428

方案二得分：8×0.19+7×0.286+9×0.238+9×0.095+8×0.143+9×0.048=8.095

方案三得分：7×0.19+6×0.286+10×0.238+10×0.095+10×0.143+10×0.048=8.286

方案一得分最高，因此，推荐方案一为最优方案。

3. （1）方案三寿命周期年费用：

2100×(A/P，8%，50)+120−70×(P/F，8%，50)×(A/P，8%，50)=2100/12.233+120−70×0.021/12.233=291.547（万元）。

（2）成本指数：

256.415+280.789+291.547=828.751（万元）；

方案一：256.415/828.751=0.309；

方案二：280.789/828.751=0.339；

方案三：291.547/828.751=0.352。

价值指数：

方案一：0.241/0.309=0.780；

方案二：0.351/0.339=1.035；

方案三：0.408/0.352=1.159；

方案三价值指数最高，因此，选择方案三为最优方案。

4. A 方案费用净现值：1800+60−40×(P/F，8%，40)+(130−8)×(P/A，8%，40)+20×[(P/F，8%，10)+(P/F，8%，20)+(P/F，8%，30)]=1800+60−40×0.046+122×11.925+20×(0.463+0.215+0.099)=3328.550（万元）；

B 方案费用净现值：1800+100−40×(P/F，8%，40)+(130−11)×(P/A，8%，40)+50×(P/F，8%，20)= 1800+100−40×0. 046+119×11. 925+50×0. 215=3327. 985（万元）；

B 方案费用净现值最小，因此，选择 B 方案为最优方案。

试题五（价值工程单方案改进、净年值法方案选优）

某国有企业投资兴建一大厦，通过公开招标方式进行施工招标，选定了某承包商，土建工程的合同价格为 20300 万元（不含税），其中利润为 800 万元。该土建工程由地基基础工程（A）、主体结构工程（B）、装饰工程（C）、屋面工程（D）、节能工程（E）五个分部工程组成，中标后该承包商经过认真测算、分析，各分部工程的功能得分和成本比例见表 2−29。

各分部工程功能得分和成本比例表　　**表 2-29**

分部工程项目	A	B	C	D	E
各分部工程功能得分	26	35	22	9	16
各分部工程成本比例	0. 24	0. 33	0. 20	0. 08	0. 15

建设单位要求设计单位提供楼宇智能化方案供选择，设计单位提供了两个能够满足建设单位要求的方案，本项目的造价咨询单位对两个方案的相关费用和收入进行了测算，有关数据见表 2−30。建设期为 1 年，不考虑期末残值，购置、安装费及所有收支费用均发生在年末，年复利率为 8%，现值系数见表 2−31。

两个方案的基础数据表　　**表 2-30**

项目	购置、安装费（万元）	大修理周期（年）	每次大修理费（万元）	使用年限（年）	年运行收入（万元）	年运行维护费（万元）
方案一	1500	15	160	45	250	80
方案二	1800	10	100	40	280	75

现值系数表　　**表 2-31**

n	1	10	15	20	30	40	41	45	46
(P/A，8%，n)	0. 926	6. 710	8. 559	9. 818	11. 258	11. 925	11. 967	12. 109	12. 137
(P/F，8%，n)	0. 926	0. 463	0. 315	0. 215	0. 099	0. 046	0. 043	0. 031	0. 029

【问题】

1. 承包商以分部工程为对象进行价值工程分析，计算各分部工程的功能指数及目前成本。

2. 承包商制定了强化成本管理方案，计划将目标成本额控制在 18500 万元，计算各分部工程的目标成本及其可能降低额度，并据此确定各分部工程成本管控的优先顺序。

3. 若承包商的成本管理方案能够得到可靠实施，但施工过程中占工程成本 50%的材料费仍有可能上涨，经预测上涨 10%的概率为 0. 6，上涨 5%的概率为 0. 3，则承包商对该工程的期望成本利润率应为多少？

4. 对楼宇智能化方案采用净年值法计算分析，建设单位应选择哪个方案？

（注：计算过程和结果均保留三位小数）

【参考答案】

1.（1）各分部工程功能指数：26+35+22+9+16=108；

A 功能指数：26/108=0.241；

B 功能指数：35/108=0.324；

C 功能指数：22/108=0.204；

D 功能指数：9/108=0.083；

E 功能指数：16/108=0.148。

（2）各分部工程目前成本。

目前总成本=20300−800=19500.000（万元）；

A 目前成本：19500.000×0.24=4680.000（万元）；

B 目前成本：19500.000×0.33=6435.000（万元）；

C 目前成本：19500.000×0.20=3900.000（万元）；

D 目前成本：19500.000×0.08=1560.000（万元）；

E 目前成本：19500.000×0.15=2925.000（万元）。

2.（1）各分部工程目标成本。

A 目标成本：18500×0.241=4458.500（万元）；

B 目标成本：18500×0.324=5994.000（万元）；

C 目标成本：18500×0.204=3774.000（万元）；

D 目标成本：18500×0.083=1535.500（万元）；

E 目标成本：18500×0.148=2738.000（万元）。

（2）各分部工程成本降低额。

A 成本降低额：4680−4458.5=221.500（万元）；

B 成本降低额：6435−5994=441.000（万元）；

C 成本降低额：3900−3774=126.000（万元）；

D 成本降低额：1560−1535.5=24.500（万元）；

E 成本降低额：2925−2738=187.000（万元）；

则各分部工程成本管控优先顺序：B、A、E、C、D。

3. 材料费=18500×50%=9250.000（万元）；

期望成本材料费=9250.000×[（1+10%）×0.6+（1+5%）×0.3+1×0.1]=9943.750（万元）；

期望成本=18500−9250.000+9943.750=19193.750（万元）；

利润=20300−19193.750=1106.250（万元）；

期望成本利润率=1106.250/19193.750=5.764%。

4. 方案一净年值：[−1500−160×(P/F, 8%, 15)−160×(P/F, 8%, 30)+(250−80)×(P/A, 8%, 45)]×(P/F, 8%, 1)×(A/P, 8%, 46)=(−1500−160×0.315−160×0.099+

170×12. 109)×0. 926/12. 137=37. 560（万元）；

方案二净年值：[-1800-100×(*P/F*，8%，10)-100×(*P/F*，8%，20)-100×(*P/F*，8%，30)+(280-75)×(*P/A*，8%，40)]×(*P/F*，8%，1)×(*A/P*，8%，41)=(-1800-100×0. 463-100×0. 215-100×0. 099+205×11. 925)×0. 926/11. 967=43. 868（万元）；

由于方案二的净年值最大，故建设单位应选择方案二。

试题六（网络图的赶工方案选优）

某国有资金投资依法必须招标的省级重点项目。施工单位编制的网络计划如图 2-10 所示。该分部工程由工作 A、B、C、D、E、F 组成。箭线上方括号内为最短工作时间直接费（万元），括号外为正常工作时间直接费（万元），箭线下方括号内为最短工作持续时间（天），括号外为正常工作持续时间（天）。正常工作时间间接费为 26. 7 万元，间接费率为 0. 3 万元/天。

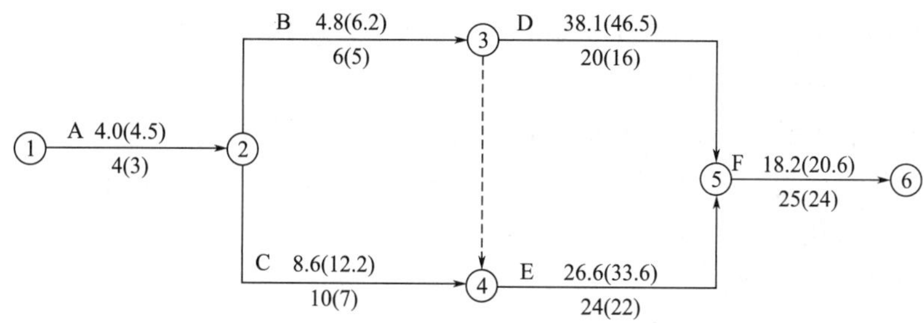

图 2-10　网络计划图

【问题】

1. 列出网络计划的关键线路，并计算该线路直接费率，填入表 2-32 指定位置。计算正常工期和总费用。由于其他分部工程延误，施工单位需 60 天完成该分部工程，影响后续工作的进度，请问应压缩哪些工作？压缩一起增加费用为多少？

赶工费用计算表　　表 2-32

代号	最短时间直接费-正常时间直接费	正常持续时间-最短持续时间	直接费率（万元/天）
A			
B			
C			
D			
E			
F			

2. 根据合同约定，工期奖罚款为 1 万元/天。不考虑其他因素，仅针对该分部工程继续压缩哪些工作对施工方有利？并说明理由。

【参考答案】

1. 关键线路：A-C-E-F。计算表见表 2-33。

赶工费用计算表 表 2-33

代号	最短时间直接费-正常时间直接费	正常持续时间-最短持续时间	直接费率（万元/天）
A	4.5-4	4-3	0.5
B	6.2-4.8	6-5	1.4
C	9.8-8.6	10-7	1.2
D	46.5-38.1	20-16	2.1
E	33.6-26.6	24-22	3.5
F	20.6-18.2	25-24	2.4

正常工期 63 天。

总费用=4+4.8+8.6+38.1+26.6+18.2+26.7=127（万元）；

目标为赶工=63-60=3（天）；

第一次赶工：A 赶工 1 天，增加费用=0.5-0.3=0.2（万元）；

第二次赶工：C 赶工 2 天，增加费用=(1.2-0.3)×2=1.8（万元）；

压缩后的总费用为 127+0.2+1.8=129（万元）。

2. C 工作再压缩 1 天。

理由：因为其余关键工作压缩增加费用超过 1.3 万元（工期奖罚款+间接费率），不经济。

试题七（费用效率法与资金时间价值结合方案选优）

某工业项目有 A、B 两个投资方案。A 方案引进国外先进技术设备及生产线，使用寿命为 20 年，每 6 年大修一次。因引进技术可以推动行业技术水平的发展，当地政府给予一定的引进技术补贴。B 方案使用国产现有技术设备及生产线，使用寿命为 16 年，每 4 年大修理一次。基准折现率为 8%。其他有关数据见表 2-34 和表 2-35。

项目投资数据表 表 2-34

方案	方案 A	方案 B
建设投资（万元）	100000	60000
年维修和运行费（万元）	200	220
每次大修费（万元）	400	500
引进先进技术补贴（期初一次补贴）（万元）	2000	0
工程排污费（万元/年）	50	80
企业收入（万元/年）	15000	10000
企业品牌价值增长（万元/年）	100	80

现值系数表 表 2-35

n	2	4	6	8	10	12	14	16	18	20
(P/A, 8%, n)	1. 783	3. 312	4. 623	5. 747	6. 710	7. 536	8. 244	8. 851	9. 372	9. 818
(P/F, 8%, n)	0. 857	0. 735	0. 630	0. 540	0. 463	0. 397	0. 341	0. 292	0. 250	0. 215

【问题】

1. 计算两个方案的年度寿命周期成本。
2. 使用费用效率法，应选择哪个方案？

【参考答案】

1. A 方案年度寿命周期成本 = 200 + 50 + {100000 + 400 × [(P/F, 8%, 6) + (P/F, 8%, 12) + (P/F, 8%, 18)]} × (A/P, 8%, 20) = 10487. 401（万元）；

B 方案年度寿命周期成本 = 220 + 80 + {60000 + 500 × [(P/F, 8%, 4) + (P/F, 8%, 8) + (P/F, 8%, 12)]} × (A/P, 8%, 16) = 7173. 348（万元）。

2. A 方案的年度使用效率 = 15000 + 100 + 2000 × (A/P, 8%, 20) = 15303. 707（万元）；

A 方案的费用效率 = 15303. 707/10487. 401 = 1. 459；

B 方案的年度使用效率 = 10000 + 80 = 10080. 000（万元）；

B 方案的费用效率 = 10080. 00/7173. 348 = 1. 405；

由于 A 方案的费用效率高，所以应选择 A 方案。

第三章　建设工程计量与计价

本章考试大纲要求

1. 工程计量；
2. 工程定额、指标的编制与应用；
3. 设计概算、施工图预算；
4. 工程量清单计价。

本章核心考点解析

序号	核心考点	考核要点
1	建筑安装工程费的构成及计算	区分要素构成和造价形成的关系
2	施工定额与预算定额的编制与应用	时间定额、产量定额编制，预算消耗量编制
3	概算文件的编制与应用	概算指标法和类似工程预算法应用
4	土木建筑计量计价	看图、《房屋建筑与装饰工程工程量计算规范》、算量、组价
5	安装工程计量计价	看图、《通用安装工程工程量计算规范》、算量、组价

核心考点一　建筑安装工程费的构成及计算

1. 按费用构成要素划分的建筑安装工程费用

按照费用构成要素划分，建筑安装工程费由人工费、材料（包含工程设备）费、施工机具使用费、企业管理费、利润、规费和税金组成。其中，人工费、材料费、施工机具使用费、企业管理费和利润包含在分部分项工程费、措施项目费和其他项目费中（图 3-1）。

2. 按造价形成划分的建筑安装工程费用项目组成

按照工程造价形成划分时，建筑安装工程费由分部分项工程费、措施项目费、其他项目费、规费、税金组成，分部分项工程费、措施项目费、其他项目费包含人工费、材料费、施工机具使用费、企业管理费和利润（图 3-2）。

3. 建筑安装工程费用计算方法（费用构成要素计算方法）

（1）人工费

人工费＝Σ（工日消耗量×日工资单价）

（2）材料费和工程设备费

1）材料费

材料费＝Σ（材料消耗量×材料单价）

材料单价＝｛（材料原价+运杂费）×［1+运输损耗率（%）］｝×［1+采购保管费率（%）］

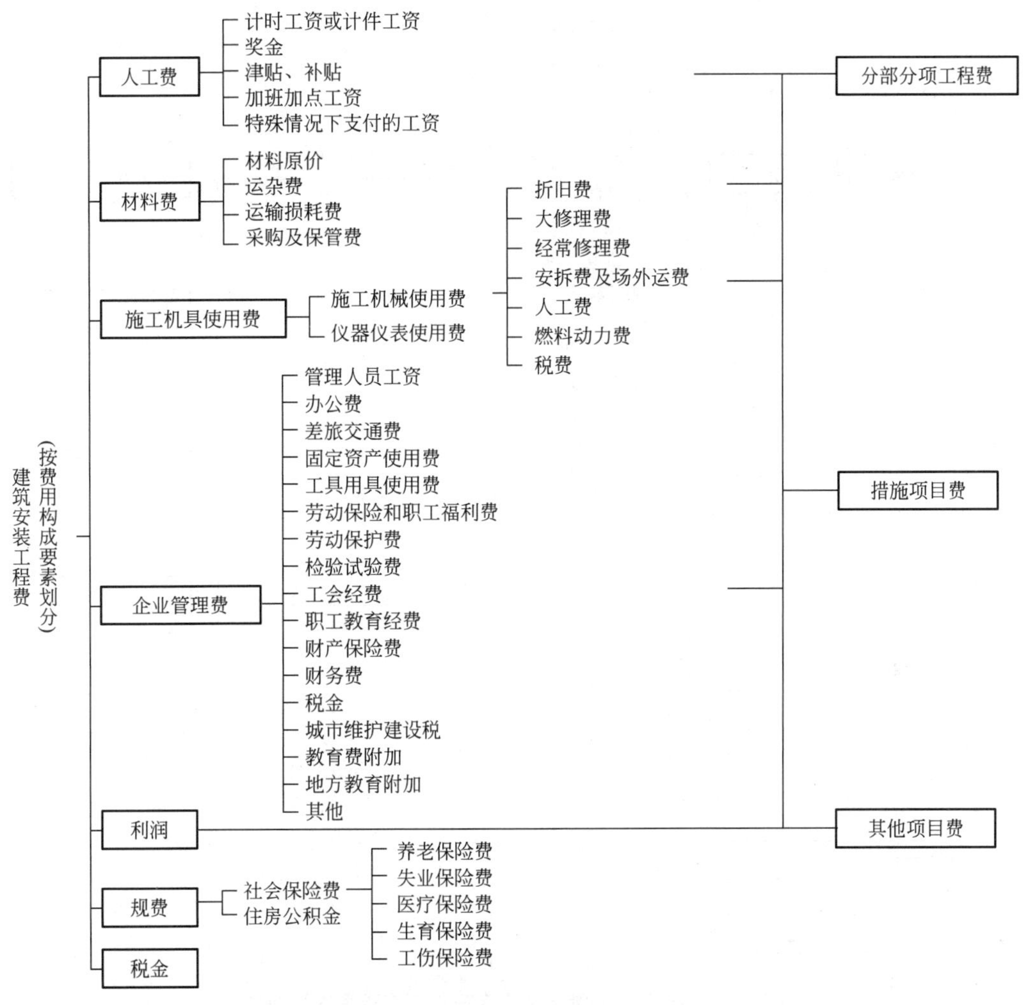

图 3-1 按费用构成要素划分的建筑安装工程费用项目组成

2）工程设备费

工程设备费 = Σ（工程设备量×工程设备单价）

工程设备单价 =（工程设备原价+运杂费）×［1+采购保管费率（%）］

（3）施工机具使用费和仪器仪表使用费

1）施工机具使用费

施工机具使用费 = Σ（施工机械台班消耗量×机械台班单价）

机械台班单价 = 台班折旧费+台班大修费+台班经常修理费+台班安拆费及场外运费+台班人工费+台班燃料动力费+台班车船税费

租赁施工机械使用费 = Σ（施工机械台班消耗量×机械台班租赁单价）

2）仪器仪表使用费

仪器仪表使用费 = 工程使用的仪器仪表摊销费+维修费

（4）企业管理费

施工企业投标报价时自主确定管理费费率，根据考题确定基数和费率。

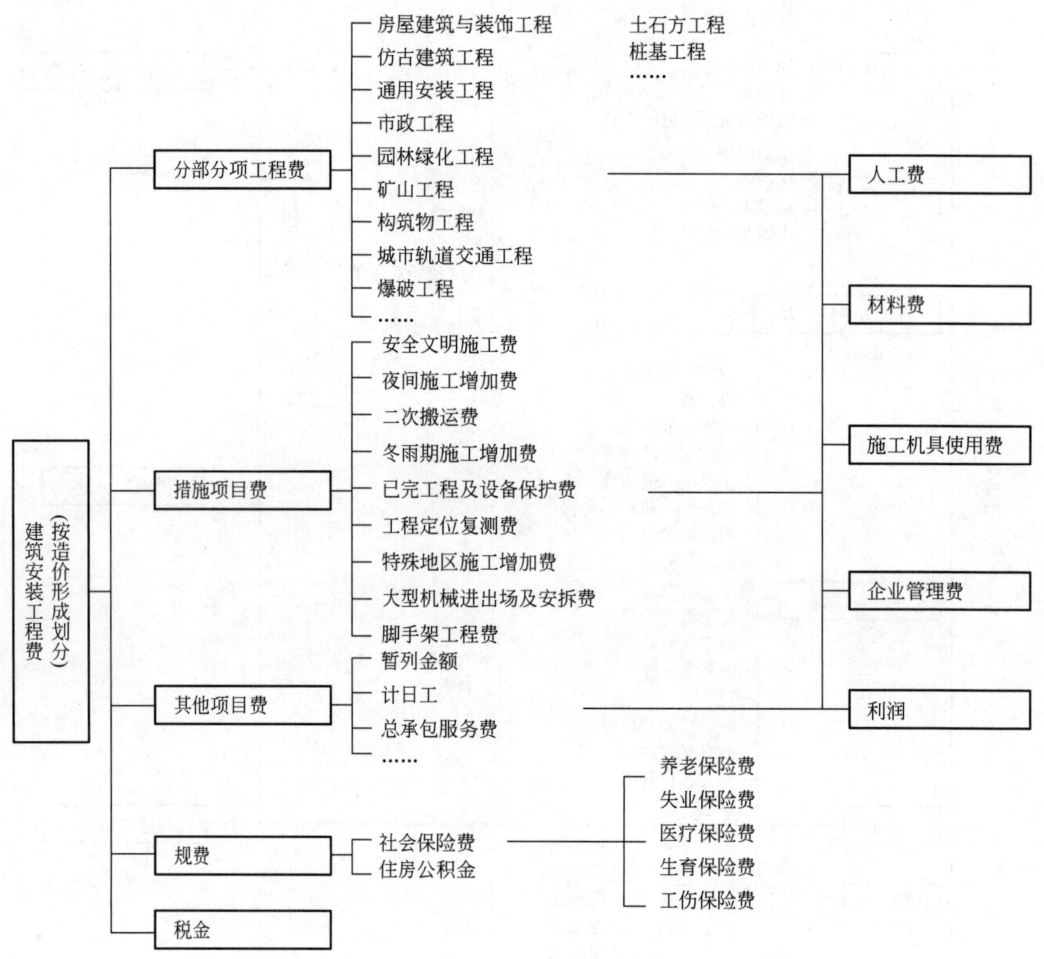

图 3-2　按造价形成划分的建筑安装工程费用项目组成

（5）利润

施工企业根据企业自身需求并结合建筑市场实际自主确定，列入报价中，根据考题确定基数和费率。

（6）规费

规费包括社会保险费和住房公积金，根据考题确定基数和费率。

（7）税金

建筑安装工程费用的税金是指国家《税法》规定应计入建筑安装工程造价的增值税销项税额。

增值税的计税方法，包括一般计税方法和简易计税方法。一般纳税人发生应税行为适用一般计税方法计税。小规模纳税人发生应税行为适用简易计税方法计税。

① 一般计税方法

当采用一般计税方法时，建筑业增值税率为 9%。计算公式为：

$$增值税销项税额 = 税前造价 \times 9\%$$

税前造价为人工费、材料费、施工机具使用费、企业管理费、利润和规费之和，各费用项目均以不包含增值税可抵扣进项税额的价格计算。

② 简易计税方法

简易计税方法的应纳税额，是指按照销售额和增值税征收率计算的增值税额，不得抵扣进项税额。

当采用简易计税方法时，建筑业增值税征收率为3%。计算公式为：

$$增值税=税前造价\times3\%$$

税前造价为人工费、材料费、施工机具使用费、企业管理费、利润和规费之和，各费用项目均以包含增值税进项税额的含税价格计算。

4. 建筑安装工程费用计算方法（按照造价形成计价）

（1）分部分项工程费=Σ（分部分项工程量×综合单价）

式中：综合单价包括人工费、材料费、施工机具使用费、企业管理费和利润以及一定范围的风险费用。

（2）措施项目费

1）国家计量规范规定应予计量的措施项目，其中：措施项目费=Σ（措施项目工程量×综合单价）。

2）国家计量规范规定不宜计量的措施项目：

① 安全文明施工费=计算基数×安全文明施工费费率（%）；

② 夜间施工增加费=计算基数×夜间施工增加费费率（%）；

③ 二次搬运费=计算基数×二次搬运费费率（%）；

④ 冬雨期施工增加费=计算基数×冬雨期施工增加费费率（%）；

⑤ 已完工程及设备保护费=计算基数×已完工程及设备保护费费率（%）。

上述②~⑤项措施项目的计费基数和费率根据考题确定。

（3）其他项目费

1）暂列金额由建设单位根据工程特点，按有关计价规定估算，施工过程中由建设单位掌握使用。

2）计日工由建设单位和施工企业按施工过程中的签证计价。

3）总承包服务费由建设单位在招标控制价中根据总承包服务范围和有关计价规定编制，施工企业投标时自主报价。

（4）规费和税金

建设单位和施工企业均应按照省、自治区、直辖市或行业建设主管部门发布的标准计算规费和税金，不得作为竞争性费用。

核心考点二 施工定额与预算定额的编制与应用

1. 施工定额的基本知识

（1）概念及作用

施工定额是施工企业内部使用的一种定额，用于企业的生产组织与管理，具有企业生产定额的性质。它是投标报价的基础，是编制预算定额的基础。

（2）组成

施工定额包括人、材、机消耗量定额。

1）人工定额又称劳动定额，是完成单位合格产品所需的时间。表现形式可分为时间定额与产量定额，两者互为倒数关系。

定额时间=基本工作时间+辅助工作时间+准备与结束时间+不可避免的中断时间+休息时间

2）材料消耗定额，是完成单位合格产品所需的材料用量。包括材料净用量与损耗量。

即：材料消耗量=材料净用量+损耗量

3）机械台班定额，是完成单位合格产品所需机械的消耗时间。表现形式包括产量定额与时间定额，两者互为倒数关系。

机械台班产量定额=机械 1h 纯工作正常生产率×工作台班延续时间×机械正常利用系数

2. 预算定额的基本知识

（1）概念与作用

预算定额是在编制施工图预算时，用以计算工程造价和工程中人工、材料、机械台班需要量的定额。它是施工定额的扩大，是一种计价性的定额，在工程建设定额中占有很重要的地位。它是概算定额、概算指标和估算指标的编制基础。它代表的是某地区某时点的社会平均水平。

（2）组成

预算定额包括人、材、机消耗量定额及预算基价。

1）人工消耗量=基本用工+其他用工

其他用工=超运距用工+辅助用工+人工幅度差用工

人工幅度差用工=(基本用工+辅助用工+超运距用工)×人工幅度差系数

2）材料消耗量=材料净用量+损耗量

3）机械台班消耗量=施工定额机械台班消耗量×(1+机械幅度差系数)

4）预算基价=人工费+材料费+施工机械费

其中：

人工费=Σ（预算定额人工消耗量×人工工日单价）

材料费=Σ（预算定额材料消耗量×材料基价）

施工机械费=Σ（预算定额机械消耗量×机械台班单价）

或机具使用费=Σ（预算定额中机械台班用量×机械台班单价）+Σ（仪器仪表台班用量×仪器仪表台班单价）

【例】 背景资料：某项 M5 水泥砂浆砌筑毛石护坡工程，定额测定资料如下。

1. 完成每立方米毛石砌体的基本工作时间为 7.9h。

2. 辅助工作时间、准备与结束时间、不可避免中断时间和休息时间等分别占毛石砌体定额时间的 3%、2%、2%和 16%；普工、一般技工、高级技工的工日消耗比例测定为

2∶7∶1。

3. 每 $10m^3$ 毛石砌体需要 M5 水泥砂浆 $3.93m^3$、毛石 $11.22m^3$、水 $0.79m^3$。

4. 每 $10m^3$ 毛石砌体需要 200L 砂浆搅拌机 0.66 台班。

5. 该地区有关资源的现行除税价格如下。

人工工日单价为：普工 60 元/工日、一般技工 80 元/工日、高级技工 110 元/工日。M5 水泥砂浆单价为：120 元/m^3。毛石单价为：58 元/m^3。水单价：4 元/m^3。200L 砂浆搅拌机台班单价为：88.50 元/台班。

【问题】

1. 确定砌筑每立方米毛石护坡的人工时间定额和产量定额。

2. 若预算定额的其他用工占基本用工 12%，试编制该分项工程的预算定额的除税单价。

3. 若毛石护坡砌筑砂浆设计变更为 M10 水泥砂浆，该砂浆现行单价 130 元/m^3（除税单价），定额消耗量不变，换算后毛石护坡的定额除税单价是多少？

【参考答案】

1.（1）人工时间定额的确定：

假定砌筑每立方米毛石护坡的定额时间为 X，则

$X=7.9+(3\%+2\%+2\%+16\%)\ X$

$X=7.9+(23\%)\ X$

$X=7.9/(1-23\%)=10.26$（工时）

每工日按 8 工时计算，则砌筑毛石护坡的人工时间定额 $=\dfrac{X}{8}=\dfrac{10-26}{8}=1.283$（工日/$m^3$）

（2）人工产量定额的确定：

砌筑毛石护坡的人工产量定额 $=\dfrac{1}{1.283}=0.779$（m^3/工日）

2.（1）预算定额的人工消耗指标=基本用工+其他用工

式中，基本用工=人工时间定额

所以，预算定额的人工消耗指标=基本用工×(1+其他用工占比)×定额计量单位=1.283×(1+12%)×10=14.37（工日/$10m^3$）

预算人工费=14.37×(0.2×60+0.7×80+0.1×110) =14.37×79=1135.23（元/$10m^3$）

（2）根据背景资料，计算预算材料费和预算施工机具使用费

预算材料费=3.93×120+11.22×58+0.79×4

=471.6+650.76+3.16

=1125.52（元/$10m^3$）

预算施工机具使用费=0.66×88.50=58.41（元/$10m^3$）

（3）该分项工程预算定额除税单价=人工费+材料费+施工机具使用费

=1135.23+1125.52+58.41

=2319.16（元/$10m^3$）

3. 毛石护坡砌体改用 M10 水泥砂浆后，换算定额除税单价的计算：

M10 水泥砂浆毛石护坡定额除税单价=M5 混合砂浆护坡单价+砂浆用量×(M10 单价-M5 单价)

=2319.16+3.93×(130-120)

=2358.46（元/$10m^3$）

核心考点三 概算文件的编制与应用

1. 概念

设计概算是在初步设计和扩大初步设计阶段，由设计单位根据初步投资估算、设计要求及初步设计图纸或扩大初步设计图纸，依据概算定额或概算指标、各项费用定额或取费标准、建设地区自然、技术经济条件和设备、材料预算价格等资料，或参照类似工程预（决）算文件，编制和确定的建设项目由筹建至竣工交付使用的全部建设费用的经济文件。根据范围不同，设计概算可分为三级：单位工程设计概算、单项工程设计概算、建设项目总概算。

2. 编制方法

设计概算的编制方法有概算定额法、概算指标法、类似工程预算法。

（1）概算定额法

适合于初步设计达到一定深度、建筑结构比较明确的工程。

（2）概算指标法

当初步设计深度不够，不能准确地计算出工程量，工程设计技术比较成熟而又有类似工程概算指标可以利用时，可采用概算指标法。

由于拟建工程往往与类似工程的概算指标的技术条件不尽相同，而且概算指标编制年份的设备、材料、人工等价格与拟建工程当时当地的价格也不会一样，因此，必须对其进行调整，其调整方法如下：

结构变化修正概算指标=原概算指标+换入新结构的数量×换入新结构的单价-换出旧结构的数量×换出旧结构的单价

（3）类似工程预算法

类似工程预算法是利用技术条件与设计对象相类似的已完工程或在建工程的工程预算资料来编制拟建工程设计概算的方法。

类似工程预算法在拟建工程初步设计与已完工程或在建工程的设计相类似而又没有可用的概算指标时采用，但必须对建筑结构差异和价差进行调整。建筑结构差异的调整方法与概算指标法的调整方法相同。

核心考点四 工程计量计价

本考点 40 分，具体考核考生识图能力、依据国家工程量计算规范的计算规则计算工程量，依据国家工程量清单计价规范计价。

本考点分两个专业，土木工程专业、安装工程专业，考生结合自己报考专业学习。其中安装工程专业包括管道设备安装工程和电气自动化两个方向，考生考试时任选一个题目作答。

Ⅰ土木工程计量典型计算规则

主要考核识图能力（建筑施工图、结构施工图）；工程量计算规则的运用能力（构筑物、建筑面积、土建、装饰装修工程量的计算规则）；报价（综合单价计算、清单计价表格等的编制）能力。

综合单价组价（投标报价）原理：$Q_0P_0=Q_1P_1+Q_2P_2+\cdots$

式中：Q_0——清单工程量，国家工程量计算规范的净量（《房屋建筑与装饰工程工程量计算规范》GB 50854）；

P_0——清单综合单价（含人材机管理和风险费）；

Q_1——对应工作内容 1 的量（考虑施工方案的工程量，如土方放坡、工作面）；

P_1——对应工作内容 1 的单价（考虑施工方案的单价，如果单位扩大了要换算）。

【例】 某土方工程清单工程量为 100m^3，甲施工单位采用机械开挖，施工方案量为 150m^3，施工方案挖 10 元/m^3（含人材机费用、管理费与利润）。若不考虑回填，计算土方工程清单综合单价。

【参考答案】 $100\times P_0=150\times10$，则 $P_0=150\times10/100=15$（元/m^3）；

若施工方案挖 100 元/10m^3（含人材机管线），

则：$100\times P_0=150\times100/10$，$P_0=15$（元/$m^3$）。

单位工程造价=分部分项费用+措施项目费用+其他项目费用+规费+税金=人工费+材料费+施工机具使用费+管理费+利润+规费+税金

分部分项费用=∑（分部分项清单量×综合单价）

措施项目费用=∑按“项”计算的措施项目费用+∑（措施项目清单量×综合单价）

其中：按“项”计算费用的有安全文明施工费、二次搬运费、夜间施工增加费、非夜间施工照明费、竣工资料编制费、冬雨期施工增加费等，按“量”计算费用的有模板支架费、垂直运输费、脚手架费、大型机械进出场费、降水费等。

其他项目费用=暂列金额+暂估价+计日工+总承包服务费

规费=(分部分项费用+措施项目费用+其他项目费用)×规费费率

或：规费=人工费×规费费率（题目给定基数和费率）

税金（建安企业增值税)=(分部分项费用+措施项目费用+其他项目费用+规费)×税率

1. 建筑识图的基本知识

（1）剖面图

1）剖面图的形成

假想用一个剖切平面在形体合适的位置剖开，移走观察者和剖切平面之间的部分，将剩余的部分投射到投影面上所得到的投影图称为剖面图（图 3-3）。

被剖到的形体用粗实线绘制，未剖到但可见的部分用中粗线绘制，形体被剖切后的

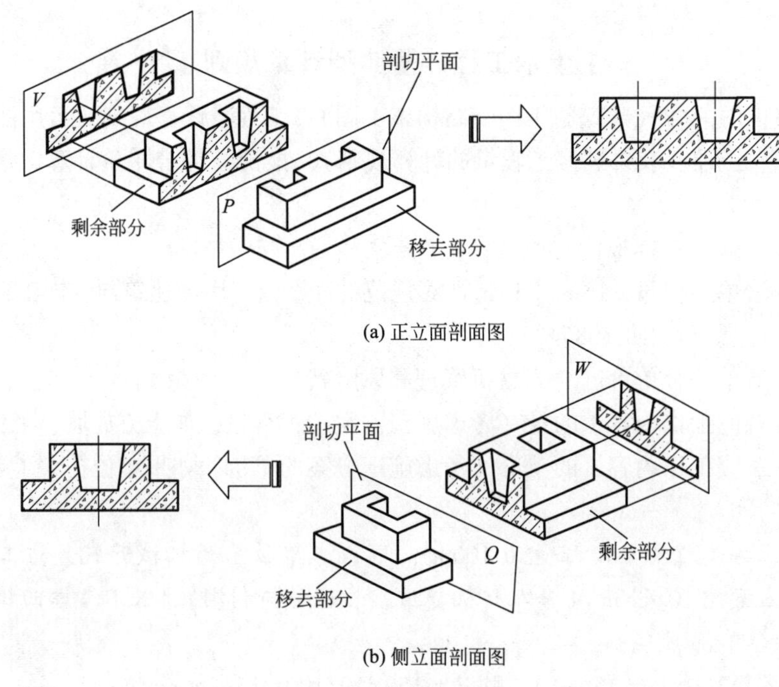

(a) 正立面剖面图

(b) 侧立面剖面图

图 3-3 剖面图的形成

不可见的线不需画出。

2）剖切符号

剖切符号由剖切位置线和剖视方向线两部分组成，用粗实线绘制。绘图时，剖切符号不宜与图上的任何图线相接触，如图 3-4 所示。

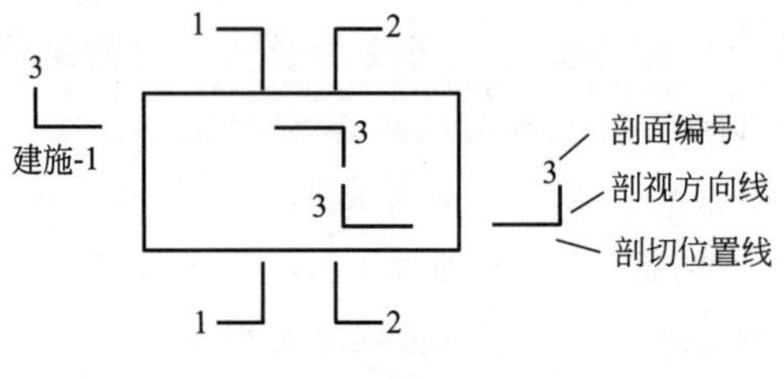

图 3-4 剖切符号

3）全剖面图

假想用一个剖切平面将形体完全剖开，得到的剖面图称为全剖面图，如图 3-5 所示。全剖面图用于不对称或者虽然对称但外部形状简单、内部结构比较复杂的形体。在全剖面图中，被剖切后形成的断面图形的轮廓线用粗实线绘制，且在断面图上画出剖面线；未剖切到但在剖视方向可见的轮廓线用中粗线绘制，不可见的线一般不用绘制。

4）半剖面图

当形体具有对称平面时，在垂直于该对称平面的投影面上投射所得到的图形，可以对称中心线为界，一半画成剖面图，另一半画成外形视图，这种组合的图形称为半剖面

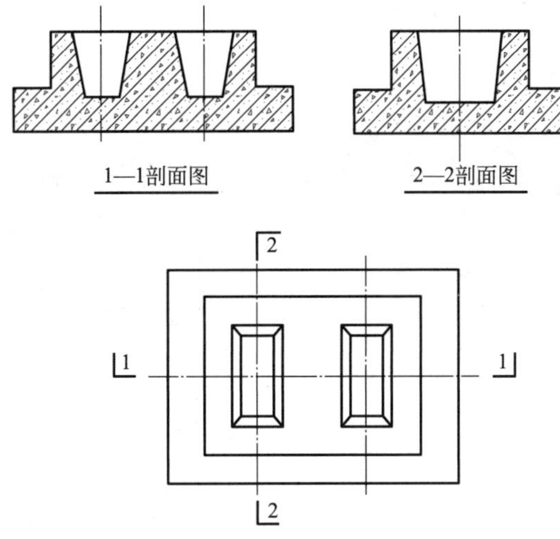

图 3-5　全剖面图

图，如图 3-6 所示。半剖面图用于左右对称或前后对称，且外形比较复杂的形体。对称中心线用单点画线表示，当对称中心线为竖直线时，将外形投影绘制在中心线的左边，剖面图绘制在中心线的右边；当对称中心线为水平线时，将外形投影绘制在水平中心线的上边，剖面图绘制在水平中心线的下边。

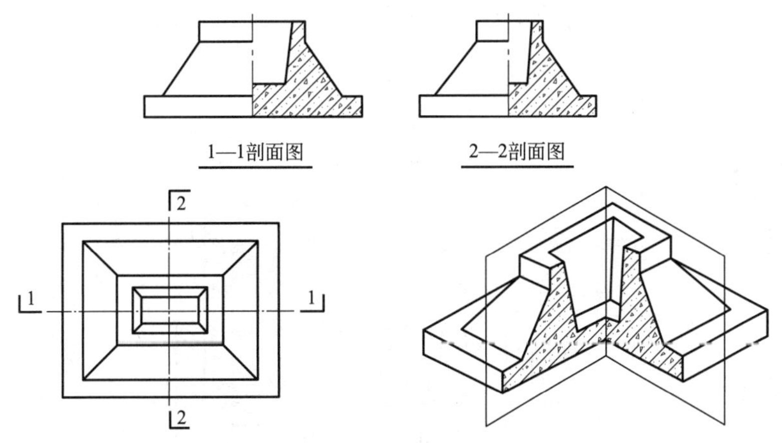

图 3-6　半剖面图

5）局部剖面图

用一个剖切平面将形体局部剖开后所得到的剖面图称为局部剖面图，如图 3-7 所示。局部剖面图适用于内外结构都需要表达，且又不具备对称条件或仅局部需要剖切的形体。局部剖面图只是形体整个投影图中的一部分，其剖切范围用波浪线表示，是外形视图和剖面的分界线。波浪线不能与轮廓线重合，也不应超出其轮廓线，波浪线在视图孔洞处要断开。局部剖面图一般不需要标注。

6）分层剖面图

在建筑装饰工程中，为了表示楼面、屋面、墙面及地面等构造和所用材料，常用分

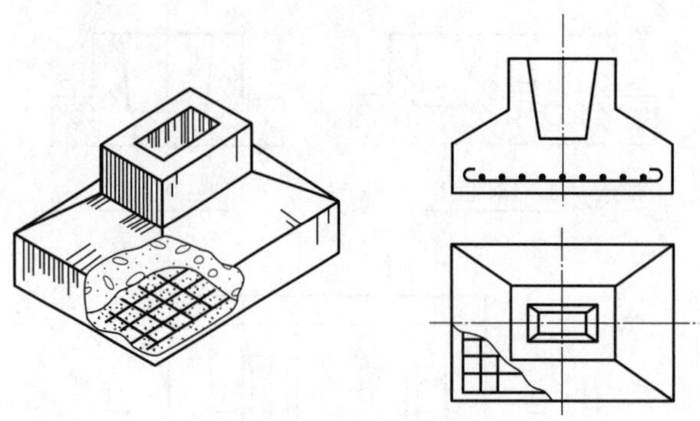

图 3-7 局部剖面图

层剖切的方法画出不同构造层次的剖面图，称为分层剖面图，如图 3-8 所示。分层剖面图用以表达形体内部的构造，常用波浪线按层次分层隔开。

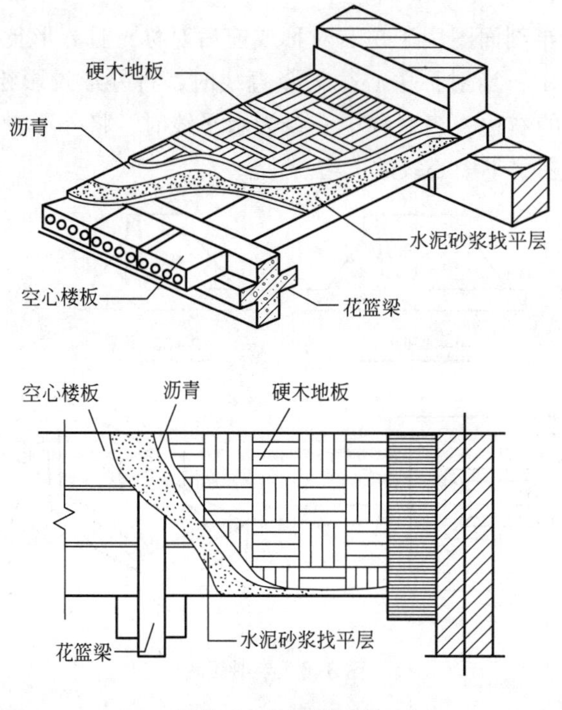

图 3-8 分层剖面图

7）阶梯剖面图

当形体内部的形状比较复杂，且又分布在不同层次上时，可采用两个或两个以上相互平行的剖切平面对形体进行剖切，然后将各剖切平面所剖到的形状同时画在一个剖面图中，该剖面图称为阶梯剖面图，如图 3-9 所示。

阶梯剖面图是全剖面图的一种特例。因为剖切是假想的，所以在阶梯剖面图上，剖切平面的转折处不能画出分界线。

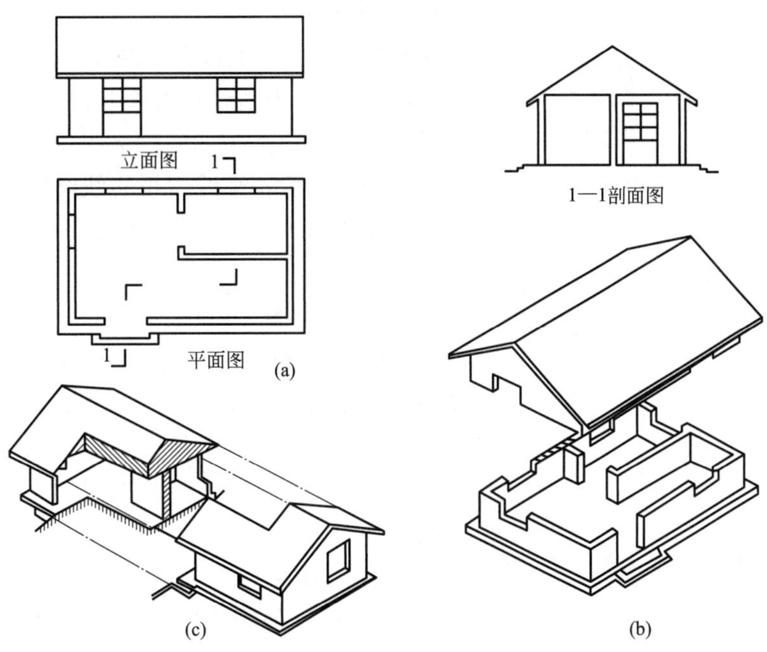

图 3-9 单层房屋的阶梯剖面图

（2）断面图

1）断面图的形成

假想用一个剖切平面将形体剖开，移去剖切平面与观察者之间的部分，仅画出剖切平面与形体接触的部分，其他可见的部分均不画出，这样得到的投影图称为断面图，如图 3-10 所示。

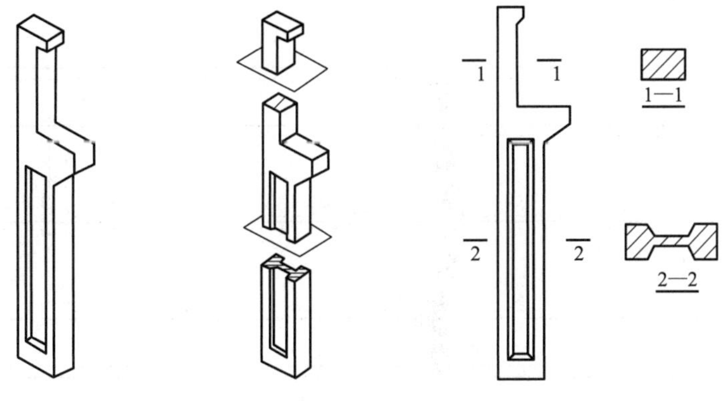

图 3-10 断面图

断面图用于表达建筑形体的内部形状，如建筑物的柱、梁、板、型钢的某一部分的断面形状；在结构施工图中，表达构配件的钢筋配置情况等。

2）移出断面图

移出断面图是将断面图画在形体的投影图之外，如图 3-11 所示。

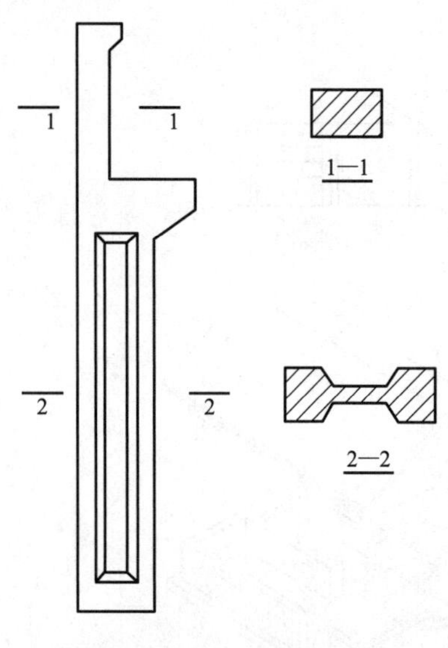

图 3-11 移出断面图

3）中断断面图

中断断面图是将断面图绘制在构件轮廓线中断处，如图 3-12 所示。中断断面图适用于等截面较长且变化均匀的构件。

中断断面图的轮廓线用粗实线绘制，中断断面图的中断处用波浪线或折断线绘制，不需要标注剖切符号和编号。

4）重合断面图

将断面图直接画在投影图中，如图 3-13 所示。为了避免与视图的轮廓线混淆，重合断面的轮廓线用粗实线绘制，投影图的轮廓线要完整地画出，并且不加任何标注，不应断开。重合断面图的比例应与原投影图一致。

（3）对称图形

1）对称符号是用细实线绘制的两条平行线，其长度为 4~6mm，平行线间距为 2~3mm，平行线在对称线两侧的长度应相等，如图 3-14（a）所示。

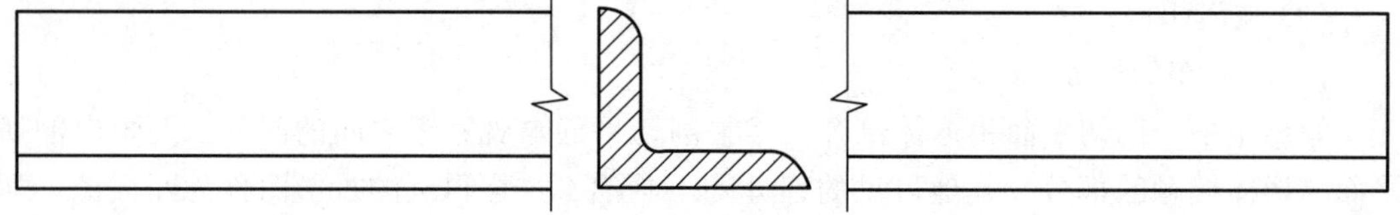

图 3-12 中断断面图

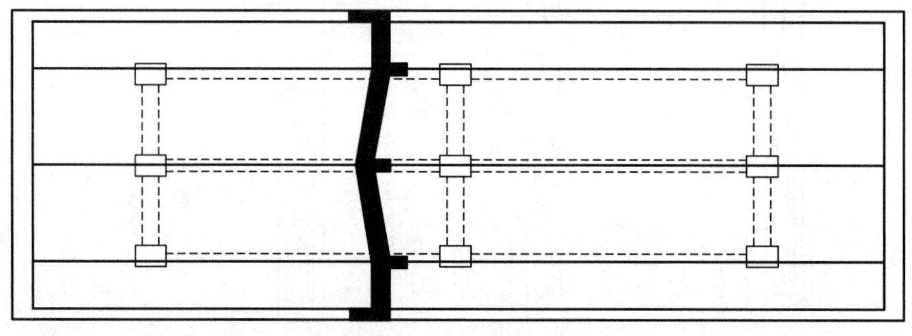

图 3-13 重合断面图

2）当视图对称时，可以只画出视图的一半或 1/4 视图，但必须画出对称符号，如图 3-14（b）所示。

3）对称物体的剖面图为对称时，以对称线为界，一侧画剖面图，另一侧画投影图，并画出对称符号，如图 3-14（c）所示。

4）对称图形所绘制的部分超出图形对称线时，可不用画对称符号，如图 3-14（d）所示。

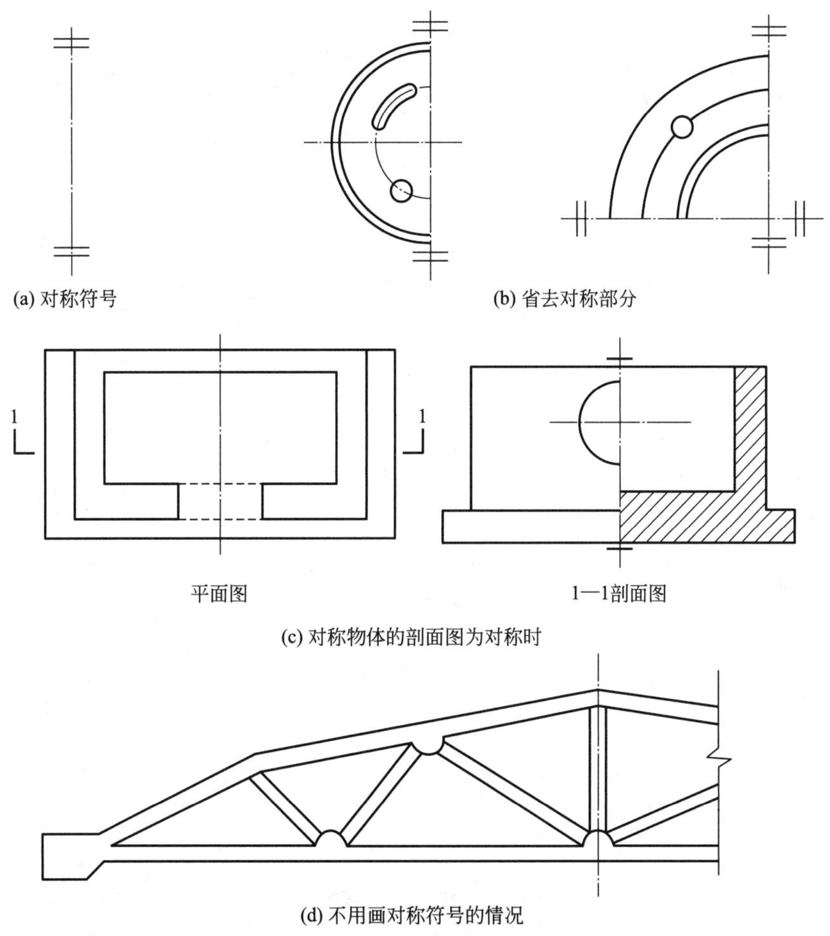

(a) 对称符号

(b) 省去对称部分

(c) 对称物体的剖面图为对称时

(d) 不用画对称符号的情况

图 3-14　对称图形的简化画法

（4）简化画法

1）折断省略画法

当物体较长，且沿长度方向的形状相同或按一定规律变化时，可采用折断画法，将折断部分省略绘制。断开处应以折断线表示，如图 3-15 所示。折断线两端应超出轮廓线 2~3mm，其尺寸应按原构件长度标注。

2）相同结构省略画法

如果物体上有多个形状相同且连续排列的构件要素，则可仅在两端或者适当位置画出少数几个要素的形状，其余部分用中心线或中心线交点表示，如图 3-16（a）、（b）、（c）所示。

如果物体上有多个形状相同且不连续排列的结构要素，则可以在适当位置画出少数几个要素的形状，其余部分应在要素中心线交点处用小黑点表示，如图 3-16（d）所示。

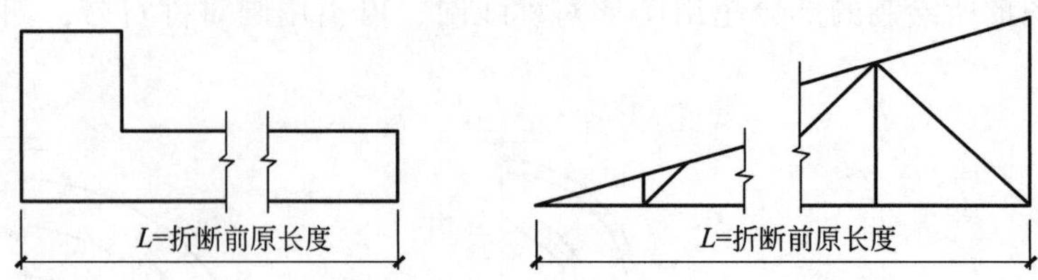

图 3-15 折断省略画法

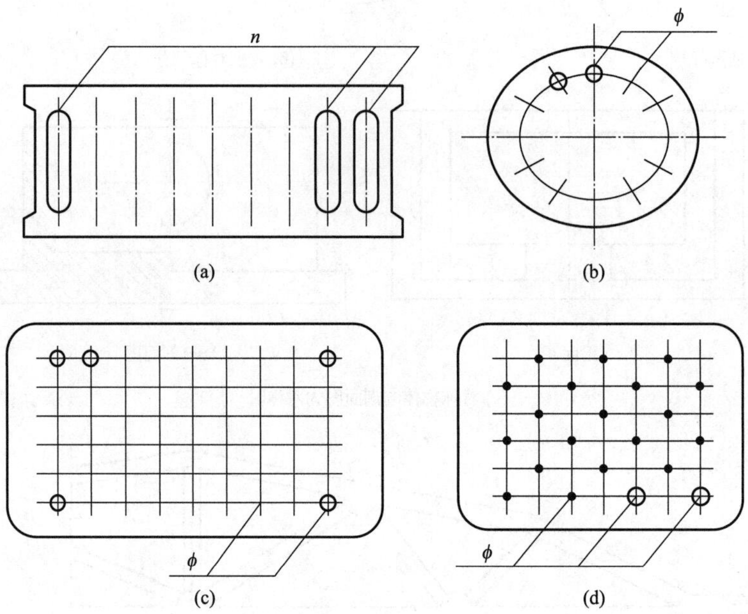

图 3-16 相同结构省略画法

3）同一构件的分段画法

同一构件如绘制位置不够，可分段绘制，再用连接符号相连。连接符号用折断线表示连接的部位，并以折断线两端靠图样一侧的大写拉丁字母表示连接编号。两个连接的图样必须用相同的字母编号，如图 3-17 所示。

图 3-17 同一构件的分段画法

2. 典型计算规则

（1）土方工程（表3-1）

土方工程典型计算规则 表3-1

项目	单位	计算规则
1. 平整场地	m^2	按设计图示尺寸以建筑物首层建筑面积计算。项目特征描述包括：土壤类别、弃土运距、取土运距
2. 挖一般土方	m^3	按设计图示尺寸以体积计算。 挖土方平均厚度以自然地面测量标高至设计地坪标高间的平均厚度确定。 桩间挖土不扣除桩的体积。 土石方体积应按挖掘前的天然密实体积计算，如需按天然密实体积折算时，应考虑折算系数
3. 挖沟槽土方及挖基坑土方	m^3	按设计图示尺寸以基础垫层底面积乘以挖土深度计算。 基础土方开挖深度应按基础垫层底表面标高至交付施工场地标高确定，无交付施工场地标高时，应按自然地面标高确定。 挖沟槽、基坑、一般土方因工作面和放坡增加的工程量（管沟工作面增加的工程量），是否并入各土方工程量中，按各省、自治区、直辖市或行业建设主管部门的规定实施
注意：①土方平均厚度应按自然地面测量标高至设计地坪标高间的平均厚度确定。基础土方开挖深度应按基础垫层底表面标高至交付施工场地标高确定，无交付施工场地标高时，应按自然地面标高确定。②建筑物场地厚度≤±300mm的挖、填、运、找平，应按平整场地项目编码列项。厚度>±300mm的竖向布置挖土或山坡切土应按本表中挖一般土方项目编码列项。③沟槽、基坑、一般土方的划分为：底宽≤7m且底长>3倍底宽为沟槽；底长≤3倍底宽且底面积≤150m^2为基坑；超出上述范围则为一般土方。④挖土方如需截桩头时，应按桩基工程相关项目列项。⑤桩间挖土不扣除桩的体积，并在项目特征中加以描述。⑥土方体积应按挖掘前的天然密实体积计算		
4. 回填方	m^3	按设计图示尺寸以体积计算。 场地回填：回填面积乘以平均回填厚度。 室内回填：主墙间净面积乘以回填厚度，不扣除间隔墙。 基础回填：挖方清单项目工程量减去自然地坪以下埋设的基础体积（包括基础垫层及其他构筑物）。 工作内容：1. 运输；2. 回填；3. 压实
5. 余方弃置	m^3	按挖方清单项目工程量减利用回填方体积（正数）计算。工作内容：余方点装料运输至弃置点

（2）地基处理与边坡支护工程（表3-2）

地基处理与边坡支护工程典型计算规则 表3-2

项目	单位	计算规则
（一）地基处理		
1. 换填垫层、预压地基、强夯地基		
（1）换填垫层	m^3	按设计图示尺寸以体积计算

续表

项目	单位	计算规则
(2) 铺设土工合成材料	m^2	按设计图示尺寸以面积计算
(3) 预压地基、强夯地基	m^2	按设计图示处理范围以面积计算
(4) 振冲密实（不填料）	m^2	按设计图示处理范围以面积计算
2. 振冲桩（填料）	m	按设计图示尺寸以桩长计算
	m^3	按设计桩截面乘以桩长以体积计算
3. 砂石桩	m; m^3	按设计图示尺寸以桩长（包括桩尖）计算; 或按设计桩截面乘以桩长（包括桩尖）以体积计算
4. 水泥粉煤灰碎石桩、夯实水泥土桩、石灰桩、灰土（土）挤密桩	m	水泥粉煤灰碎石桩按设计图示尺寸以桩长（包括桩尖）计算
5. 深层搅拌桩、粉喷桩、柱锤冲扩桩	m	按设计图示尺寸以桩长计算
6. 注浆地基	m; m^3	按设计图示尺寸以钻孔深度计算; 或按设计图示尺寸以加固体积计算
7. 褥垫层	m^2; m^3	按设计图示尺寸以铺设面积计算; 或按设计图示尺寸以体积计算
(二) 基坑与边坡支护		
1. 地下连续墙	m^3	设计图示墙中心线长乘以厚度与槽深以体积计算 (工作内容：1. 导墙挖填、制作、安装、拆除；2. 挖土成槽、固壁、清底置换；3. 混凝土制作、运输、灌注、养护；4. 接头处理；5. 土方、废泥浆外运；6. 打桩场地硬化及泥浆池、泥浆沟)
2. 咬合灌注桩	m/根	按设计图示尺寸以桩长计算；或按设计图示数量计算
3. 圆木桩、预制钢筋混凝土板桩	m/根	按设计图示尺寸以桩长（包括桩尖）计算；或按设计图示数量计算
4. 型钢桩	t/根	按设计图示尺寸以质量计算；或按设计图示数量计算
5. 钢板桩	t/m^2	按设计图示尺寸以质量计算；或按设计图示墙中心线长乘以桩长以面积计算
6. 锚杆（锚索）、土钉	m/根	按设计图示尺寸以钻孔深度计算；或按设计图示数量计算
7. 喷射混凝土（水泥砂浆）	m^2	喷射混凝土（水泥砂浆）按设计图示尺寸以面积计算
8. 钢筋混凝土支撑	m^3	钢筋混凝土支撑按设计图示尺寸以体积计算
9. 钢支撑	t	钢支撑按设计图示尺寸以质量计算；不扣除孔眼质量，焊条、铆钉、螺栓等不另增加质量

（3）桩基础工程（表 3-3）

桩基础工程典型计算规则 表 3-3

项目	单位	计算规则
1. 打桩 		
1）预制钢筋混凝土方桩、预制钢筋混凝土管桩	m	按设计图示尺寸以桩长（包括桩尖）计算
	m^3	按设计图示截面积乘以桩长（包括桩尖）以实体积计算
	根	按设计图示数量计算（工作内容：1. 工作平台搭拆；2. 桩机竖拆、移位；3. 沉桩；4. 接桩；5. 送桩；6. 桩尖制作安装；7. 填充材料、刷防护材料）
2）钢管桩	t/根	钢管桩按设计图示尺寸以质量计算；或按设计图示数量计算
3）截（凿）桩头	m^3/根	截（凿）桩头按设计桩截面乘以桩头长度以体积计算；或按设计图示数量计算 
2. 灌注桩		
1）泥浆护壁成孔灌注桩、沉管灌注桩、干作业成孔灌注桩	m； m^3； 根	按设计图示尺寸以桩长（包括桩尖）计算； 或按不同截面在桩上范围内以体积计算； 或按设计图示数量计算
2）挖孔桩土（石）方	m^3	挖孔桩土（石）方按设计图示尺寸（含护壁）截面积乘以挖孔深度以体积计算 

续表

项目	单位	计算规则
3）人工挖孔灌注桩	m^3； 根	人工挖孔灌注桩按桩芯混凝土体积计算； 或按设计图示数量计算
4）钻孔压浆桩	m； 根	钻孔压浆桩按设计图示尺寸以桩长计算； 或按设计图示数量计算
5）灌注桩后压浆	个	灌注桩后压浆按设计图示以注浆孔数计算

（4）砌筑工程（表 3-4）

砌筑工程典型计算规则 **表 3-4**

项目	单位	计算规则
1. 砖砌体		
1）砖基础	m^3	按设计图示尺寸以体积计算
		（1）包括附墙垛基础宽出部分体积，扣除地梁（圈梁）、构造柱所占体积，不扣除基础大放脚 T 形接头处的重叠部分及嵌入基础内的钢筋、铁件、管道、基础砂浆防潮层和单个面积≤0.3m^2 的孔洞所占体积，靠墙暖气沟的挑檐不增加 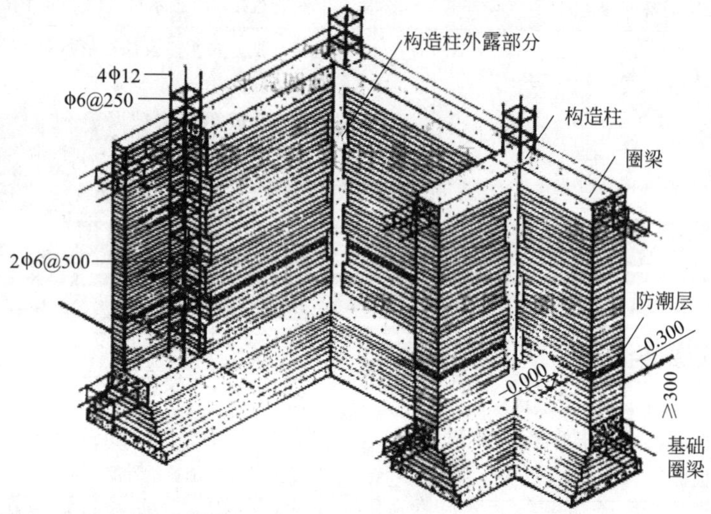
		（2）基础长度：外墙基础按外墙中心线，内墙基础按内墙净长线计算
		（3）基础与墙（柱）身使用同一种材料时，以设计室内地面为界（有地下室者，以地下室室内设计地面为界），以下为基础，以上为墙（柱）身。基础与墙身使用不同材料时，位于设计室内地面高度≤±300mm 时，以不同材料为分界线，高度>±300mm 时，以设计室内地面为分界线
		（4）砖围墙应以设计室外地坪为界，以下为基础，以上为墙身

续表

项目	单位	计算规则
2）实心砖墙、多孔砖墙、空心砖墙	m^3	按设计图示尺寸以体积计算
	扣除	门窗、洞口、嵌入墙内的钢筋混凝土柱、梁、圈梁、挑梁、过梁及凹进墙内的壁龛、管槽、暖气槽、消火栓箱所占体积
	不扣除	梁头、板头、檩头、垫木、木楞头、沿椽木、木砖、门窗走头、砖墙内加固钢筋、木筋、铁件、钢管及单个面积≤0.3mm^2 的孔洞所占体积
	合并计算	凸出墙面的砖垛并入墙体体积内计算，附墙烟囱、通风道、垃圾道应按设计图示尺寸以体积（扣除孔洞所占体积）计算，并入所依附的墙体体积内
	不计算	凸出墙面的腰线、挑檐、压顶、窗台线、虎头砖、门窗套的体积亦不增加
	墙长度	外墙按中心线，内墙按净长线
	墙高度	①外墙：斜（坡）屋面无檐口天棚者算至屋面板底；有屋架且室内外均有天棚者算至屋架下弦底另加 200mm；无天棚者算至屋架下弦底另加 300mm，出檐宽度超过 600mm 时按实砌高度计算；有钢筋混凝土楼板隔层者算至板顶；平屋面算至钢筋混凝土板底。 ②内墙：位于屋架下弦者，算至屋架下弦底；无屋架者算至天棚底另加 100mm；有钢筋混凝土楼板隔层者算至楼板顶；有框架梁时算至梁底。 ③女儿墙：从屋面板上表面算至女儿墙顶面（如有混凝土压顶时算至压顶下表面）。 ④内、外山墙：按其平均高度计算
3）围墙	m^3	高度算至压顶上表面（如有混凝土压顶时算至压顶下表面），围墙柱并入墙体积内
4）框架间墙	m^3	不分内外墙，按墙净尺寸以体积计算
5）实心砖柱、多孔砖柱	m^3	按设计图示尺寸以体积计算，扣除混凝土及钢筋混凝土梁垫、梁头、板头所占体积
2. 砌块墙		参照砖砌体
3. 石基础		按设计图示尺寸以体积计算。包括附墙垛基础宽出部分体积，不扣除基础砂浆防潮层及单个面积≤0.3m^2 的孔洞所占体积，靠墙暖气沟的挑檐不增加体积。基础长度：外墙按中心线，内墙按净长计算
4. 垫层		除混凝土垫层外，没有包括垫层要求的清单项目应按该垫层项目编码列项。垫层按设计图示尺寸以体积计算，单位：m^3

（5）混凝土工程（表 3-5）

混凝土工程典型计算规则　　表 3-5

项目	单位	计算规则
1. 现浇混凝土基础	m^3	按设计图示尺寸以体积计算。不扣除构件内钢筋、预埋铁件和伸入承台基础的桩头所占体积

续表

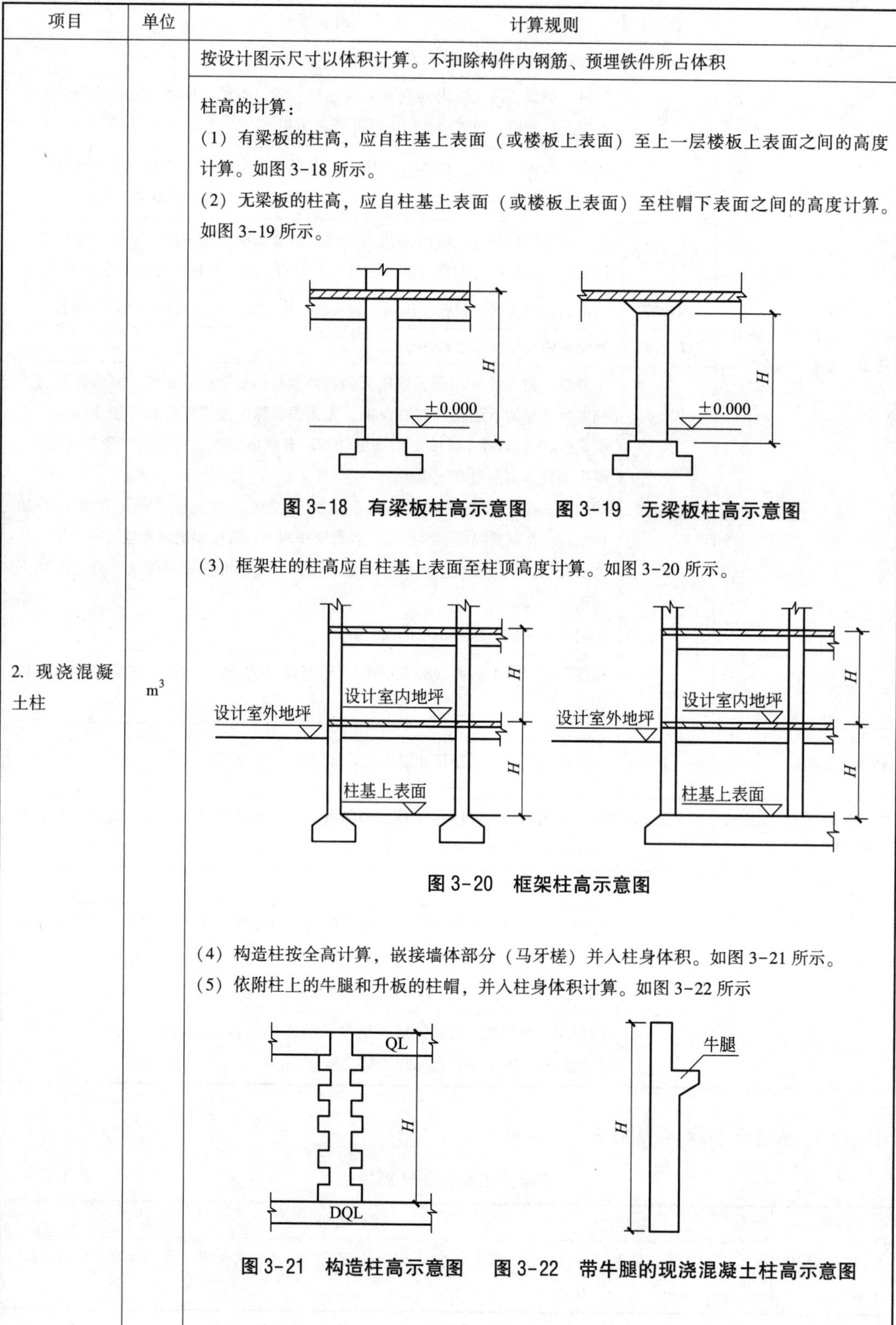

项目	单位	计算规则
2. 现浇混凝土柱	m^3	按设计图示尺寸以体积计算。不扣除构件内钢筋、预埋铁件所占体积
		柱高的计算： （1）有梁板的柱高，应自柱基上表面（或楼板上表面）至上一层楼板上表面之间的高度计算。如图 3-18 所示。 （2）无梁板的柱高，应自柱基上表面（或楼板上表面）至柱帽下表面之间的高度计算。如图 3-19 所示。 **图 3-18　有梁板柱高示意图　图 3-19　无梁板柱高示意图** （3）框架柱的柱高应自柱基上表面至柱顶高度计算。如图 3-20 所示。 **图 3-20　框架柱高示意图** （4）构造柱按全高计算，嵌接墙体部分（马牙槎）并入柱身体积。如图 3-21 所示。 （5）依附柱上的牛腿和升板的柱帽，并入柱身体积计算。如图 3-22 所示 **图 3-21　构造柱高示意图　图 3-22　带牛腿的现浇混凝土柱高示意图**

续表

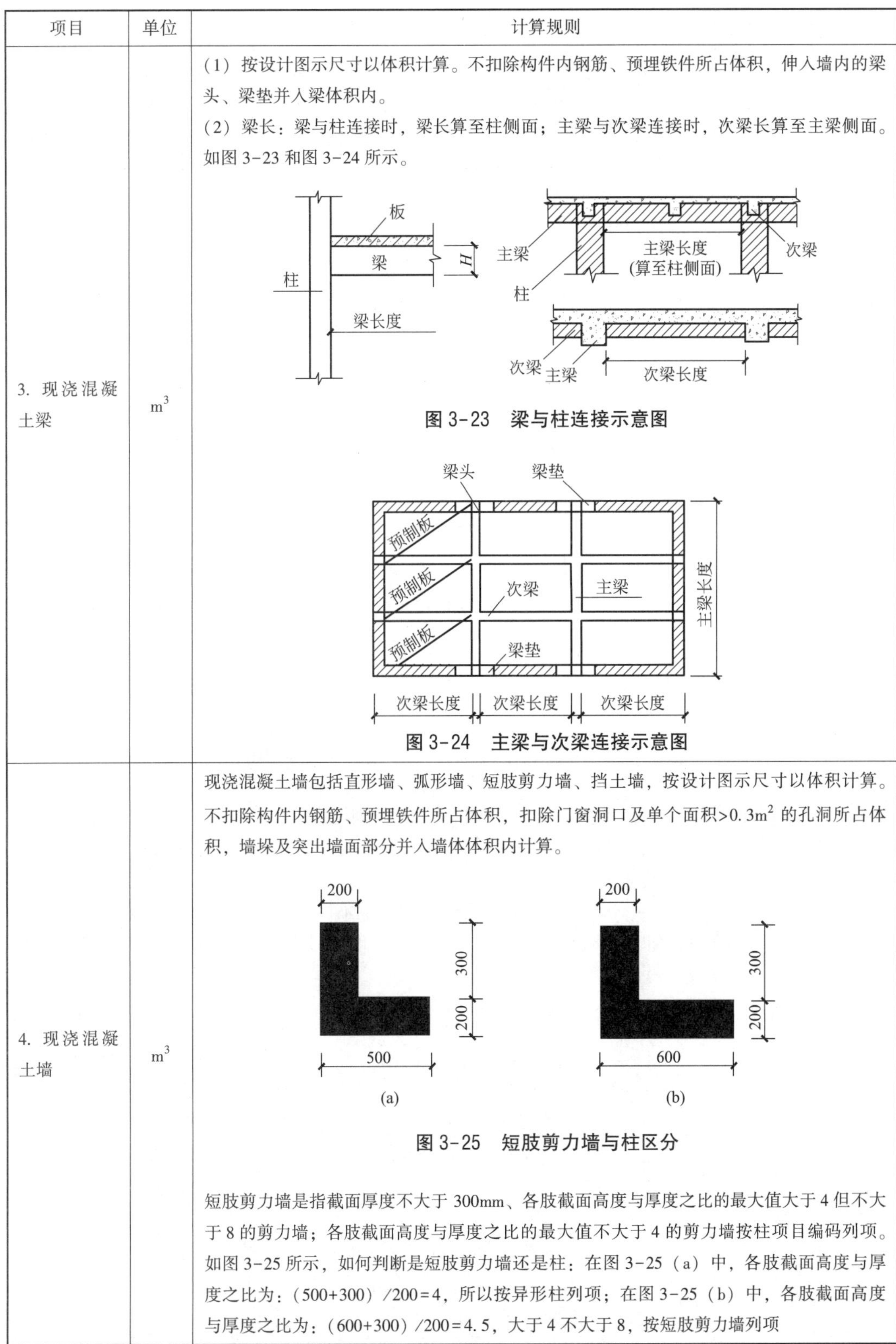

项目	单位	计算规则
3. 现浇混凝土梁	m^3	(1) 按设计图示尺寸以体积计算。不扣除构件内钢筋、预埋铁件所占体积，伸入墙内的梁头、梁垫并入梁体积内。 (2) 梁长：梁与柱连接时，梁长算至柱侧面；主梁与次梁连接时，次梁长算至主梁侧面。如图 3-23 和图 3-24 所示。 **图 3-23　梁与柱连接示意图** **图 3-24　主梁与次梁连接示意图**
4. 现浇混凝土墙	m^3	现浇混凝土墙包括直形墙、弧形墙、短肢剪力墙、挡土墙，按设计图示尺寸以体积计算。不扣除构件内钢筋、预埋铁件所占体积，扣除门窗洞口及单个面积>0.3m^2 的孔洞所占体积，墙垛及突出墙面部分并入墙体体积内计算。 **图 3-25　短肢剪力墙与柱区分** 短肢剪力墙是指截面厚度不大于 300mm、各肢截面高度与厚度之比的最大值大于 4 但不大于 8 的剪力墙；各肢截面高度与厚度之比的最大值不大于 4 的剪力墙按柱项目编码列项。如图 3-25 所示，如何判断是短肢剪力墙还是柱：在图 3-25（a）中，各肢截面高度与厚度之比为：(500+300) /200=4，所以按异形柱列项；在图 3-25（b）中，各肢截面高度与厚度之比为：(600+300) /200=4.5，大于 4 不大于 8，按短肢剪力墙列项

续表

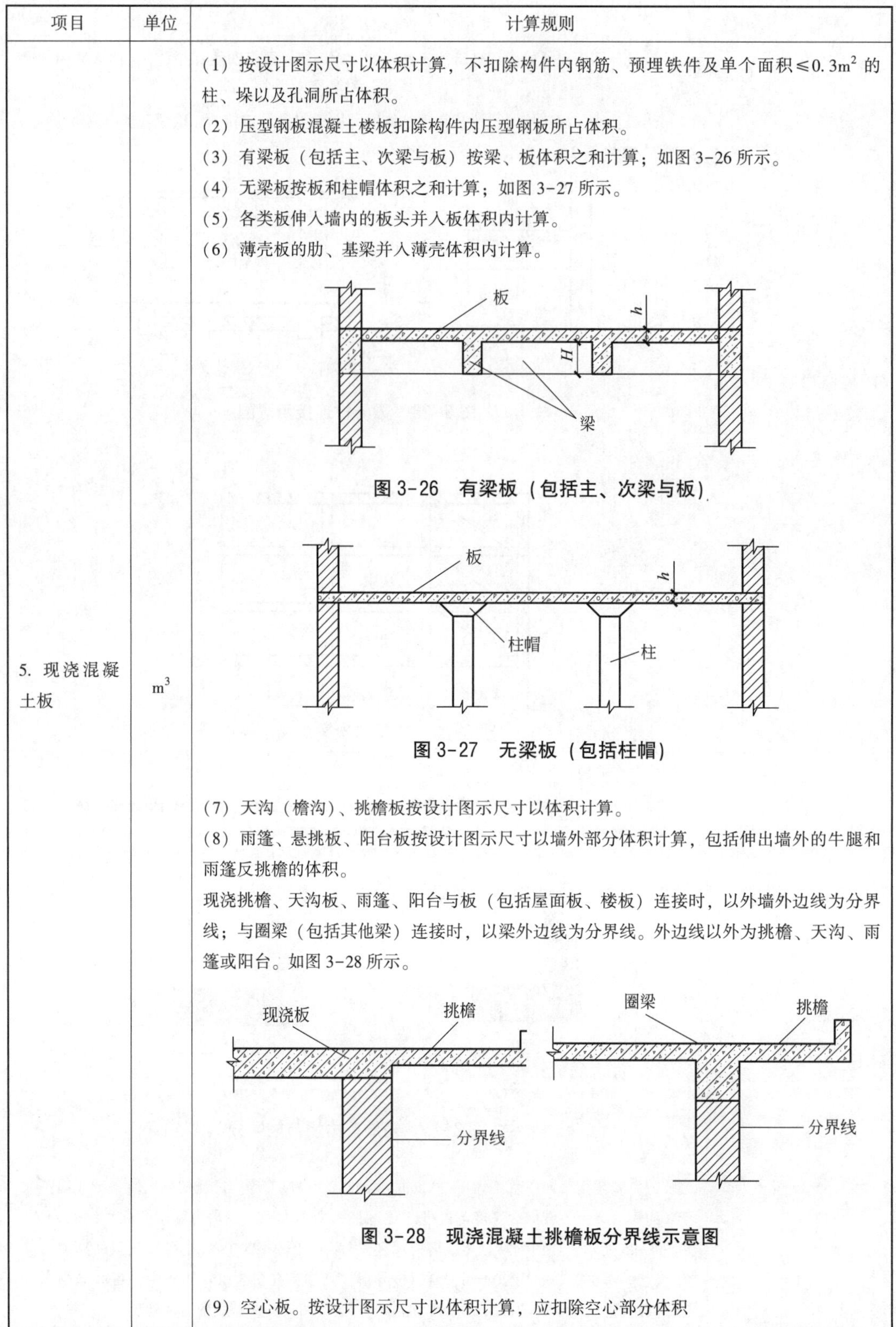

项目	单位	计算规则
5. 现浇混凝土板	m^3	（1）按设计图示尺寸以体积计算，不扣除构件内钢筋、预埋铁件及单个面积≤0.3m^2的柱、垛以及孔洞所占体积。 （2）压型钢板混凝土楼板扣除构件内压型钢板所占体积。 （3）有梁板（包括主、次梁与板）按梁、板体积之和计算；如图3-26所示。 （4）无梁板按板和柱帽体积之和计算；如图3-27所示。 （5）各类板伸入墙内的板头并入板体积内计算。 （6）薄壳板的肋、基梁并入薄壳体积内计算。 图3-26　有梁板（包括主、次梁与板） 图3-27　无梁板（包括柱帽） （7）天沟（檐沟）、挑檐板按设计图示尺寸以体积计算。 （8）雨篷、悬挑板、阳台板按设计图示尺寸以墙外部分体积计算，包括伸出墙外的牛腿和雨篷反挑檐的体积。 现浇挑檐、天沟板、雨篷、阳台与板（包括屋面板、楼板）连接时，以外墙外边线为分界线；与圈梁（包括其他梁）连接时，以梁外边线为分界线。外边线以外为挑檐、天沟、雨篷或阳台。如图3-28所示。 图3-28　现浇混凝土挑檐板分界线示意图 （9）空心板。按设计图示尺寸以体积计算，应扣除空心部分体积

续表

项目	单位	计算规则
6. 现浇混凝土楼梯	m^2	按设计图示尺寸以水平投影面积计算，不扣除宽度≤500mm 的楼梯井，伸入墙内部分不计算
	m^3	按设计图示尺寸以体积计算
		当整体楼梯与现浇楼板无梯梁连接时，以楼梯的最后一个踏步边缘加 300mm 为界 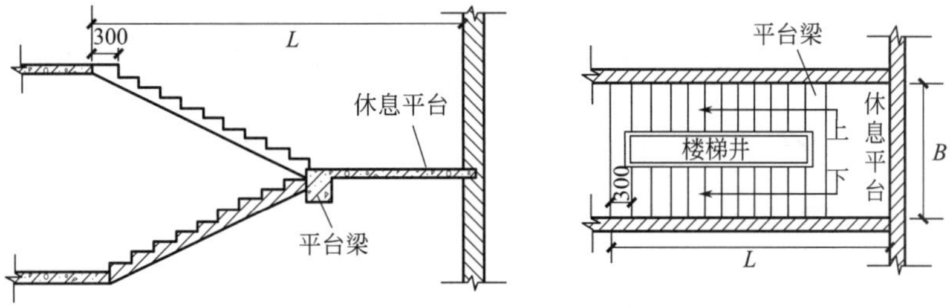 (a) 整体楼梯与现浇楼板无梯梁连接 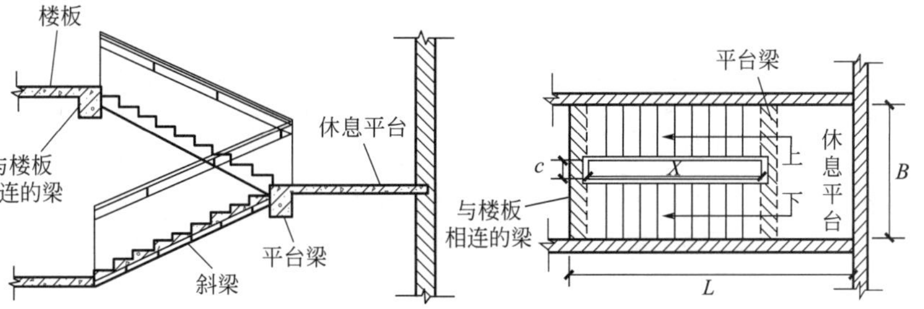 (b) 整体楼梯与现浇楼板有梯梁连接 **图 3-29 整体楼梯与现浇楼板连接**
7. 现浇混凝土其他构件		(1) 散水、坡道、室外地坪。(2) 电缆沟、地沟。(3) 台阶。(4) 扶手、压顶。(5) 化粪池、检查井
8. 后浇带	m^3	按设计图示尺寸以体积计算
9. 预制混凝土柱、梁	m^3/根	按设计图示尺寸以体积计算，不扣除构件内钢筋、预埋铁件所占体积； 或按设计图示尺寸以数量计算。当以“根”计量时，必须描述单件体积
10. 预制混凝土屋架	m^3/榀	按设计图示尺寸以体积计算，不扣除构件内钢筋、预埋铁件所占体积； 或按设计图示尺寸以数量计算。当以“榀”计量时，必须描述单件体积
11. 预制混凝土板	m^3/块	(1) 平板、空心板、槽形板、网架板、折线板、带肋板、大型板按设计图示尺寸以体积计算，单位：m^3。不扣除构件内钢筋、预埋铁件及单个尺寸≤300mm×300mm 的孔洞所占体积，扣除空心板空洞体积；或按设计图示尺寸以数量计算，单位：块。 (2) 沟盖板、井盖板、井圈按设计图示尺寸以体积计算，单位：m^3；或按设计图示尺寸以数量计算，单位：块。当以“块”计量时，必须描述单件体积

续表

项目	单位	计算规则
12. 预制混凝土楼梯	m^3/块	以“m^3”计量，按设计图示尺寸以体积计算，扣除空心踏步板空洞体积；或以“块”计量，按设计图示数量计算。当以“块”计量时，必须描述单件体积
13. 其他预制构件	m^3/m^2/根（块）	包括烟道、垃圾道、通风道及其他构件。其工程量计算以“m^3”计量，按设计图示尺寸以体积计算，不扣除单个面积≤300mm×300mm的孔洞所占体积，扣除烟道、垃圾道、通风道的孔洞所占体积；或以“m^2”计量，按设计图示尺寸以面积计算，不扣除单个面积≤300mm×300mm的孔洞所占面积；或以“根”计量，按设计图示尺寸以数量计算。当以“块、根”计量时，必须描述单件体积

（6）金属结构工程计量（表3-6）

金属结构工程计量　　表3-6

1. 钢网架	t	按设计图示尺寸以质量计算，不扣除孔眼的质量，焊条、铆钉等不另增加质量。螺栓要增加
2. 钢屋架、钢托架、钢桁架、钢架桥	榀；t	按设计图示数量计算；以“t”计量，按设计图示尺寸以质量计算；不扣除孔眼的质量，焊条、铆钉、螺栓等不另增加质量（工作内容：1. 拼装；2. 安装；3. 探伤；4. 补刷油漆）。 钢托架、钢桁架、钢架桥按设计图示尺寸以质量计算，单位：t。不扣除孔眼的质量，焊条、铆钉、螺栓等不另增加质量
3. 钢柱	t	实腹柱、空腹柱：按设计图示尺寸以质量计算，不扣除孔眼的质量，焊条、铆钉、螺栓等不另增加质量，依附在钢柱上的牛腿及悬臂梁等并入钢柱工程量内
4. 钢梁	t	钢梁、钢吊车梁：按设计图示尺寸以质量计算，不扣除孔眼的质量，焊条、铆钉、螺栓等不另增加质量。制动梁、制动板、制动桁架、车挡并入钢吊车梁工程量内。 型钢混凝土梁浇筑钢筋混凝土，其混凝土和钢筋应按混凝土及钢筋混凝土工程中相关项目编码列项
5. 钢板楼板	m^2	1）压型钢板楼板：按设计图示尺寸以铺设水平投影面积计算，不扣除单个面积≤0.3m^2柱、垛及孔洞所占面积。 2）压型钢板墙板：按设计图示尺寸以铺挂面积计算，不扣除单个面积≤0.3m^2的梁、孔洞所占面积，包角、包边、窗台泛水等不另加面积。 钢板楼板上浇筑钢筋混凝土，其混凝土和钢筋应按混凝土及钢筋混凝土工程中相关项目编码列项。 压型钢楼板按钢板楼板项目编码列项

（7）楼地面装饰工程（表3-7）

楼地面装饰工程　　表 3-7

项目	单位	计算规则
1. 整体面层及找平层	m^2	(1) 水泥砂浆楼地面、现浇水磨石楼地面、细石混凝土楼地面、菱苦土楼地面、自流坪楼地面按设计图示尺寸以面积计算。扣除凸出地面构筑物、设备基础、室内铁道、地沟等所占面积，不扣除间壁墙及≤0.3m^2 柱、垛、附墙烟囱及孔洞所占面积。门洞、空圈、暖气包槽、壁龛的开口部分不增加面积。间壁墙指墙厚≤120mm 的墙。 (2) 平面砂浆找平层。按设计图示尺寸以面积计算。 注：①平面砂浆找平层适用于仅做找平层的平面抹灰。 ②地面做法中，垫层是单独列项计算，而找平层综合在地面清单项目中，在综合单价中考虑，不另行计算，如“某地面做法：灰土垫层 300mm 厚，40mmC20 混凝土找平层，细石混凝土现场搅拌。20mm 厚 1∶3 水泥砂浆面层”。则该地面中涉及垫层（010404001）、水泥砂浆楼地面（011101001）两个清单项目，而找平层属于水泥砂浆楼地面的工作内容，不单独列项
2. 块料面层、橡塑面层、其他材料面层	m^2	按设计图示尺寸以面积计算，门洞、空圈、暖气包槽、壁龛的开口部分并入相应的工程量 
3. 踢脚线	m^2/m	按设计图示长度乘高度以面积计算；或按延长米计算 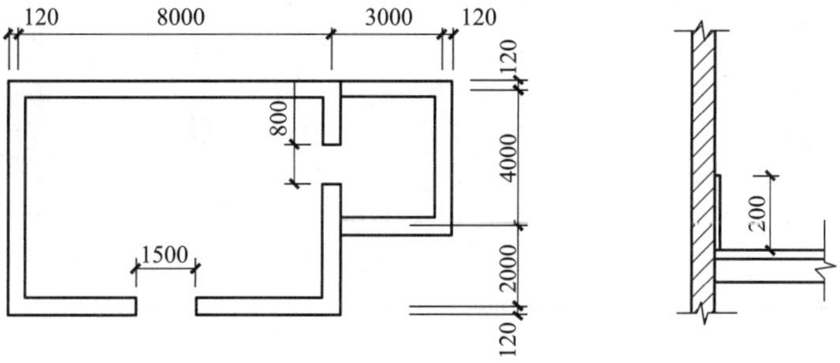
4. 楼梯面层	m^2	按设计图示尺寸以楼梯（包括踏步、休息平台及≤500mm 的楼梯井）水平投影面积计算，楼梯与楼地面相连时，算至梯口梁内侧边沿；无梯口梁者，算至最上一层踏步边沿加 300mm。 某三层建筑楼梯平面如图所示，同走廊连接，墙厚 240mm，梯井宽 60mm，楼梯满铺芝麻白大理石，试计算大理石的工程量 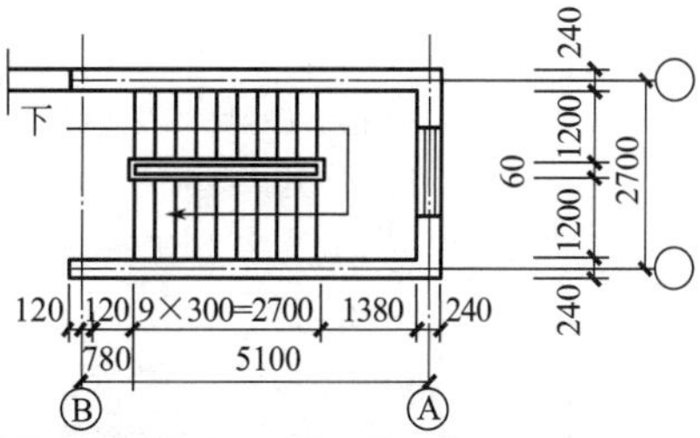

续表

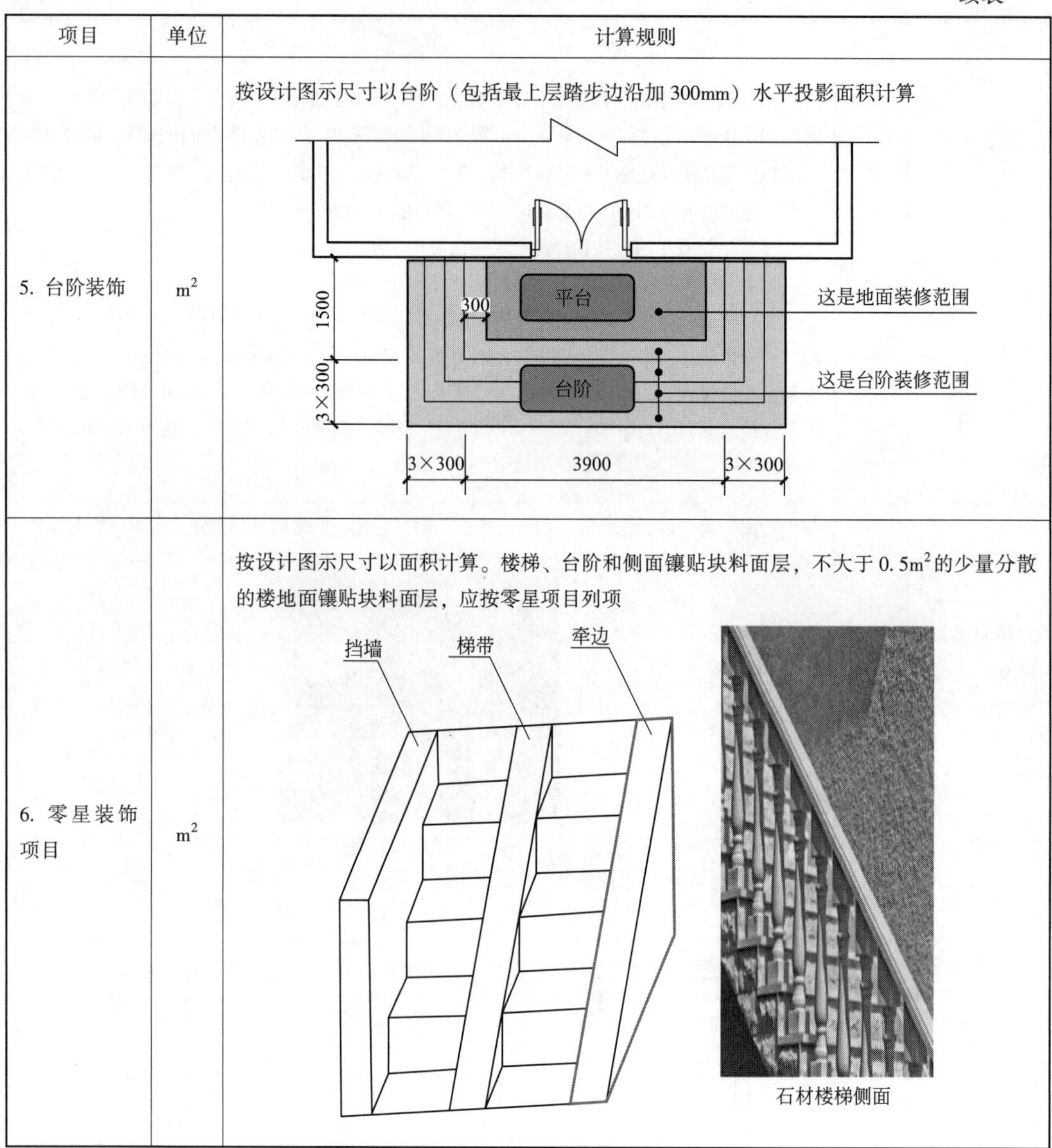

项目	单位	计算规则
5. 台阶装饰	m^2	按设计图示尺寸以台阶（包括最上层踏步边沿加 300mm）水平投影面积计算
6. 零星装饰项目	m^2	按设计图示尺寸以面积计算。楼梯、台阶和侧面镶贴块料面层，不大于 0.5m^2的少量分散的楼地面镶贴块料面层，应按零星项目列项

石材楼梯侧面

(8) 墙、柱面装饰与隔断、幕墙工程（表 3-8）

墙、柱面装饰与隔断、幕墙工程 表 3-8

项目	单位	计算规则
1. 墙面抹灰	m^2	按设计图示尺寸以面积计算，扣除墙裙、门窗洞口及单个>0.3m^2 的孔洞面积，不扣除踢脚线、挂镜线和墙与构件交接处的面积，门窗洞口和孔洞的侧壁及顶面不增加面积。附墙柱、梁、垛、烟囱侧壁并入相应的墙面面积内。飘窗凸出外墙面增加的抹灰并入外墙工程量内。 （1）外墙抹灰面积按外墙垂直投影面积计算。 （2）外墙裙抹灰面积按其长度乘以高度计算。

续表

项目	单位	计算规则
1. 墙面抹灰	m^2	(3) 内墙抹灰面积按主墙间的净长乘以高度计算。无墙裙的内墙高度按室内楼地面至天棚底面计算；有墙裙的内墙高度按墙裙顶至天棚底面计算。有吊顶天棚抹灰，高度算至天棚底，但有吊顶天棚的内墙面抹灰，抹灰至吊顶以上部分在综合单价中考虑。 (4) 内墙裙抹灰面积按内墙净长乘以高度计算  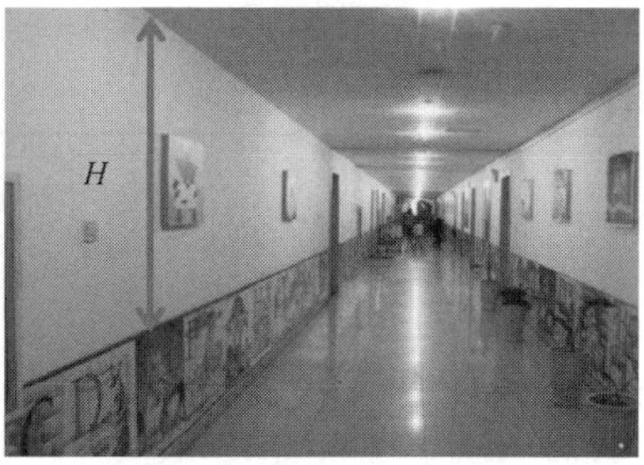 H H
2. 柱（梁）面抹灰	m^2	按设计图示柱（梁）断面周长乘以高度以面积计算   C H H
3. 零星抹灰	m^2	按设计图示尺寸以面积计算
4. 墙面块料面层	m^2	(1) 石材墙面、碎拼石材、块料墙面按面积计算，单位：m^2。 (2) 干挂石材钢骨架按设计图示尺寸以质量计算，单位：t
5. 柱（梁）面镶贴块料	m^2	石材柱（梁）面、块料柱（梁）面、拼碎块柱面按设计图示尺寸以镶贴表面积计算，单位：m^2
6. 零星镶贴块料	m^2	按设计图示尺寸以镶贴表面积计算
7. 墙饰面	m^2	(1) 饰面板工程量按设计图示墙净长乘以净高以面积计算，扣除门窗洞口及单个 >0.3m^2 的孔洞所占面积。 (2) 墙面装饰浮雕按设计图示尺寸以面积计算
8. 柱（梁）饰面	m^2/根/m	(1) 柱（梁）面装饰按设计图示饰面外围尺寸以面积计算，柱帽、柱墩并入相应柱饰面工程量内。 (2) 成品装饰柱设计数量以“根”计算；或按设计长度以“m”计算
9. 幕墙	m^2	幕墙包括带骨架幕墙、全玻（无框玻璃）幕墙。幕墙钢骨架按干挂石材钢骨架另列项目。 (1) 带骨架幕墙按设计图示框外围尺寸以面积计算。与幕墙同种材质的窗所占面积不扣除。 (2) 全玻（无框玻璃）幕墙按设计图示尺寸以面积计算。带肋全玻幕墙按展开面积计算

续表

项目	单位	计算规则
10. 隔断		（1）木隔断、金属隔断按设计图示框外围尺寸以面积计算。不扣除单个≤0.3m² 的孔洞所占面积；浴厕门的材质与隔断相同时，门的面积并入隔断面积内。 （2）玻璃隔断、塑料隔断按设计图示框外围尺寸以面积计算。不扣除单个≤0.3m² 的孔洞所占面积。 （3）成品隔断以“m²”计量，按设计图示框外围尺寸以面积计算；以“间”计量，按设计间的数量计算

（9）天棚工程（表3-9）

天棚工程 表3-9

项目	单位	计算规则
1. 天棚抹灰	m²	按设计图示尺寸以水平投影面积计算，不扣除间壁墙、垛、柱、附墙烟囱、检查口和管道所占的面积，带梁天棚、梁两侧抹灰面积并入天棚面积内，板式楼梯底面抹灰按斜面积计算，锯齿形楼梯底板抹灰按展开面积计算  
2. 天棚吊顶	m²	（1）天棚吊顶按设计图示尺寸以水平投影面积计算，天棚面中的灯槽及跌级、锯齿形、吊挂式、藻井式天棚面积不展开计算。不扣除间壁墙、检查口、附墙烟囱、柱垛和管道所占面积，扣除单个>0.3m² 的孔洞、独立柱及与天棚相连的窗帘盒所占的面积。 （2）格栅吊顶、吊筒吊顶、藤条造型悬挂吊顶、织物软雕吊顶、装饰网架吊顶按设计图示尺寸以水平投影面积计算 

续表

项目	单位	计算规则
2. 天棚吊顶	m^2	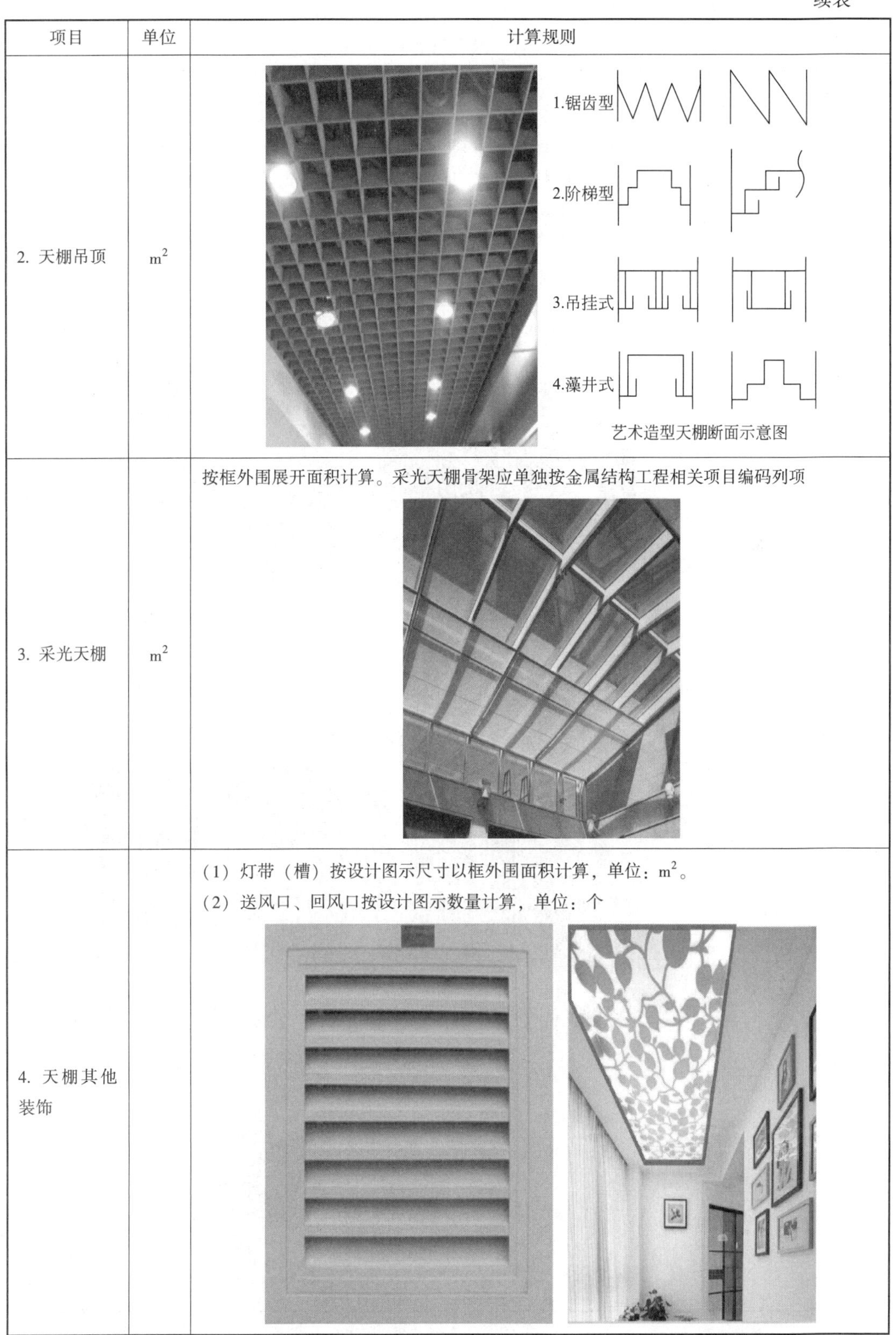 艺术造型天棚断面示意图
3. 采光天棚	m^2	按框外围展开面积计算。采光天棚骨架应单独按金属结构工程相关项目编码列项
4. 天棚其他装饰		（1）灯带（槽）按设计图示尺寸以框外围面积计算，单位：m^2。 （2）送风口、回风口按设计图示数量计算，单位：个

（10）措施项目（表 3-10）

措施项目 **表 3-10**

项目	单位	计算规则
1. 脚手架工程	m^2	（1）综合脚手架按建筑面积计算。同一建筑物有不同的檐高时，按建筑物竖向切面分别以不同檐高编列清单项目。注意：①综合脚手架针对整个房屋建筑的土建和装饰装修部分。在编制清单项目时，当列出了综合脚手架项目时，不得再列出外脚手架、里脚手架等单项脚手架项目。②同一建筑物有不同的檐高时，按建筑物竖向切面分别以不同檐高编列清单项目。 （2）外脚手架、里脚手架、整体提升架、外装饰吊篮工程量按所服务对象的垂直投影面积计算。整体提升架包括 2m 高的防护架体设施。   （3）悬空脚手架、满堂脚手架工程量按搭设的水平投影面积计算。满堂脚手架高度为 3.6~5.2m 时计算基本层，5.2m 以外每增加 1.2m 计算一个增加层，不足 0.6m 按一个增加层乘以系数 0.5 计算。   （4）悬挑脚手架。工程量按搭设长度乘以搭设层数以延长米计算 

续表

项目	单位	计算规则
2. 混凝土模板及支架（撑）	m^2	适用于以“m^2”计量，按模板与混凝土构件的接触面积计算。以“m^3”计量的模板及支撑（架），按混凝土及钢筋混凝土实体项目执行 按接触面积计算的规则与方法： （1）混凝土基础、柱、梁、墙板等主要构件模板及支架工程量按模板与现浇混凝土构件的接触面积计算。原槽浇灌的混凝土基础、垫层不计算模板工程量。 1）现浇钢筋混凝土墙、板、单孔面积≤0.3m^2 的孔洞不予扣除，洞侧壁模板亦不增加；单孔面积>0.3m^2 时应予扣除，洞侧壁模板面积并入墙、板工程量内计算。 2）现浇框架分别按梁、板、柱有关规定计算；附墙柱、暗梁、暗柱并入墙内工程量计算。 3）柱、梁、墙、板相互连接的重叠部分，均不计算模板面积。 4）构造柱按图示外露部分计算模板面积。 （2）天沟、檐沟、电缆沟、地沟、散水、扶手、后浇带、化粪池、检查井按模板与现浇混凝土构件的接触面积计算。 （3）雨篷、悬挑板、阳台板按图示外挑部分尺寸的水平投影面积计算，挑出墙外的悬臂梁及板边不另计算。 （4）楼梯，按楼梯（包括休息平台、平台梁、斜梁和楼层板的连接梁）的水平投影面积计算，不扣除宽度≤500mm 的楼梯井所占面积，楼梯踏步、踏步板、平台梁等侧面模板不另计算，伸入墙内部分亦不增加
3. 垂直运输	m^2/天	按建筑面积计算，也可以按施工工期日历天数计算，同一建筑物有不同檐高时，按建筑物的不同檐高做纵向分割，分别计算建筑面积。   注意：垂直运输项目工作内容包括垂直运输机械的固定装置、基础制作、安装，行走式垂直运输机械轨道的铺设、拆除、摊销。即垂直运输设备基础应计入综合单价，不单独编码列项计算工程量，但垂直运输机械的场外运输及安拆按大型机械设备进出场及安拆编码列项计算工程量
4. 超高施工增加	m^2	单层建筑物檐口高度超过 20m，多层建筑物超过 6 层时（不包括地下室层数），可按超高部分的建筑面积计算超高施工增加。其工程量计算按建筑物超高部分的建筑面积计算，同一建筑物有不同檐高时，可按不同高度的建筑面积分别计算

续表

项目	单位	计算规则
5. 大型机械设备进出场及安拆	台·次	工程量按使用机械设备的数量计算。 注意：①大型机械设备进出场及安拆需要单独编码列项，与一般中小型机械不同。一般中小型机械的进出场、安拆的费用已经计入机械台班单价，不应独立编码列项。 ②安拆费包括施工机械、设备在现场进行安装拆卸所需人工、材料、机械和试运转费用以及机械辅助设施的折旧、搭设、拆除等费用。 ③进出场费包括施工机械、设备整体或分体自停放地点运至施工现场或由一施工地点运至另一施工地点所发生的运输、装卸、辅助材料等费用 柴油打桩机 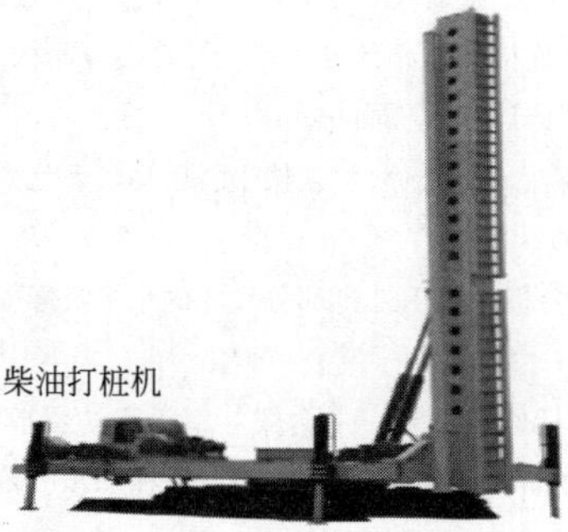  自升式塔式起重机
6. 施工排水、降水		（1）成井按设计图示尺寸以钻孔深度计算。 （2）排水、降水，以昼夜（24h）为单位计量，按排水、降水日历天数计算  施工排水、降水的措施 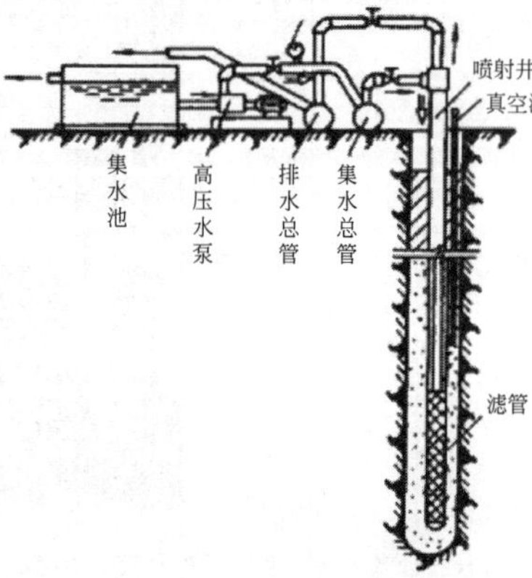 管井井点降水 喷射井点竖向布置
7. 安全文明施工及其他措施项目费用		安全文明施工费、夜间施工、非夜间施工照明、二次搬运、冬雨期施工、地上地下设施、建筑物的临时保护设施、已完工程及设备保护

典型案例母题 1　（土木建筑工程）

试题一（装配式建筑计量计价）

某拟建项目机修车间，厂房设计方案采用预制钢筋混凝土排架结构，其上部结构如图 3-30 所示，结构体系中现场预制标准构件和非标准构件的混凝土强度等级、设计参考钢筋含量见表 3-11。

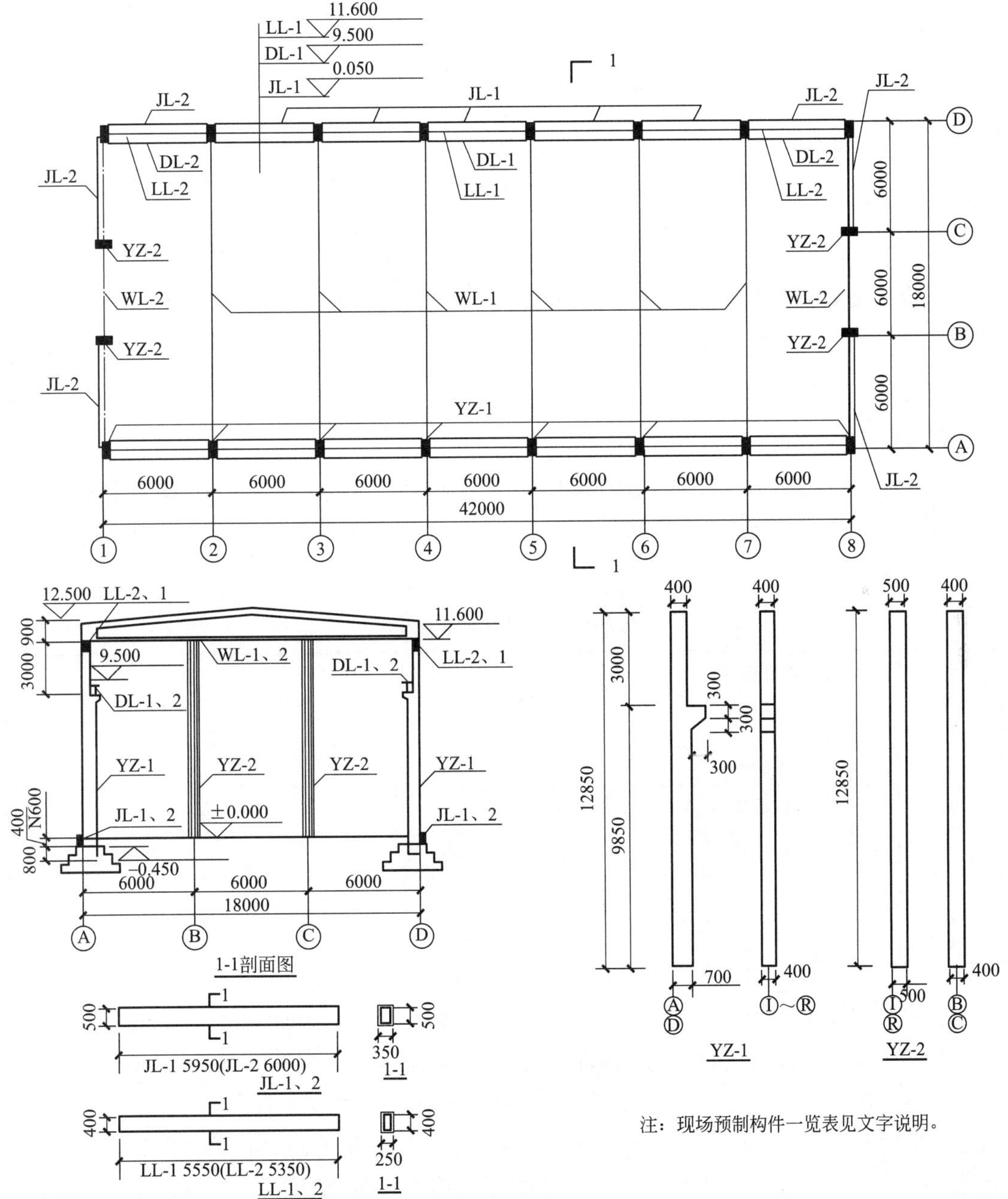

图 3-30　上部结构图

现场预制构件一览表 表 3-11

序号	构件名称	型号	混凝土强度等级	钢筋含量（kg/m^3）
1	预制混凝土矩形柱	YZ-1	C30	152.00
2	预制混凝土矩形柱	YZ-2	C30	138.00
3	预制混凝土基础梁	JL-1	C25	95.00
4	预制混凝土基础梁	JL-2	C25	95.00
5	预制混凝土柱顶连系梁	LL-1	C25	84.00
6	预制混凝土柱顶连系梁	LL-2	C25	84.00
7	预制混凝土 T 形吊车梁	DL-1	C35	141.00
8	预制混凝土 T 形吊车梁	DL-2	C35	141.00
9	预制混凝土薄腹屋面梁	WL-1	C35	135.00
10	预制混凝土薄腹屋面梁	WL-2	C35	135.00

另查阅国家标准图集，所选用的薄腹屋面梁混凝土用量为 3.11m^3/榀（厂房中间与两端山墙处屋面梁的混凝土用量相同，仅预埋件不同），所选用的 T 形吊车梁混凝土用量，车间两端为 1.13m^3/根，其余为 1.08m^3/根。

【问题】

1. 根据上述条件和《房屋建筑与装饰工程工程量计算规范》GB 50854 的计算规则，在表 3-12 中，列式计算机修车间上部结构构件的混凝土柱、梁工程量及相应钢筋工程量。

分部分项工程量清单计算表 表 3-12

序号	项目名称	单位	数量	计算过程
1	矩形柱	m^3		
2	基础梁	m^3		
3	连系梁	m^3		
4	T 形吊车梁	m^3		
5	薄腹屋面梁	m^3		
6	钢筋工程	t		

2. 已知相关数据为：①预制混凝土矩形柱的清单编码为 010509001，本车间预制混凝土柱单件体积<3.5m^3，就近插入基础杯口，人材机综合单价 513.71 元/m^3。②预制混凝土基础梁的清单编码为 010510001，本车间基础梁就近地面安装，单件体积<1.2m^3，人材机综合单价 402.98 元/m^3。③预制混凝土柱顶连系梁的清单编码为 010510001，本车间连系梁单件体积<0.6m^3，安装高度<12m，人材机综合单价 423.21 元/m^3。④预制混凝土 T 形吊车梁的清单编码为 010510002，本车间 T 形吊车梁单件体积<1.2m^3，安装高度小于等

于9.5m，人材机综合单价 530.38 元/m^3。⑤预制混凝土薄腹屋面梁清单编码为010511003，本车间薄腹屋面梁单件体积<3.2m^3，安装高度13m，人材机综合单价 561.35元/m^3。⑥预制混凝土构件钢筋的清单编码为 010515002，本车间所用钢筋直径为 6~25mm，人材机综合单价 6018.70 元/t。以上项目管理费均以人材机为基数按 10%计算，利润均以人材机和管理费合计为基数按 5%计算，编制表 3-13。

分部分项工程量清单计价表　　表 3-13

序号	项目编码	项目名称	项目特征	计量单位	工程量	金额		
						综合单价（元）	合价（元）	暂估价（元）
1			略					
2			略					
3			略					
4			略					
5			略					
6			略					

3. 利用以下相关数据，在表 3-14 中，编制机修车间土建单位工程招标控制价汇总表。已知相关数据为：①一般土建分部分项工程费 785800.00 元（含可抵扣的进项税为800 元）；②措施项目费用为 62800.00 元（不含可抵扣的进项税），其中安全文明施工费26500.00 元（不含可抵扣的进项税）；③其他项目费用屋面防水专业分包暂估价70000.00 元（不含可抵扣的进项税）；④规费为 48459.84 万元（不含可抵扣的进项税）；⑤增值税率为 9%。（计算结果均保留两位小数）

机修车间土建单位工程招标控制价汇总表　　表 3-14

序号	项目名称	金额（元）
1	分部分项工程量清单合价	
2	措施项目费	
2.1	安全文明施工费	
3	其他项目费	
3.1	专业工程暂估价	
4	规费	
5	税金	
6	合计	

【参考答案】

1. 见表 3-15。

分部分项工程量清单计算表

表 3-15

序号	项目名称	单位	数量	计算过程
1	矩形柱	m^3	62.95	YZ-1:[0.7×0.4×9.85+0.4×(0.3+0.6)×0.3/2+0.4×0.4×3]×16=52.67（m^3） YZ-2:0.4×0.5×12.85×4=10.28（m^3） 合计:52.67+10.28=62.95（m^3）
2	基础梁	m^3	18.81	JL-1:0.35×0.5×5.95×10=10.41（m^3） JL-2:0.35×0.5×6×8=8.40（m^3） 合计:10.41+8.40=18.81（m^3）
3	连系梁	m^3	7.69	LL-1:0.25×0.4×5.55×10=5.55（m^3） LL-2:0.25×0.4×5.35×4=2.14（m^3） 合计:5.55+2.14=7.69（m^3）
4	T形吊车梁	m^3	15.32	DL-1:1.08×10=10.80（m^3） DL-2:1.13×4=4.52（m^3） 合计:10.80+4.52=15.32（m^3）
5	薄腹屋面梁	m^3	24.88	3.11×8=24.88（m^3）
6	钢筋工程	t	17.38	52.67×152+10.28×138+18.81×95+7.69×84+15.32×141+24.88×135=17376.61（kg）=17.38（t）

2. 见表3-16。

分部分项工程量清单计价表

表 3-16

序号	项目编码	项目名称	项目特征	计量单位	工程量	金额		
						综合单价（元）	合价（元）	暂估价
1	010509001001	矩形柱	略	m^3	62.95	513.71×（1+10%）×（1+5%）=593.34	37350.75	
2	010510001001	基础梁	略	m^3	18.81	402.98×（1+10%）×（1+5%）=465.44	8754.93	
3	010510001002	连系梁	略	m^3	7.69	423.21×（1+10%）×（1+5%）=488.81	3758.95	
4	010510002001	T形吊车梁	略	m^3	15.32	530.38×（1+10%）×（1+5%）=612.59	9384.88	
5	010511003001	薄腹屋面梁	略	m^3	24.88	561.35×（1+10%）×（1+5%）=648.36	16131.20	
6	010515002001	钢筋工程	略	t	17.38	6018.7×（1+10%）×（1+5%）=6951.60	120818.81	
7	合计						196199.52	

3. 见表 3-17。

机修车间土建单位工程招标控制价汇总表　　　　表 3-17

序号	项目名称	金额（元）
1	分部分项工程量清单合价	785000（785800-800）
2	措施项目费	62800
2.1	安全文明施工费	26500
3	其他项目费	70000
3.1	专业工程暂估价	70000
4	规费	48459.84
5	税金（1+2+3+4）×9%	86963.39
6	合计	1053223.23

试题二（独立基础计量计价）

某热电厂煤仓燃煤架空运输坡道基础平面及相关技术参数，如图 3-31、图 3-32 所示。

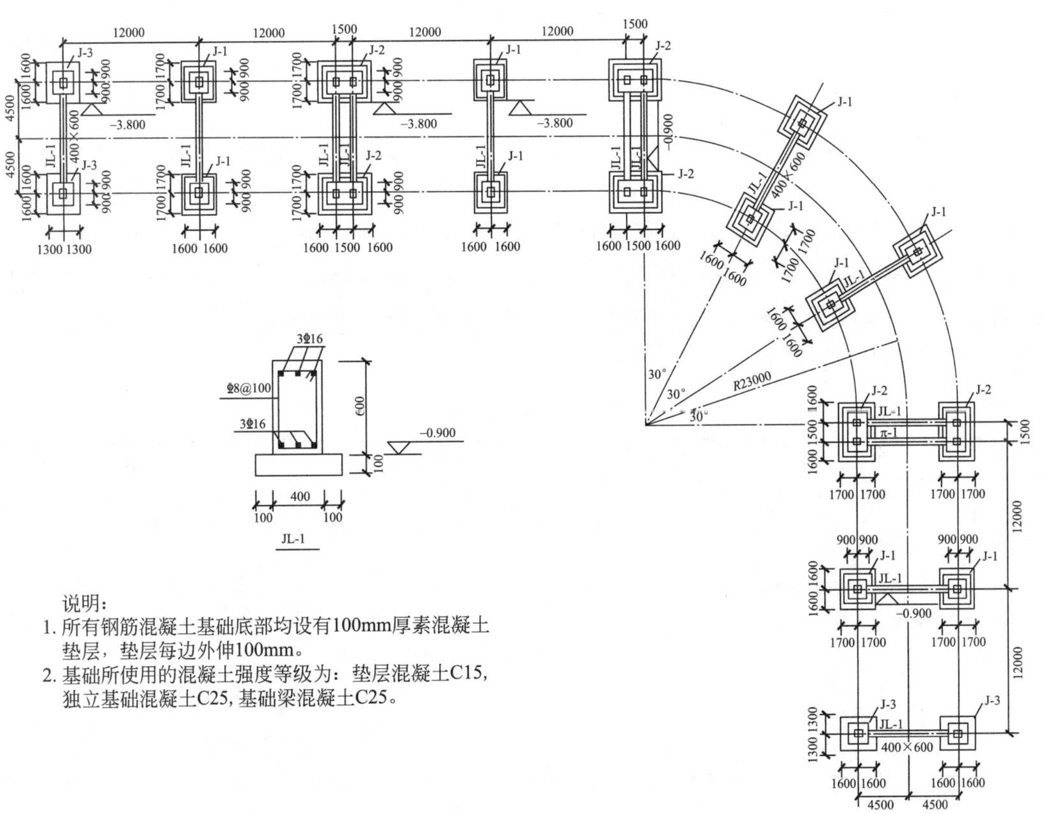

图 3-31　燃煤架空运输坡道基础平面图

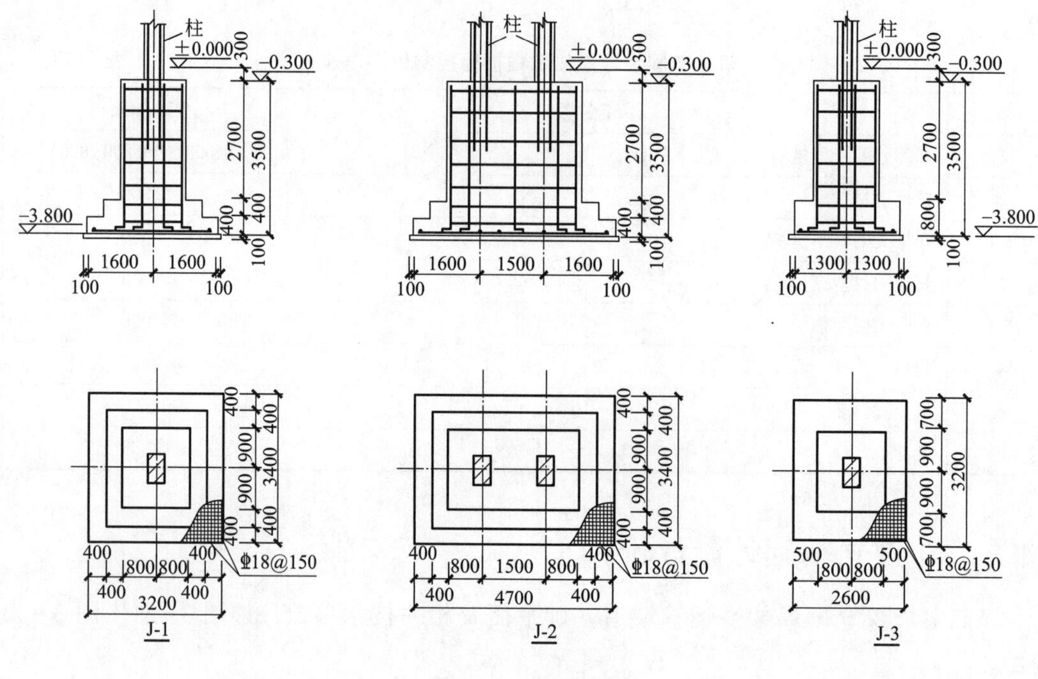

图 3-32 基础详图

【问题】

1. 根据工程图纸及技术参数，按《房屋建筑与装饰工程工程量计算规范》GB 50854 的计算规则，在表 3-18 中，列式计算现浇混凝土基础垫层、现浇混凝土基础（-0. 3m 以下部分）、现浇混凝土基础梁、现浇构件钢筋、现浇混凝土模板五项分部分项工程的工程量，根据已有类似项目结算资料测算，各钢筋混凝土基础钢筋参考含量分别为：独立基础 80kg/m^3，基础梁 100kg/m^3。（基础梁施工是在基础回填土回填至-1. 00m 时再进行，基础模板不扣除与梁接触面）

工程量计算表　　表 3-18

序号	项目名称	单位	计算过程	计算结果
1	现浇混凝土基础垫层 C15	m^3		
2	现浇混凝土基础 C25	m^3		
3	现浇混凝土基础梁 C25	m^3		
4	现浇构件钢筋	t		
5	现浇混凝土模板	m^2		

2. 根据问题 1 的计算结果及答题卡中给定的项目编码、综合单价，按《建设工程工程量清单计价规范》GB 50500 的要求，在表 3-19 中编制分部分项工程和单价措施项目清单与计价表。

分部分项工程和单价措施项目清单与计价表 表 3-19

序号	项目编码	项目名称	项目特征描述	计量单位	工程量	金额（元）	
						综合单价	合价
一	分部分项工程						
1	010501001001	现浇混凝土基础垫层	商品混凝土 C15	m^3		450.00	
2	010501003001	现浇混凝土独立基础	商品混凝土 C25	m^3		530.00	
3	010503001001	现浇混凝土基础梁	商品混凝土 C25	m^3		535.00	
4	010515001001	现浇构件钢筋		t		4950.00	
分部分项工程小计				元			
二	单价措施项目						
1	011702001001	混凝土基础垫层模板		m^2		18.00	
2	011702001002	混凝土独立基础模板		m^2		48.00	
3	011702005001	混凝土基础梁模板		m^2		69.00	
单价措施项目小计				元			
分部分项工程和单价措施项目合计				元			

3. 假如招标工程量清单中，表 3-19 中单价措施项目的模板项目的清单不单独列项，按《房屋建筑与装饰工程工程量计算规范》GB 50854 中工作内容的要求，模板费应综合在相应分部分项项目中，根据表 3-19 的计算结果，列式计算相应分部分项工程的综合单价。

4. 根据问题 1 的计算结果，按定额规定混凝土损耗率为 1.5%，列式计算该架空运输坡道土建工程基础部分总包方与商品混凝土供应方各种强度等级混凝土的结算用量。

（计算结果保留两位小数）

【参考答案】

1. 见表 3-20。

工程量计算表 表 3-20

序号	项目名称	单位	计算过程	计算结果
1	现浇混凝土基础垫层 C15	m^3	J-1：$V=0.1\times3.4\times3.6\times10=12.24$（$m^3$） J-2：$V=0.1\times4.9\times3.6\times6=10.58$（$m^3$） J-3：$V=0.1\times2.8\times3.4\times4=3.81$（$m^3$） JL-1：$V=0.1\times0.6\times(9.0-0.9\times2)\times13=5.62$（$m^3$） $\sum V=12.24+10.58+3.81+5.62=32.25$（$m^3$）	32.25
2	现浇混凝土基础 C25	m^3	J-1：$V=[0.4\times(3.2\times3.4+2.4\times2.6)+2.7\times1.6\times1.8]\times10=146.24$（$m^3$） J-2：$V=[0.4\times(4.7\times3.4+3.9\times2.6)+2.7\times3.1\times1.8]\times6=153.08$（$m^3$） J-3：$V=(0.8\times2.6\times3.2+2.7\times1.6\times1.8)\times4=57.73$（$m^3$） $\sum V=146.24+153.08+57.73=357.05$（$m^3$）	357.05

续表

<table>
<tr><th>序号</th><th>项目名称</th><th>单位</th><th>计算过程</th><th>计算结果</th></tr>
<tr><td>3</td><td>现浇混凝土基础梁 C25</td><td>m^3</td><td>JL-1：$V=0.4\times0.6\times(9.0-0.9\times2)\times13=22.46$（$m^3$）</td><td>22.46</td></tr>
<tr><td>4</td><td>现浇构件钢筋</td><td>t</td><td>独立基础：$G=0.08\times357.05=28.56$（t）
基础梁：$G=0.10\times22.46=2.25$（t）
$\sum G=28.56+2.25=30.81$（t）</td><td>30.81</td></tr>
<tr><td rowspan="3">5</td><td rowspan="3">现浇混凝土模板</td><td rowspan="3">m^2</td><td>垫层模板
J-1：$S=0.1\times(3.4+3.6)\times2\times10=14.00$（$m^2$）
J-2：$S=0.1\times(4.9+3.6)\times2\times6=10.20$（$m^2$）
J-3：$S=0.1\times(2.8+3.4)\times2\times4=4.96$（$m^2$）
基础梁垫层模板$=0.1\times2\times(9-0.9\times2)\times13=18.72$（$m^2$）
$\sum S=14.00+10.20+4.96+18.72=47.88$（$m^2$）</td><td>47.88</td></tr>
<tr><td>独立基础模板
J-1：$S=[0.4\times(3.2+3.4+2.4+2.6)\times2+2.7\times(1.6+1.8)\times2]\times10=276.40$（$m^2$）
J-2：$S=[0.4\times(4.7+3.4+3.9+2.6)\times2+2.7\times(3.1+1.8)\times2]\times6=228.84$（$m^2$）
J-3：$S=[0.8\times(2.6+3.2)\times2+2.7\times(1.6+1.8)\times2]\times4=110.56$（$m^2$）
$\sum S=276.40+228.84+110.56=615.80$（$m^2$）</td><td>615.80</td></tr>
<tr><td>基础梁模板
JL-1：$S=0.6\times2\times(9.0-0.9\times2)\times13=112.32$（$m^2$）</td><td>112.32</td></tr>
</table>

2. 见表3-21。

分部分项工程和单价措施项目清单与计价表 表3-21

<table>
<tr><th rowspan="2">序号</th><th rowspan="2">项目编码</th><th rowspan="2">项目名称</th><th rowspan="2">项目特征描述</th><th rowspan="2">计量单位</th><th rowspan="2">工程量</th><th colspan="2">金额（元）</th></tr>
<tr><th>综合单价</th><th>合价</th></tr>
<tr><td>一</td><td colspan="7">分部分项工程</td></tr>
<tr><td>1</td><td>010501001001</td><td>现浇混凝土基础垫层</td><td>商品混凝土 C15</td><td>m^3</td><td>32.25</td><td>450.00</td><td>14512.50</td></tr>
<tr><td>2</td><td>010501003001</td><td>现浇混凝土独立基础</td><td>商品混凝土 C25</td><td>m^3</td><td>357.05</td><td>530.00</td><td>189236.50</td></tr>
<tr><td>3</td><td>010503001001</td><td>现浇混凝土基础梁</td><td>商品混凝土 C25</td><td>m^3</td><td>22.46</td><td>535.00</td><td>12016.10</td></tr>
<tr><td>4</td><td>010515001001</td><td>现浇构件钢筋</td><td></td><td>t</td><td>30.81</td><td>4950.00</td><td>152509.5</td></tr>
<tr><td colspan="4">分部分项工程小计</td><td>元</td><td></td><td></td><td>368274.6</td></tr>
<tr><td>二</td><td colspan="7">单价措施项目</td></tr>
<tr><td>1</td><td>011702001001</td><td>混凝土基础垫层模板</td><td></td><td>m^2</td><td>47.88</td><td>18.00</td><td>861.84</td></tr>
<tr><td>2</td><td>011702001002</td><td>混凝土独立基础模板</td><td></td><td>m^2</td><td>615.80</td><td>48.00</td><td>29558.40</td></tr>
<tr><td>3</td><td>011702005001</td><td>混凝土基础梁模板</td><td></td><td>m^2</td><td>112.32</td><td>69.00</td><td>7750.08</td></tr>
<tr><td colspan="4">单价措施项目小计</td><td>元</td><td></td><td></td><td>38170.32</td></tr>
<tr><td colspan="4">分部分项工程和单价措施项目合计</td><td>元</td><td></td><td></td><td>406444.92</td></tr>
</table>

3. 此三项模板费用应计入相应的混凝土工程项目的综合单价中：

混凝土垫层的综合单价调整为：$450+\frac{861.84}{32.25}=476.72$（元/$m^3$）；

混凝土独立基础的综合单价调整为：$530+\frac{29558.40}{357.05}=612.79$（元/$m^3$）；

混凝土基础梁的综合单价调整为：$535+\frac{7750.08}{22.46}=880.06$（元/$m^3$）。

4. 该架空运输坡道土建工程基础部分总包方与商品混凝土供应方混凝土结算用量为：

C15：$V=32.25\times1.015=32.73$（m^3）

C25：$V=(357.05+22.46)\times1.015=385.20$（$m^3$）

试题三（装饰装修计量计价）

某写字楼标准层电梯厅共20套，施工企业中标的分部分项工程和单价措施项目清单与计价表如表3-22所示。现根据图3-33～图3-35、表3-23所示的电梯厅土建装修竣工图及相关技术参数，按下列问题要求，编制电梯厅的竣工结算。

分部分项工程和单价措施项目清单与计价表　　表3-22

序号	项目编码	项目名称	项目特征	计量单位	工程量	金额（元）	
						综合单价	合价
一	分部分项工程						
1	011102001001	楼地面	干硬性水泥砂浆铺砌米黄大理石	m^2	610.00	560.00	341600.00
2	011102001002	波打线	干硬性水泥砂浆铺砌啡网纹大理石	m^2	100.00	660.00	66000.00
3	011108001001	过门石	干硬性水泥砂浆铺砌啡网纹大理石	m^2	40.00	650.00	26000.00
4	011204001001	墙面	钢龙骨干挂米黄洞石	m^2	1000.00	810.00	810000.00
5	010801004001	竖井装饰门	钢龙骨支架米黄洞石	m^2	96.00	711.00	68256.00
6	010808004001	电梯门套	2mm 拉丝不锈钢	m^2	190.00	390.00	74100.00
7	011302001001	顶棚	2.5mm 铝板	m^2	610.00	360.00	219600.00
8	011304001001	吊顶灯槽	亚布力板	m^2	100.00	350.00	35000.00
分部分项工程小计				元			1640556.00
二	单价措施项目						
1	011701003001	吊顶脚手架	3.6m 内	m^2	700.00	23.00	16100.00
单价措施项目小计				元			16100.00
分部分项工程和单价措施项目合计				元			1656656.00

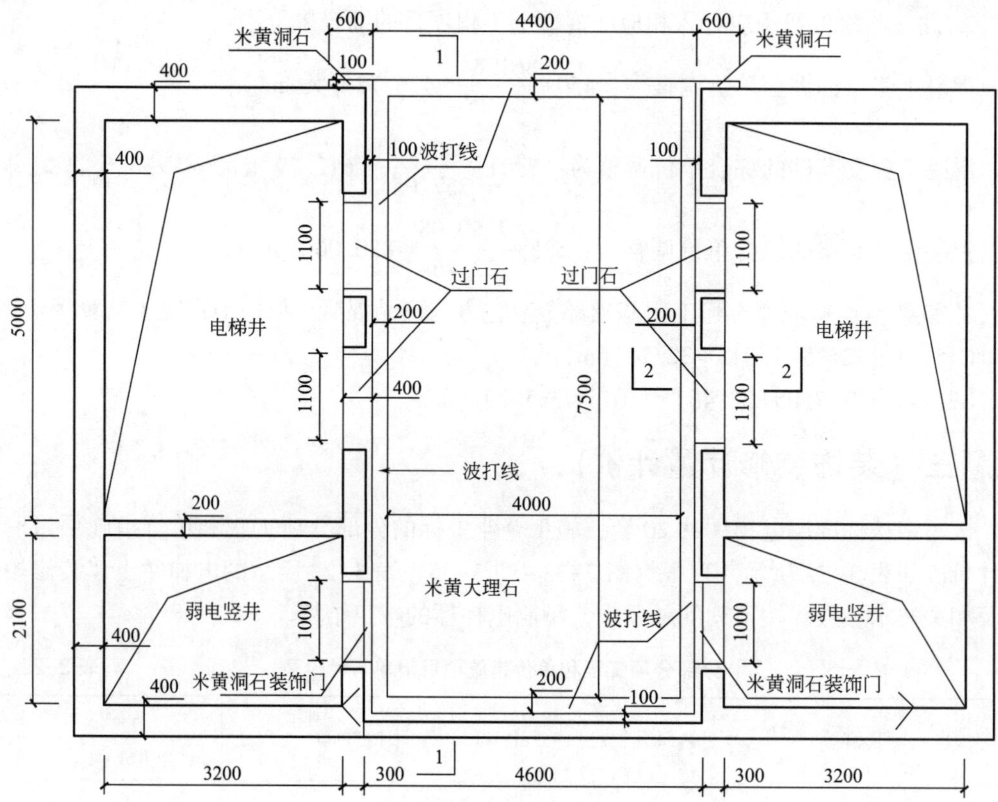

图 3-33　标准层电梯厅楼地面铺装尺寸图

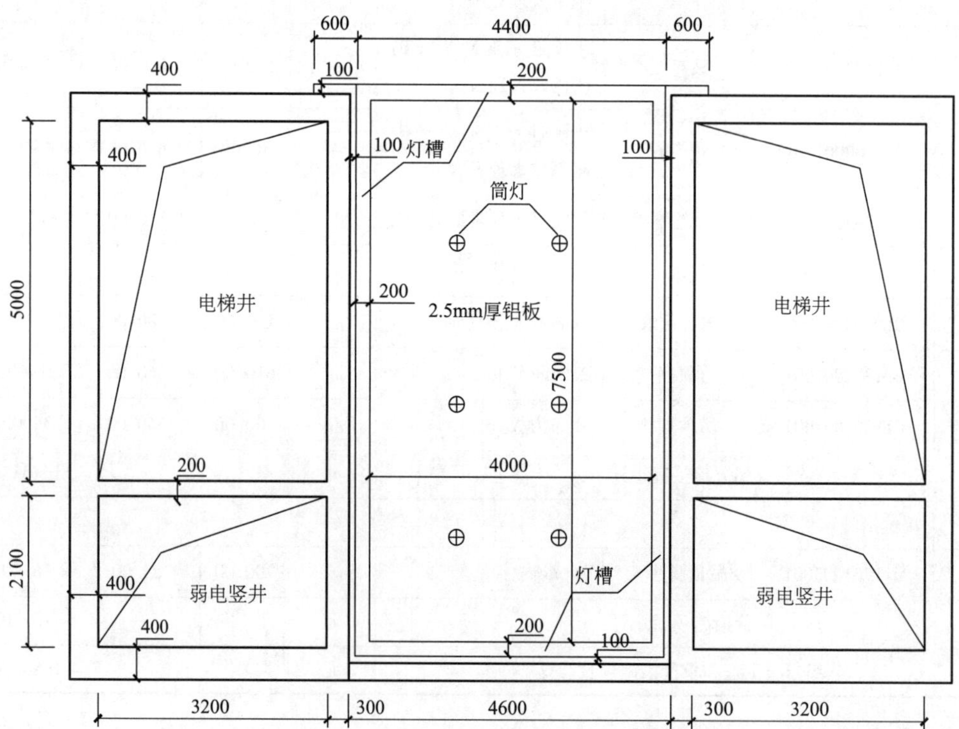

图 3-34　标准层电梯厅吊顶布置尺寸图

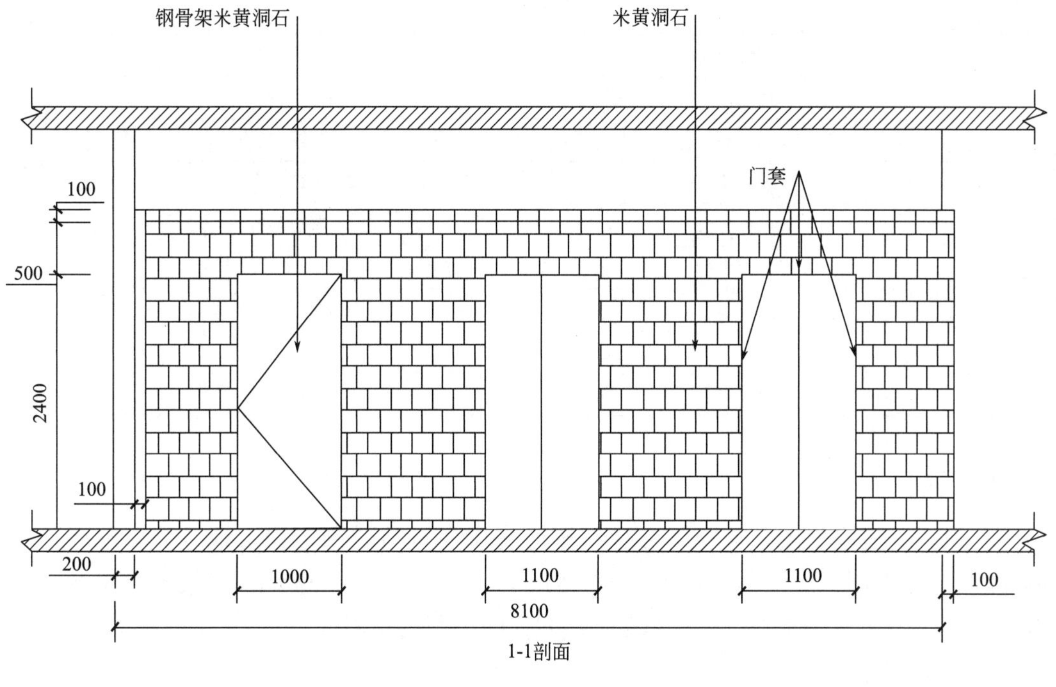

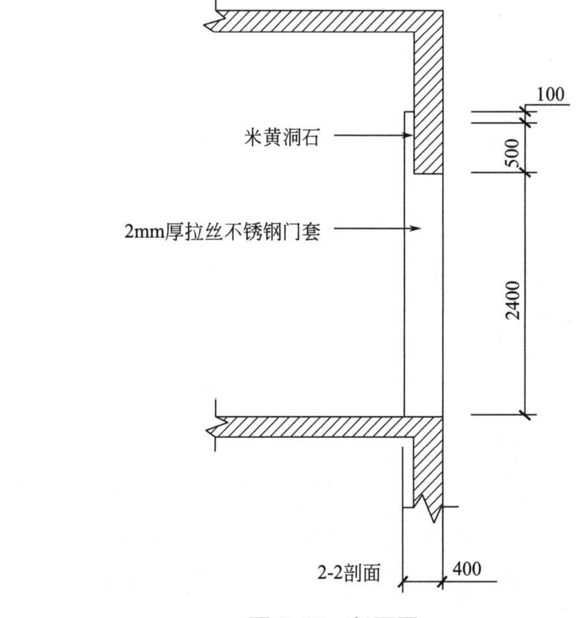

图 3-35　剖面图

说明：

1. 本写字楼标准层电梯厅共 20 套。
2. 墙面干挂石材高度为 3000mm，其石材外皮距结构面尺寸为 100mm。
3. 弱电竖井门为钢骨架石材装饰门（主材同墙体），其门口不设过门石。
4. 电梯墙面装饰做法延展到走廊 600mm。

装修做法 表 3-23

序号	装修部位	装修主材
1	楼地面	米黄大理石
2	过门石	啡网纹大理石
3	波打线	啡网纹大理石
4	墙面	米黄洞石
5	竖井装饰门	钢骨架米黄洞石
6	电梯门套	2mm 拉丝不锈钢
7	顶棚	2.5mm 铝板
8	吊顶灯槽	亚布力板

【问题】

1. 根据工程竣工图纸及技术参数，按《房屋建筑与装饰工程工程量计算规范》GB 50854 的计算规则，在表 3-24 中，列式计算该 20 套电梯厅楼地面、墙面（装饰高度 3000mm）、顶棚、门和门套等土建装饰分部分项工程的结算工程量（竖井装饰门内的其他项目不考虑）。

工程量计算表 表 3-24

序号	项目名称	单位	工程量计算过程	工程量
1	地面	m^2		
2	波打线	m^2		
3	过门石	m^2		
4	墙面	m^2		
5	竖井装饰门	m^2		
6	电梯门套	m^2		
7	顶棚	m^2		
8	吊顶灯槽	m^2		
9	吊顶脚手架	m^2		

2. 根据问题 1 的计算结果及表 3-22 的相关内容，按《建设工程工程量清单计价规范》GB 50500 的要求，在表 3-25 中编制该土建装饰工程结算。

分部分项工程和单价措施项目清单与计价表 表 3-25

序号	项目编码	项目名称	项目特征	计量单位	工程量	金额（元）	
						综合单价	合价
一	分部分项工程						
1	011102001001	楼地面	干硬性水泥砂浆铺砌米黄大理石	m^2			

续表

序号	项目编码	项目名称	项目特征	计量单位	工程量	金额（元）	
						综合单价	合价
一	分部分项工程						
2	011102001002	波打线	干硬性水泥砂浆铺砌啡网纹大理石	m^2			
3	011108001001	过门石	干硬性水泥砂浆铺砌啡网纹大理石	m^2			
4	011204001001	墙面	钢龙骨干挂米黄洞石	m^2			
5	010801004001	竖井装饰门	钢龙骨支架米黄洞石	m^2			
6	010808004001	电梯门套	2mm 拉丝不锈钢	m^2			
7	011302001001	顶棚	2. 5mm 铝板	m^2			
8	011304001001	吊顶灯槽	亚布力板	m^2			
分部分项工程小计				元			
二	单价措施项目						
1	011701003001	吊顶脚手架	3. 6m 内	m^2			
单价措施项目小计				元			
分部分项工程和单价措施项目合计				元			

3. 按该分部分项工程竣工结算金额 1600000. 00 元，单价措施项目清单结算金额为 18000. 00 元，安全文明施工费按分部分项工程结算金额的 3. 5%计取，其他项目费为零，人工费占分部分项工程及措施项目费的 13%，规费按人工费的 21%计取，增值税率按 3%计取。根据《建设工程工程量清单计价规范》GB 50500 的要求，列式计算安全文明施工费、措施项目费、规费、增值税，并在表 3-26 中编制该土建装饰工程结算。

（计算结果保留两位小数）

单位工程竣工结算汇总表 **表 3-26**

序号	项目名称	金额（元）
1	分部分项工程费	
2	措施项目费	
2. 1	单价措施费	
2. 2	安全文明施工费	
3	规费	
4	税金	
单位工程合计		

【参考答案】

1. 见表3-27。

工程量计算表 表3-27

序号	项目名称	单位	工程量计算过程	工程量
1	地面	m^2	7.5×4×20=600.00	600.00
2	波打线	m^2	(7.7+4.2)×2×0.2×20=95.20	95.20
3	过门石	m^2	1.1×0.4×4×20=35.20	35.20
4	墙面	m^2	[(7.9×2+4.4+1.2+0.1×2)×3-1.1×2.4×4-1×2.4×2]×20=988.80	988.80
5	竖井装饰门	m^2	(1×2.4)×2×20=96.00	96.00
6	电梯门套	m^2	(1.1+2.4×2)×0.4×4×20=188.80	188.80
7	顶棚	m^2	7.5×4×20=600.00	600.00
8	吊顶灯槽	m^2	(7.7+4.2)×2×0.2×20=95.20	95.20
9	吊顶脚手架	m^2	(7.5+0.2+0.2)×(4+0.2+0.2)×20=695.20	695.20

注：项目名称为试题直接提供，考生需要填写工程量计算过程及工程量两列数据。

2. 见表3-28。

分部分项工程和单价措施项目清单与计价表 表3-28

序号	项目编码	项目名称	项目特征	计量单位	工程量	金额（元）	
						综合单价	合价
一	分部分项工程						
1	011102001001	楼地面	干硬性水泥砂浆铺砌米黄大理石	m^2	600.00	560.00	336000.00
2	011102001002	波打线	干硬性水泥砂浆铺砌啡网纹大理石	m^2	95.20	660.00	62832.00
3	011108001001	过门石	干硬性水泥砂浆铺砌啡网纹大理石	m^2	35.20	650.00	22880.00
4	011204001001	墙面	钢龙骨干挂米黄洞石	m^2	988.80	810.00	800928.00
5	010801004001	竖井装饰门	钢龙骨支架米黄洞石	m^2	96.00	711.00	68256.00
6	010808004001	电梯门套	2mm拉丝不锈钢	m^2	188.80	390.00	73632.00
7	011302001001	顶棚	2.5mm铝板	m^2	600.00	360.00	216000.00
8	011304001001	吊顶灯槽	亚布力板	m^2	95.20	350.00	33320.00
分部分项工程小计				元			1613848.00

续表

序号	项目编码	项目名称	项目特征	计量单位	工程量	金额（元）	
						综合单价	合价
二	单价措施项目						
1	011701003001	吊顶脚手架	3.6m 内	m^2	695.20	23.00	15989.60
单价措施项目小计				元			15989.60
分部分项工程和单价措施项目合计				元			1629837.60

注明：项目名称为试题直接提供，考生需要填写工程量、综合单价及合价三列数据。

3.（1）安全文明施工费：1600000×3.5%＝56000.00（元）

（2）规费：（1600000+74000）×13%×21%＝45700.20（元）

（3）税金：（1600000+74000+45700.2）×3%＝51591.01（元）

单位工程竣工结算汇总表　　**表 3-29**

序号	项目名称	金额（元）
1	分部分项工程费	1600000.00
2	措施项目费	74000.00
2.1	单价措施费	18000.00
2.2	安全文明施工费	56000.00
3	规费	45700.20
4	税金	51591.01
单位工程合计		1771291.21

注：项目名称为题目给出，考生需要填写金额一列数据。

试题四（钢屋架计量计价）

某工厂机修车间轻型钢屋架系统，如图 3-36、图 3-37 所示。成品轻型钢屋架安装、油漆、防火漆消耗量定额基价表见表 3-30。

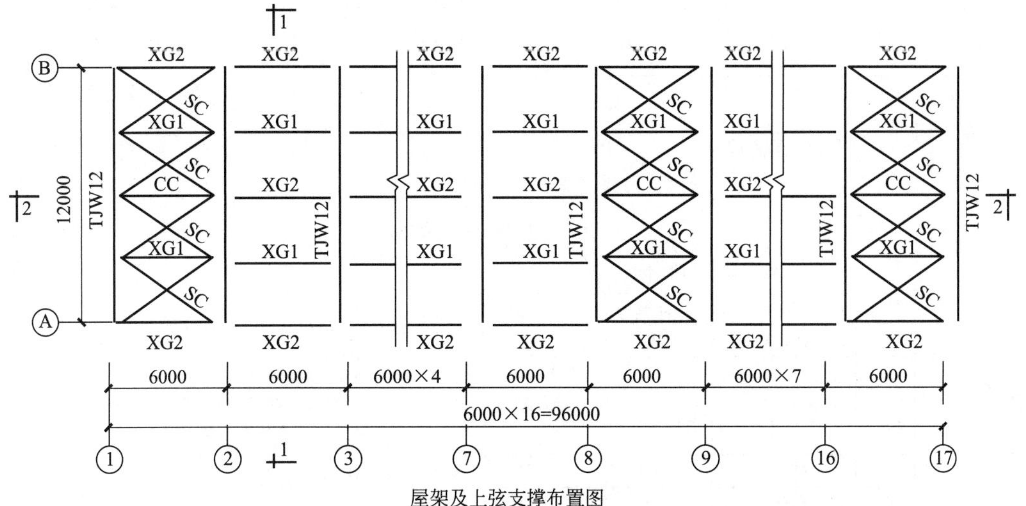

图 3-36　轻型钢屋架结构系统布置图（一）

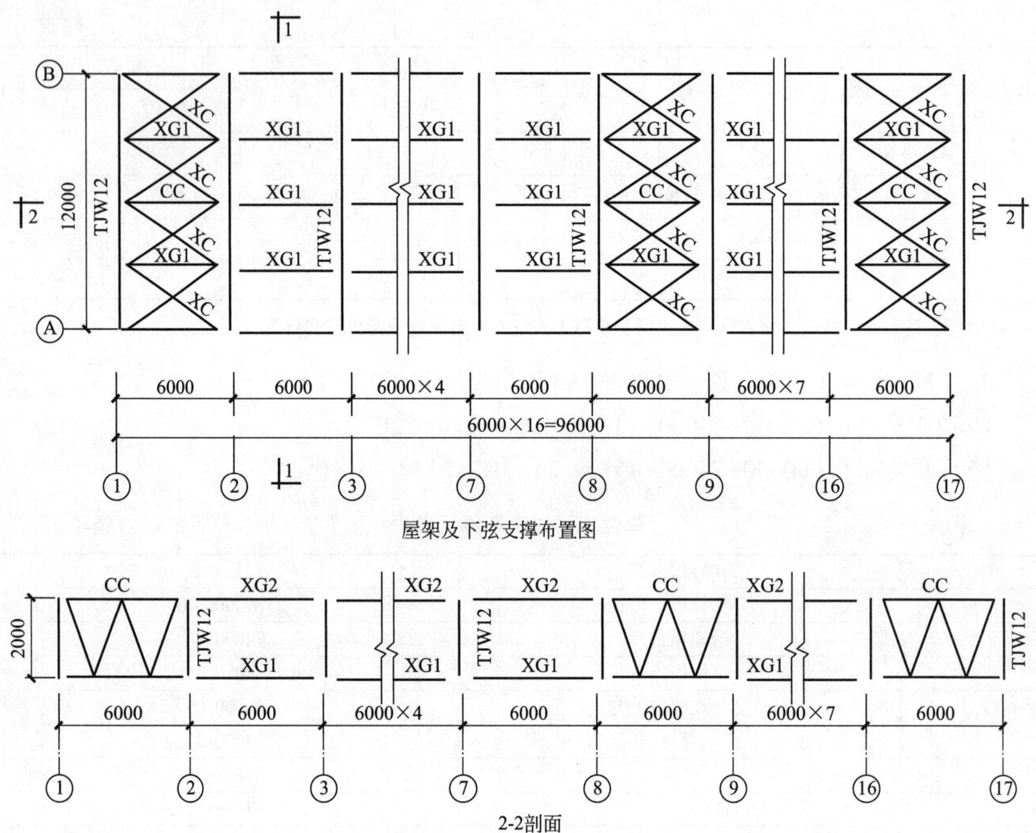

屋架及下弦支撑布置图

2-2剖面

图 3-36 轻型钢屋架结构系统布置图（二）

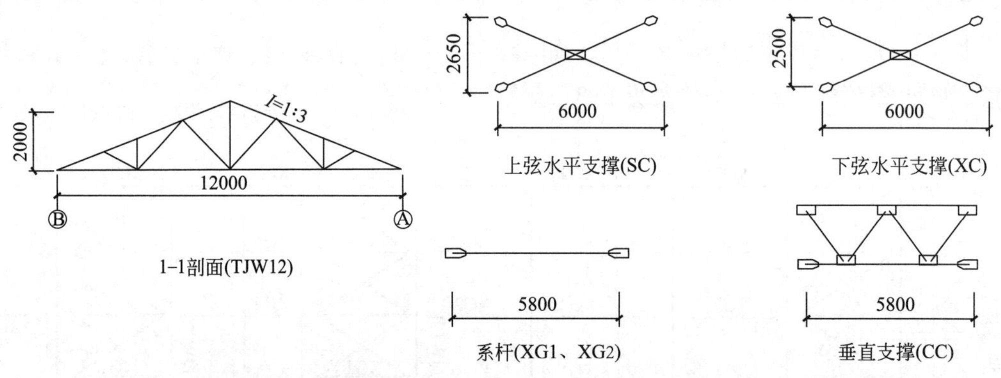

钢屋架结构构件重量表

序号	构件名称	构件编号	构件单重(kg)
1	轻型钢屋架	TJW12	510.00
2	上弦水平支撑	SC	56.00
3	下弦水平支撑	XC	60.00
4	垂直支撑	CC	150.00
5	系杆1	XG1	45.00
6	系杆2	XG2	48.00

说明：
①本屋面钢结构系统按Q235牌号镇静钢设计。
②钢构件详细材料表及下料尺寸见国家建筑标准图集06SG517-2。
③屋架上、下弦水平支撑及垂直支撑仅在①～②、⑧～⑨、⑯～⑰柱间屋架上布置。

图 3-37 钢屋架构件图

轻型钢屋架安装、油漆定额基价表　　　　表 3-30

定额编号			6-10	6-35	6-36
项目			成品钢屋架安装	钢结构油漆	钢结构防火漆
			t	m^2	m^2
定额基价（元）			6854.10	40.10	21.69
其中	人工费（元）		378.10	19.95	15.20
	材料费（元）		6360.00	19.42	5.95
	机械费（元）		116.00	0.73	0.54
名称	单位	单价（元）			
综合工日	工日	95.00	3.98	0.21	0.16
成品钢屋架	t	6200.00	1.00		
油漆	kg	25.00		0.76	
防火漆	kg	17.00			0.30
其他材料费	元		160.00	0.42	0.85
机械费	元		116.00	0.73	0.54

注：本消耗定额基价表中费用均不包含增值税可抵扣进项税额。

【问题】

1. 根据该轻型钢屋架工程施工图纸及技术参数，按《房屋建筑与装饰工程工程量计算规范》GB 50854 的计算规则，在表 3-31 中，列式计算该轻型钢屋架系统分部分项工程量（屋架上、下弦水平支撑及垂直支撑仅在①~②、⑧~⑨、⑯~⑰柱间屋架上布置）。

工程量计算表　　　　表 3-31

序号	项目名称	计量单位	工程量	计算式
1	轻型钢屋架	t		
2	上弦水平支撑	t		
3	下弦水平支撑	t		
4	垂直支撑	t		
5	系杆 XG1	t		
6	系杆 XG2	t		

2. 经测算，轻型钢屋架表面涂刷工程量按 $35m^2/t$ 计算；依据《房屋建筑与装饰工程工程量计算规范》GB 50854，钢屋架的项目编码为 010602001，企业管理费按人工费、材料费、机械费之和的 10%计取，利润按人工费、材料费、机械费、企业管理费之和的 7%计取，按《建设工程工程量清单计价规范》GB 50500 的要求，结合轻型钢屋架消耗量定额基价表，列式计算每吨钢屋架油漆、防火漆的消耗量与费用及其他材料费用；并在表 3-32 中编制轻型钢屋架综合单价分析表。

轻型钢屋架综合单价分析表 表 3-32

<table>
<tr><td colspan="2">项目编码</td><td colspan="2"></td><td colspan="2">项目名称</td><td colspan="2"></td><td>计量单位</td><td></td><td>工程量</td><td></td></tr>
<tr><td colspan="12">清单综合单价组成明细</td></tr>
<tr><td rowspan="2">定额编号</td><td rowspan="2">定额名称</td><td rowspan="2">定额单位</td><td rowspan="2">数量</td><td colspan="4">单价（元）</td><td colspan="4">合价（元）</td></tr>
<tr><td>人工费</td><td>材料费</td><td>施工机具使用费</td><td>管理费和利润</td><td>人工费</td><td>材料费</td><td>施工机具使用费</td><td>管理费和利润</td></tr>
<tr><td></td><td></td><td></td><td></td><td></td><td></td><td></td><td></td><td></td><td></td><td></td><td></td></tr>
<tr><td></td><td></td><td></td><td></td><td></td><td></td><td></td><td></td><td></td><td></td><td></td><td></td></tr>
<tr><td></td><td></td><td></td><td></td><td></td><td></td><td></td><td></td><td></td><td></td><td></td><td></td></tr>
<tr><td colspan="2">人工单价</td><td colspan="6">小计</td><td></td><td></td><td></td><td></td></tr>
<tr><td colspan="2">95元/工日</td><td colspan="6">未计价材料（元）</td><td colspan="4"></td></tr>
<tr><td colspan="8">清单项目综合单价（元/t）</td><td colspan="4"></td></tr>
<tr><td rowspan="6">材料费明细</td><td colspan="5">主要材料名称、规格、型号</td><td>单位</td><td>数量</td><td>单价（元）</td><td>合价（元）</td><td>暂估单价（元）</td><td>暂估合价（元）</td></tr>
<tr><td colspan="5"></td><td></td><td></td><td></td><td></td><td></td><td></td></tr>
<tr><td colspan="5"></td><td></td><td></td><td></td><td></td><td></td><td></td></tr>
<tr><td colspan="5"></td><td></td><td></td><td></td><td></td><td></td><td></td></tr>
<tr><td colspan="7">其他材料费（元）</td><td></td><td></td><td></td><td></td></tr>
<tr><td colspan="7">材料费小计（元）</td><td></td><td></td><td></td><td></td></tr>
</table>

3. 根据问题1和问题2的计算结果，按《建设工程工程量清单计价规范》GB 50500的要求，在表3-33中，编制该机修车间钢屋架系统分部分项工程和单价措施项目清单与计价表。

分部分项工程和单价措施项目清单与计价表 表 3-33

序号	项目编码	项目名称	项目特征描述	计量单位	工程量	金额（元）	
						综合单价	合价
分部分项工程							
1	010602001001	轻型钢屋架	材质 Q235	t			
2	010606001001	上弦水平支撑	材质 Q235	t		9620.00	
3	010606001002	下弦水平支撑	材质 Q235	t		9620.00	
4	010606001003	垂直支撑	材质 Q235	t		9620.00	
5	010606001004	系杆 XG1	材质 Q235	t		8850.00	
6	010606001005	系杆 XG2	材质 Q235	t		8850.00	
合计（元）							

4. 假定该分部分项工程费为 185000. 00 元；单价措施项目费为 25000. 00 元；总价措施项目仅考虑安全文明施工费，安全文明施工费按分部分项工程费的 4. 5%计取；其他项目费为零；人工费占分部分项工程费及措施项目费的 8%，规费按人工费的 24%计取；增值税率按 9%计取。按《建设工程工程量清单计价规范》GB 50500 的要求，列式计算安全文明施工费、措施项目费、规费、增值税，并在表 3-34 中编制该轻型钢屋架系统单位工程招标控制价。

单位工程招标控制价汇总表　　表 3-34

序号	项目名称	金额（元）
1	分部分项工程费	
2	措施项目费	
2. 1	其中：安全文明施工费	
3	其他项目费	
4	规费	
5	税金	
招标控制价		

（上述各问题中提及的各项费用均不包含增值税可抵扣进项税额，所有计算结果保留两位小数。）

【参考答案】

1. 工程量计算表见表 3-35。

分部分项工程量计算表　　表 3-35

序号	项目名称	计量单位	工程量	计算式
1	轻型钢屋架	t	8. 67	17×510=8670（kg）= 8. 67（t）
2	上弦水平支撑	t	0. 67	12×56=672（kg）= 0. 67（t）
3	下弦水平支撑	t	0. 72	12×60=720（kg）= 0. 72（t）
4	垂直支撑	t	0. 45	3×150=450（kg）= 0. 45（t）
5	系杆 XG1	t	3. 47	(16×4+13)×45=3465（kg）= 3. 47（t）
6	系杆 XG2	t	2. 16	(16×2+13)×48=2160（kg）= 2. 16（t）

2. 每吨钢屋架油漆消耗量：35×0. 76=26. 60（kg）

每吨钢屋架油漆材料费：26. 60×25=665. 00（元）

每吨钢屋架防火漆消耗量：35×0. 3=10. 50（kg）

每吨钢屋架防火漆材料费：10. 5×17=178. 50（元）

每吨钢屋架其他材料费：160+(0. 42+0. 85)×35=204. 45（元）

轻型钢屋架综合单价分析表见表 3-36。

轻型钢屋架综合单价分析表　　表 3-36

<table>
<tr><td>项目编码</td><td colspan="3">010602001001</td><td colspan="2">项目名称</td><td colspan="2">轻型钢屋架</td><td>计量单位</td><td>t</td><td>工程量</td><td>8.67</td></tr>
<tr><td colspan="12">清单综合单价组成明细</td></tr>
<tr><td rowspan="2">定额编号</td><td rowspan="2">定额名称</td><td rowspan="2">定额单位</td><td rowspan="2">数量</td><td colspan="4">单价（元）</td><td colspan="4">合价（元）</td></tr>
<tr><td>人工费</td><td>材料费</td><td>施工机具使用费</td><td>管理费和利润</td><td>人工费</td><td>材料费</td><td>施工机具使用费</td><td>管理费和利润</td></tr>
<tr><td>6-10</td><td>轻型钢屋架安装</td><td>t</td><td>1</td><td>378.10</td><td>6360.0</td><td>116.00</td><td>1213.18</td><td>378.10</td><td>6360.0</td><td>116.00</td><td>1213.18</td></tr>
<tr><td>6-35</td><td>钢结构面油漆</td><td>m^2</td><td>35</td><td>19.95</td><td>19.42</td><td>0.73</td><td>7.10</td><td>698.25</td><td>679.70</td><td>25.55</td><td>248.50</td></tr>
<tr><td>6-36</td><td>钢结构面防火漆</td><td>m^2</td><td>35</td><td>15.20</td><td>5.95</td><td>0.54</td><td>3.84</td><td>532.00</td><td>208.25</td><td>18.90</td><td>134.40</td></tr>
<tr><td colspan="2">人工单价</td><td colspan="6">小计</td><td>1608.35</td><td>7247.95</td><td>160.45</td><td>1596.08</td></tr>
<tr><td colspan="2">95.00 元/工日</td><td colspan="6">未计价材料（元）</td><td colspan="4">0.00</td></tr>
<tr><td colspan="8">清单项目综合单价（元/t）</td><td colspan="4">10612.83</td></tr>
<tr><td rowspan="6">材料费明细</td><td colspan="5">主要材料名称、规格、型号</td><td>单位</td><td>数量</td><td>单价（元）</td><td>合价（元）</td><td>暂估单价（元）</td><td>暂估合价（元）</td></tr>
<tr><td colspan="5">成品轻型钢屋架</td><td>t</td><td>1.00</td><td>6200.00</td><td>6200.00</td><td></td><td></td></tr>
<tr><td colspan="5">油漆</td><td>kg</td><td>26.60</td><td>25.00</td><td>665.00</td><td></td><td></td></tr>
<tr><td colspan="5">防火漆</td><td>kg</td><td>10.50</td><td>17.00</td><td>178.50</td><td></td><td></td></tr>
<tr><td colspan="7">其他材料费（元）</td><td>204.45</td><td>204.45</td><td></td><td></td></tr>
<tr><td colspan="7">材料费小计（元）</td><td></td><td>7247.95</td><td></td><td></td></tr>
</table>

3. 分部分项工程和单价措施项目清单与计价表见表 3-37。

分部分项工程和单价措施项目清单与计价表　　表 3-37

<table>
<tr><td rowspan="2">序号</td><td rowspan="2">项目编码</td><td rowspan="2">项目名称</td><td rowspan="2">项目特征描述</td><td rowspan="2">计量单位</td><td rowspan="2">工程量</td><td colspan="2">金额（元）</td></tr>
<tr><td>综合单价</td><td>合价</td></tr>
<tr><td>1</td><td>010602001001</td><td>轻型钢屋架</td><td>材质 Q235</td><td>t</td><td>8.67</td><td>10612.83</td><td>92013.24</td></tr>
<tr><td>2</td><td>010606001001</td><td>上弦水平支撑</td><td>材质 Q235</td><td>t</td><td>0.67</td><td>9620.00</td><td>6445.40</td></tr>
<tr><td>3</td><td>010606001002</td><td>下弦水平支撑</td><td>材质 Q235</td><td>t</td><td>0.72</td><td>9620.00</td><td>6926.40</td></tr>
<tr><td>4</td><td>010606001003</td><td>垂直支撑</td><td>材质 Q235</td><td>t</td><td>0.45</td><td>9620.00</td><td>4329.00</td></tr>
<tr><td>5</td><td>010606001004</td><td>系杆 XG1</td><td>材质 Q235</td><td>t</td><td>3.47</td><td>8850.00</td><td>30709.50</td></tr>
<tr><td>6</td><td>010606001005</td><td>系杆 XG2</td><td>材质 Q235</td><td>t</td><td>2.16</td><td>8850.00</td><td>19116.00</td></tr>
<tr><td colspan="7">合计（元）</td><td>159539.54</td></tr>
</table>

4.（1）安全文明施工费：185000×4.5%=8325.00（元）

措施项目费：25000+8325=33325.00（元）

规费：(185000+33325)×8%×24%=4191.84（元）

增值税：(185000+33325+4191.84)×9%=222516.84×9%=20026.52（元）

（2）单位工程招标控制价汇总表见表 3-38。

单位工程招标控制价汇总表 表 3-38

序号	项目名称	金额（元）
1	分部分项工程费	185000.00
2	措施项目费	33325.00
2.1	其中：安全文明施工费	8325.00
3	其他项目费	0.00
4	规费	4191.84
5	税金	20026.52
招标控制价		242543.36

试题五（桩和阀板基础计量与计价）

某城市生活垃圾焚烧发电厂钢筋混凝土多管式（钢内筒）80m 高烟囱基础，如图 3-38、图 3-39 所示。已建成类似工程钢筋用量参考指标见表 3-39。

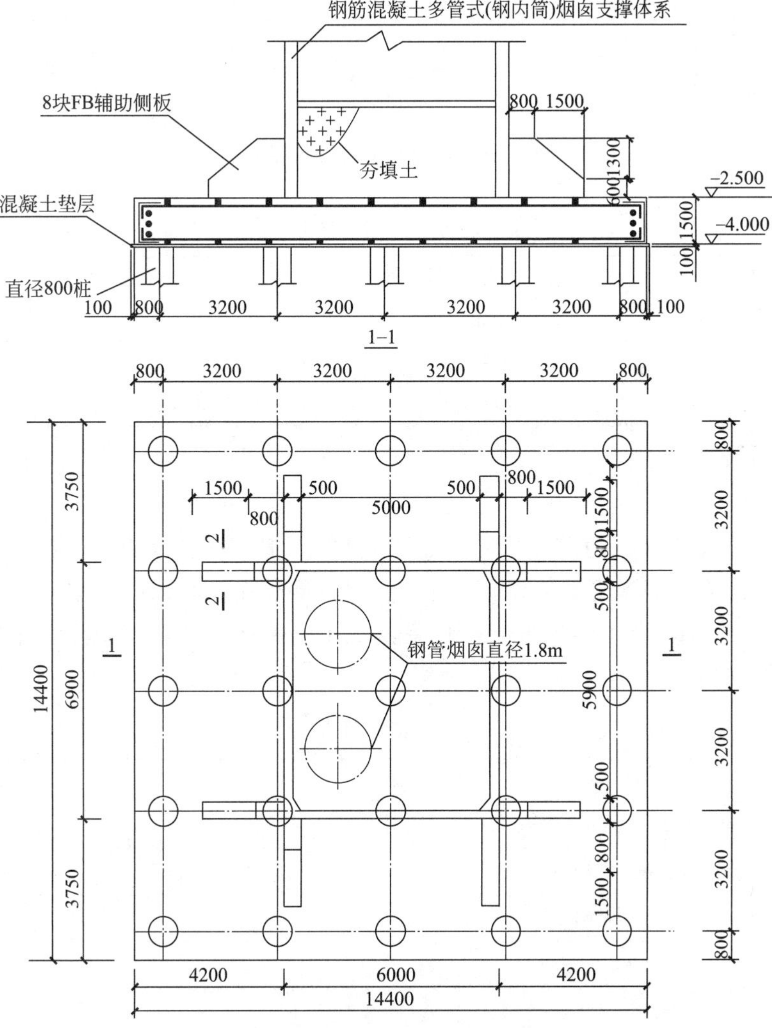

图 3-38 钢内筒烟囱基础平面布置图

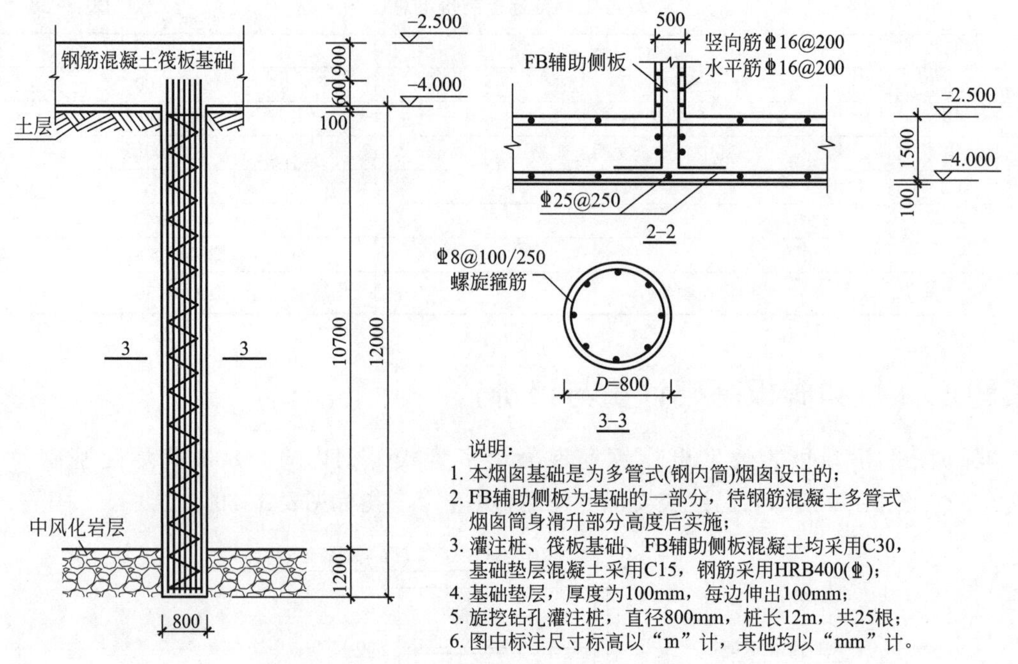

图 3-39　旋挖钻孔灌注桩基础图

单位钢筋混凝土钢筋参考用量表　　表 3-39

序号	钢筋混凝土项目名称	参考钢筋含量（kg/m^3）	备注
1	钻孔灌注桩	49.28	
2	筏板基础	63.50	
3	FB 辅助侧板	82.66	

【问题】

1. 根据该多管式（钢内筒）烟囱基础施工图纸、技术参数及参考资料，以及表 3-40 中给定的信息，按《房屋建筑与装饰工程工程量计算规范》GB 50584 的计算规则，在表 3-40 中，列式计算该烟囱基础分部分项工程量。（筏板上 8 块 FB 辅助侧板的斜面在混凝土浇捣时必须安装模板）。

工程量计算表　　表 3-40

序号	项目名称	单位	计算过程	工程量
1	C30 混凝土旋挖钻孔灌注桩	m^3		
2	C15 混凝土筏板基础垫层	m^3		
3	C30 混凝土筏板基础	m^3		
4	C30 混凝土 FB 辅助侧板	m^3		
5	灌注桩钢筋笼	t		

续表

序号	项目名称	单位	计算过程	工程量
6	筏板基础钢筋	t		
7	FB 辅助侧板钢筋	t		
8	混凝土垫层模板	m^2		
9	筏板基础模板	m^2		
10	FB 辅助侧板模板	m^2		

2. 根据问题 1 的计算结果，以及表 3-41 中给定的信息，按照《建设工程工程量清单计价规范》GB 50500 的要求，在表 3-41 中，编制该烟囱钢筋混凝土基础分部分项工程和单价措施项目清单与计价表。

分部分项工程和单价措施项目清单与计价表　　　　**表 3-41**

序号	项目名称	项目特征	计量单位	工程量	金额（元）	
					综合单价	合价
1	C30 混凝土旋挖钻孔灌注桩	C30，成孔、混凝土浇筑	m^3		1120.00	
2	C15 混凝土筏板基础垫层	C15，混凝土浇筑	m^3		490.00	
3	C30 混凝土筏板基础	C30，混凝土浇筑	m^3		680.00	
4	C30 混凝土 FB 辅助侧板	C30，混凝土浇筑	m^3		695.00	
5	灌注桩钢筋笼	HRB400	t		5800.00	
6	筏板基础钢筋	HRB400	t		5750.00	
7	FB 辅助侧板钢筋	HRB400	t		5750.00	
小计			元			
8	混凝土垫层模板	垫层模板	m^2		28.00	
9	筏板基础模板	筏板模板	m^2		49.00	
10	FB 辅助侧板模板	FB 辅助侧板模板	m^2		44.00	
11	基础满堂脚手架	钢管	t	256.00	73.00	
12	大型机械进出场及安拆		台次	1.00	28000.00	
小计			元			
分部分项工程及单价措施项目合计			元			

3. 假定该整体烟囱分部分项工程费为 2000000.00 元；单价措施项目费为 150000.00 元，总价措施项目仅考虑安全文明施工费，安全文明施工费按分部分项工程费的 3.5%计取；其他项目考虑基础基坑开挖的土方、护坡、降水专业工程暂估价为 110000.00 元（另计 5%总承包服务费）；人工费占比分别为分部分项工程费的 8%、措施项目费的 15%；规费按照人工费的 21%计取，增值税率按 9%计取。按《建设工程工程量清单计价规范》GB 50500 的要求，列式计算安全文明施工费、措施项目费、人工费、总承包服务费、规费、增值税；

并在表3-42中编制该钢筋混凝土多管式（钢内筒）烟囱单位工程最高投标限价。

单位工程最高投标限价汇总表 表3-42

序号	汇总内容	金额（元）	其中暂估价（元）
1	分部分项工程费		
2	措施项目费		
2.1	其中：安全文明施工费		
3	其他项目费		
3.1	其中：专业工程暂估价		
3.2	其中：总承包服务费		
4	规费（人工费21%）		
5	增值税9%		
总价合计=1+2+3+4+5			

（上述问题中提及的各项费用均不包含增值税可抵扣进项税额。所有计算结果均保留两位小数）

【参考答案】

1. 见表3-43。

工程量计算表 表3-43

序号	项目名称	单位	计算过程	工程量
1	C30混凝土旋挖钻孔灌注桩	m^3	$3.14\times(0.8/2)^2\times12\times25=150.72$	150.72
2	C15混凝土筏板基础垫层	m^3	$(14.4+0.1\times2)\times(14.4+0.1\times2)\times0.1=21.32$	21.32
3	C30混凝土筏板基础	m^3	$14.4\times14.4\times(4-2.5)=311.04$	311.04
4	C30混凝土FB辅助侧板	m^3	$[(0.6+0.6+1.3)\times1.5/2+(0.6+1.3)\times0.8]\times0.5\times8=13.58$ 或$[(0.8+1.5)\times(0.6+1.3)-0.5\times1.5\times1.3]\times0.5\times8=13.58$	13.58
5	灌注桩钢筋笼	t	$150.72\times49.28/1000=7.43$	7.43
6	筏板基础钢筋	t	$311.04\times63.50/1000=19.75$	19.75
7	FB辅助侧板钢筋	t	$13.58\times82.66/1000=1.12$	1.12
8	混凝土垫层模板	m^2	$(14.4+0.1\times2)\times4\times0.1=5.84$	5.84
9	筏板基础模板	m^2	$14.4\times4\times1.5=86.40$	86.40
10	FB辅助侧板模板	m^2	$\{[(0.6+0.6+1.3)\times1.5/2+(0.6+1.3)\times0.8]\times2+0.5\times0.6+(1.3^2+1.5^2)^{0.5}\times0.5\}\times8=64.66$	64.66

2. 见表 3-44。

分部分项工程和单价措施项目清单与计价表　　表 3-44

序号	项目名称	项目特征	计量单位	工程量	金额（元）	
					综合单价	合价
1	C30 混凝土旋挖钻孔灌注桩	C30，成孔、混凝土浇筑	m^3	150.72	1120.00	168806.40
2	C15 混凝土筏板基础垫层	C15，混凝土浇筑	m^3	21.32	490.00	10446.80
3	C30 混凝土筏板基础	C30，混凝土浇筑	m^3	311.04	680.00	211507.20
4	C30 混凝土 FB 辅助侧板	C30，混凝土浇筑	m^3	13.58	695.00	9438.10
5	灌注桩钢筋笼	HRB400	t	7.43	5800.00	43094.00
6	筏板基础钢筋	HRB400	t	19.75	5750.00	113562.50
7	FB 辅助侧板钢筋	HRB400	t	1.12	5750.00	6440.00
小计			元			563295.00
8	混凝土垫层模板	垫层模板	m^2	5.84	28.00	163.52
9	筏板基础模板	筏板模板	m^2	86.40	19.00	4233.60
10	FB 辅助侧板模板	FB 辅助侧板模板	m^2	64.66	44.00	2845.04
11	基础满堂脚手架	钢管	m^2	256.00	73.00	18688.00
12	大型机械进出场及安拆		台次	1.00	28000.00	28000.00
小计			元			53930.16
分部分项工程及单价措施项目合计			元			617225.16

3.（1）安全文明施工费：2000000.00×3.5%＝70000.00（元）

（2）措施项目费：150000.00+70000.00＝220000.00（元）

（3）人工费：2000000.00×8%+220000.00×15%＝193000.00（元）

（4）总承包服务费：110000.00×5%＝5500.00（元）

（5）规费：193000.00×21%＝40530.00（元）

（6）增值税：（2000000.00＋220000.00＋110000.00＋5500.00＋40530.00）×9%＝213842.70（元）

单位工程最高投标限价汇总表　　表 3-45

序号	汇总内容	金额（元）	其中暂估价（元）
1	分部分项工程费	2000000.00	
2	措施项目费	220000.00	
2.1	其中：安全文明施工费	70000.00	
3	其他项目费	115500.00	
3.1	其中：专业工程暂估价	110000.00	
3.2	其中：总承包服务费	5500.00	
4	规费（人工费 21%）	40530.00	
5	增值税 9%	213842.70	
最高投标限价总价＝1+2+3+4+5		2589872.70	

试题六（旋喷桩与地下连续墙计量与计价）

某城市双向5.60km长距离地下隧道工程采用盾构机掘进施工。

其中以地下连续墙为主体结构的工作施工图和相关参数如图3-40所示。工程造价咨询公司编制的该地下连续墙工程施工图招标控制价相关分部分项工程项目清单编码及综合单价见表3-46。

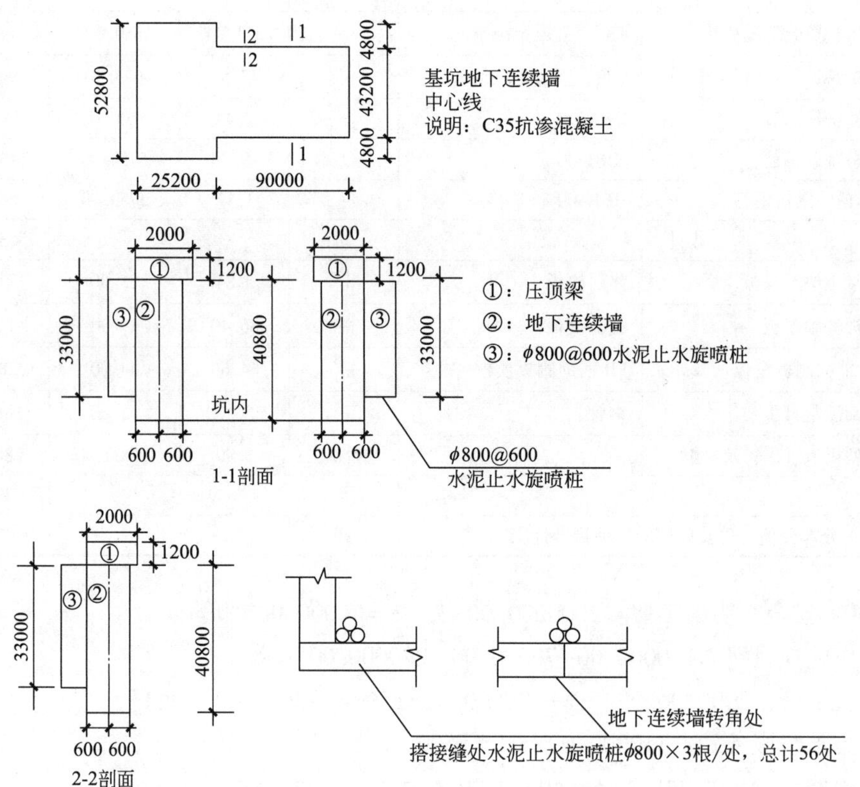

图3-40 以地下连续墙为主体结构的工作施工图

地下连续墙分部分项工程项目清单编码及综合单价表 表3-46

序号	项目编码	项目名称	项目特征	计量单位	综合单价（元）
1	010202001001	钢筋混凝土地下连续墙	预制导墙，C35预拌抗渗混凝土，墙厚1200mm，每幅宽6000mm，成槽深40.80m	m^3	1582.00
2	010201012001	ϕ800水泥止水旋喷桩	直径ϕ800，M42.5水泥浆，每个接缝处3根，桩中心间距600mm，桩深33.00mm	m	655.00

续表

序号	项目编码	项目名称	项目特征	计量单位	综合单价（元）
3	010501003001	钢筋混凝土连续墙顶压梁	C40 预拌补偿收缩混凝土，沿连续墙顶通长设置，梁截面 2000mm×1200mm	m^3	711.00
4	010515004001	地下连续墙钢筋笼制作安装	钢筋 HRB400	t	8247.00
5	010515001001	连续墙压顶梁钢筋制作绑扎	钢筋 HRB400	t	7594.00

【问题】

1. 根据施工图 3-40 所示内容和相关数据及已知信息，按《房屋建筑与装饰工程工程量计算规范》GB 50854 的计算规则，在表 3-47 中列式计算该盾构施工钢筋混凝土地下连续墙、ϕ800 水泥止水旋喷桩、钢筋混凝土连续墙顶压梁、钢筋混凝土连续墙及墙顶压梁的钢筋等实体工程分部分项工程量。已知地下连续墙的钢筋含量为其体积的 79.76kg/m^3，墙顶压梁的钢筋含量为其体积的 106.54kg/m^3。

实体工程分部分项工程量计算表　　**表 3-47**

序号	项目名称	单位	计算过程	计算结果
1	钢筋混凝土地下连续墙			
2	ϕ800 水泥止水旋喷桩			
3	钢筋混凝土连续墙顶压梁			
4	地下连续墙钢筋笼制作安装			
5	连续墙顶压梁钢筋制作绑扎			

2. 根据问题 1 的计算结果和表 3-47 已知数据，按《房屋建筑与装饰工程工程量计算规范》GB 50854 及《建设工程工程量清单计价规范》GB 50500 的计算规则，在表 3-48 中编制该盾构施工地下连续墙土建实体分部分项工程和单价措施项目清单招标控制价（已知相关墙顶压梁模板及支撑、满堂脚手架、大型机械进出场、垂直运输等单价措施项目费为 1470000.00 元）。

地下连续墙土建实体分部分项工程和单价措施项目清单　　**表 3-48**

序号	项目编码	项目名称	项目特征	计量单位	工程量	金额（元）	
						综合单价	合价
一、分部分项工程							
1	010202001001	钢筋混凝土地下连续墙	C35 预拌抗渗混凝土				
2	010201012001	ϕ800 水泥止水旋喷桩	M42.5 水泥浆				

续表

序号	项目编码	项目名称	项目特征	计量单位	工程量	金额（元）	
						综合单价	合价
一、分部分项工程							
3	010518008001	钢筋混凝土连续墙顶压梁	C40 补偿收缩混凝土				
4	010549006001	地下连续墙钢筋笼制作安装	HRB400 HPB335				
5	010526004001	连续墙顶压梁钢筋制作绑扎	HRB400 HPB335				
分部分项工程小计				元			
二、单价措施项目							
1	019408060001	模板、脚手架等四项单价措施	—	项	—	—	
单价措施项目小计				元			
分部分项工程和单价措施项目合计				元			

3. 安全文明施工费按分部分项工程费（其中材料暂估价 9951.00 元）的 3.6%，人工费为分部分项工程费及措施项目费的 8%，招标文件中列明基坑监测设施暂列金额 250000.00 元，基坑土方挖运专业工程暂估价 8120000.00 元，基坑降水工程暂估价 1300000.00 元，总承包服务费按专业工程暂估价计取 4%，规费按人工费计取 21%，增值税率为 9%，根据问题 1、问题 2 的计算结果计算地下连续墙护坡工程安全文明施工费、措施项目费、人工费，并在表 3-49 中编制该盾构施工地下连续墙土建实体招标控制价汇总表。

招标控制价汇总表 表 3-49

序号	汇总内容	金额	其中：材料暂估价（元）
1	分部分项工程费		
2	措施项目费		
2.1	其中：安全文明施工费		
3	其他项目费		
3.1	基坑监测设施暂列金额		
3.2	基坑土方挖运专业工程暂估价		
3.3	基坑降水专业工程暂估价		
3.4	总承包服务费		
4	规费		
5	税金		
单位工程招标控制价合价			

4. 根据问题 1 的计算结果和表 3-50 已知数据，计算盾构施工工程施工图招标控制价。

盾构施工工作井单项工程施工图招标控制价汇总表 表 3-50

序号	单项工程名称	金额（元）	其中（元）		
			暂估价	安全文明施工费	规费
1	工作井护坡土方降水单位工程				
2	钢筋混凝土支撑系统单位工程	5280000.00	—	16000.00	69000.00
3	钢结构支撑系统单位工程	4500000.00	—	135000.00	56000.00
单项工程招标控制价合计					

【问题】

1. 见表 3-51。

实体工程分部分项工程量计算表 表 3-51

序号	项目名称	单位	计算过程	计算结果
1	钢筋混凝土地下连续墙	m^3	40.8×1.2×6×56＝16450.56	16450.56
2	ϕ800 水泥止水旋喷桩	m	33×3×56＝5544.00	5544.00
3	钢筋混凝土连续墙顶压梁	m^3	1.2×2×(52.8－0.8＋115.2－0.8)×2＝798.72	798.72
4	地下连续墙钢筋笼制作安装	t	79.76×16450.56/1000＝1312.10	1312.10
5	连续墙顶压梁钢筋制作绑扎	t	106.54×798.72/1000＝85.10	85.10

2. 见表 3-52。

地下连续墙土建实体分部分项工程和单价措施项目清单 表 3-52

序号	项目编码	项目名称	项目特征	计量单位	工程量	金额（元）	
						综合单价	合价
一、分部分项工程							
1	010202001001	钢筋混凝土地下连续墙	C35 预拌抗渗混凝土	m^3	16450.56	1582.00	26024785.92
2	010201012001	ϕ800 水泥止水旋喷桩	M42.5 水泥浆	m	5544.00	655.00	3631320.00
3	010518008001	钢筋混凝土连续墙顶压梁	C40 补偿收缩混凝土	m^3	798.72	711.00	567889.92
4	010549006001	地下连续墙钢筋笼制作安装	HRB400 HPB335	t	1312.10	8247.00	10820888.70
5	010526004001	连续墙顶压梁钢筋制作绑扎	HRB400 HPB335	t	85.10	7594.00	646249.40
分部分项工程小计				元		41691133.94	
二、单价措施项目							
1	019408060001	模板、脚手架等四项单价措施	—	项	—	—	1470000.00
单价措施项目小计				元			1470000.00
分部分项工程和单价措施项目合计				元			43161133.94

3.（1）安全文明施工费：41691133.94×3.6%=1500880.82（元）；

（2）措施项目费：1470000.00+1500880.82=2970880.82（元）；

（3）人工费：（41691133.94+2970880.82）×8%=3572961.18（元）。

招标控制价汇总表　　表 3-53

序号	汇总内容	金额（元）	其中：材料暂估价（元）
1	分部分项工程费	41691133.94	9951.00
2	措施项目费	2970880.82	
2.1	其中：安全文明施工费	1500880.82	
3	其他项目费	10046800.00	
3.1	基坑监测设施暂列金额	250000.00	
3.2	基坑土方挖运专业工程暂估价	8120000.00	
3.3	基坑降水专业工程暂估价	1300000.00	
3.4	总承包服务费	376800.00	
4	规费	750321.85	
5	税金	4991322.30	
单位工程招标控制价合价		60450458.91	9951.00

4. 见表 3-54。

盾构施工工作井单项工程施工图招标控制价汇总表　　表 3-54

序号	单项工程名称	金额（元）	其中（元）		
			暂估价	安全文明施工费	规费
1	工作井护坡土方降水单位工程	60450458.91	9420000.00	1500880.82	750321.85
2	钢筋混凝土支撑系统单位工程	5280000.00	—	16000.00	69000.00
3	钢结构支撑系统单位工程	4500000.00	—	135000.00	56000.00
单项工程招标控制价合计		70230458.91	9420000.00	1651880.82	875321.85

试题七（设备基础计量与计价）

某旅游客运索道工程的上站设备基础施工图和相关参数如图 3-41 所示。根据招标方以招标图确定的工程量清单，承包方中标的“上站设备基础土建分部分项工程和单价措施项目清单与计价表”如表 3-55 所示，现场搅拌混凝土配合比如表 3-56 所示，该工程施工合同双方约定，施工图设计完成后，对该工程实体工程量按施工图重新计量调整，工程主要材料二次搬运费按现场实际情况及合理运输方案计算，土石方工程费用和单价措施费不做调整。

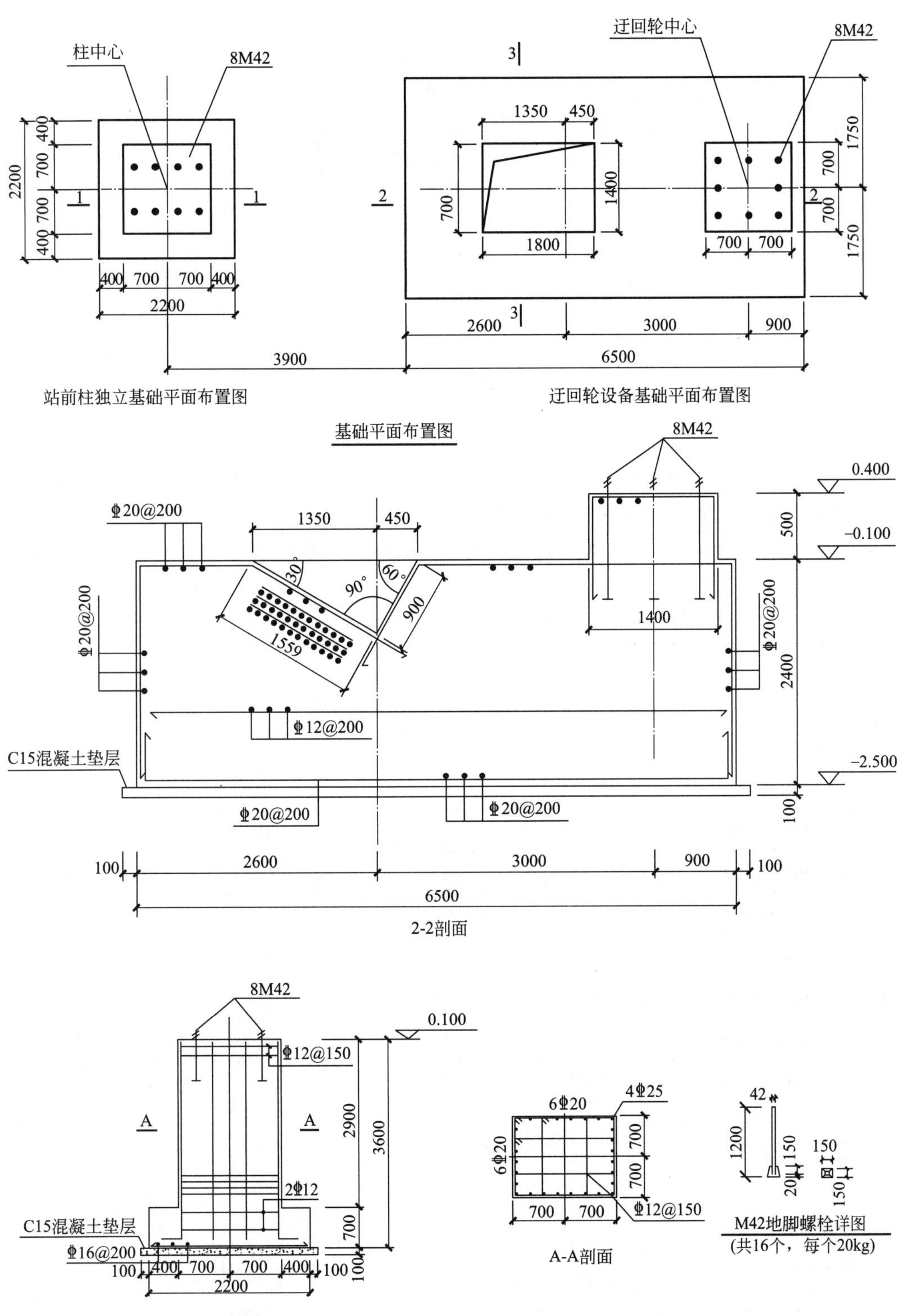

图 3-41　上站设备基础施工图（一）

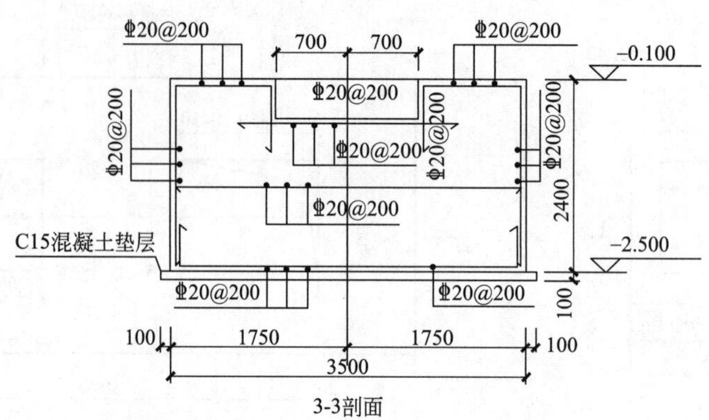

图 3-41　上站设备基础施工图（二）

说明：

1. 基础底部易坐落在强风化花岗岩上。
2. 基础考虑采用 C30 混凝土。钢筋采用 HRB400（Φ）。地脚螺栓采用 Q345B 钢。
3. 基础下设通用 100mm 厚 C15 混凝土垫层，各边宽出基础 100mm。
4. 基础应一次浇筑完毕，不留施工缝，施工完毕后应及时对肥槽回填至整平地面标高。

上站设备基础土建分部分项工程和单价措施项目清单与计价表　　表 3-55

序号	项目编码	项目名称	项目特征	计量单位	工程量	金额（元）	
						综合单价	合价
一、分部分项工程							
1	010101002001	开挖土方	挖运 1km 内	m^3	36.00	16.86	606.96
2	010102001001	开挖石方	挖运 1km 内	m^3	210.00	21.22	4456.20
3	010103002001	回填土石方	夯填	m^3	170.00	28.50	4845.00
4	010501001001	混凝土垫层	C15 混凝土	m^3	3.00	612.39	1837.17
5	010501003001	混凝土独立基础	C30 混凝土	m^3	9.00	719.98	6479.82
6	010501006001	混凝土设备基础	C30 混凝土	m^3	55.00	715.30	39341.50
7	010515001001	钢筋	制作绑扎	t	4.00	7876.41	31505.64
8	010516001001	地脚螺栓	制作安装	t	0.30	9608.33	2882.50
分部分项工程小计				元			91954.79
二、单价措施项目							
1	019408060001	模板、脚手架等四项单价措施	—	项	—	—	38000.00
单价措施项目小计				元			38000.00
分部分项工程和单价措施项目合计				元			129954.79

现场搅拌混凝土配合比（单位：m^3） 表 3-56

序号	混凝土强度等级	主要材料用量（kg）				备注
		32.5 级水泥	42.5 级水泥	中粗砂	碎石	
1	C15	290.00		730.00	1230.00	
2	C30		350.00	670.00	1200.00	

【问题】

1. 依据图 3-41 所示和《房屋建筑与装饰工程工程量计算规范》GB 50854，完成表 3-57 工程量计算（独立基础钢筋含量为 56.4kg/m^3，设备基础钢筋含量为 63.66kg/m^3）。

工程量计算表 表 3-57

序号	项目名称	单位	计算过程	计算结果
1	C15 混凝土垫层	m^3		
2	C30 钢筋混凝土站前柱独立基础	m^3		
3	C30 钢筋混凝土迂回轮设备基础	m^3		
4	钢筋	t		
5	YKT 地脚螺栓	t		

2. 结合案例背景和问题 1 计算结果，完成表 3-58 编制。

上站设备基础土建分部分项工程和单价措施项目清单与计价表 表 3-58

序号	项目编码	项目名称	项目特征	计量单位	工程量	金额（元）	
						综合单价	合价
一、分部分项工程							
1	010101002001	开挖土方	挖运 1km 内	m^3			
2	010102001001	开挖石方	挖运 1km 内	m^3			
3	010103002001	回填土石方	夯填	m^3			
4	010501001001	混凝土垫层	C15 混凝土	m^3			
5	010501003001	混凝土独立基础	C30 混凝土	m^3			
6	010501006001	混凝土设备基础	C30 混凝土	m^3			
7	010515001001	钢筋	制作绑扎	t			
8	010516001001	地脚螺栓	制作安装	t			
分部分项工程小计				元			
二、单价措施项目							
1	019408060001	模板、脚手架等四项单价措施	—	项	—	—	
单价措施项目小计				元			
分部分项工程和单价措施项目合计				元			

3. 材料二次搬运费单价如下：水泥 210. 00 元/t，中粗砂 160. 00 元/t，碎石 160. 00 元/t，钢材 800. 00 元/t。材料损耗率：混凝土 1. 5%，钢材 3%。完成二次搬运费用汇总表（表 3-59）。

二次搬运费用汇总表　　表 3-59

序号	材料名称	单位	材料用量计算过程	计算结果	二次搬运费单价（元/t）	二次搬运费合价（元）
1	水泥	t				
2	中粗砂	t				
3	碎石	t				
4	钢材	t				
合计		元				

4. 单价措施费没有变化，安全文明施工费是分部分项工程费的 6%，人工费占分部分项和措施项目费的 23%，规费是分部分项和措施项目人工费的 19%，增值税率为 9%，完成索道上站设备基础土建单位工程施工图调整价汇总表（表 3-60）。

索道上站设备基础土建单位工程施工图调整价汇总表　　表 3-60

序号	汇总内容	金额（元）	其中：暂估价（元）
1	分部分项工程费		
2	措施项目费		
2. 1	其中：安全文明施工费		
3	其他项目费		
4	规费		
5	税金		
施工图调整造价合计			

（计算结果以“元”为单位，保留小数点后两位）

【参考答案】

1. 见表 3-61。

工程量计算表　　表 3-61

序号	项目名称	单位	计算过程	计算结果
1	C15 混凝土垫层	m^3	2. 4×2. 4×0. 1+6. 7×3. 7×0. 1＝3. 06	3. 06
2	C30 钢筋混凝土站前柱独立基础	m^3	2. 2×2. 2×0. 7+1. 4×1. 4×2. 9＝9. 07	9. 07
3	C30 钢筋混凝土迂回轮设备基础	m^3	6. 5×3. 5×2. 4+1. 4×1. 4×0. 5−1. 559×0. 9/2×1. 4＝54. 60	54. 60
4	钢筋	t	（9. 07×56. 4+63. 66×54. 60）/1000＝3. 99	3. 99
5	YKT 地脚螺栓	t	16×20/1000＝0. 32	0. 32

2. 见表3-62。

上站设备基础土建分部分项工程和单价措施项目清单与计价表 表3-62

序号	项目编码	项目名称	项目特征	计量单位	工程量	金额（元）	
						综合单价	合价
一、分部分项工程							
1	010101002001	开挖土方	挖运1km内	m^3	36.00	16.86	606.96
2	010102001001	开挖石方	挖运1km内	m^3	210.00	21.22	4456.20
3	010103002001	回填土石方	夯填	m^3	170.00	28.50	4845.00
4	010501001001	混凝土垫层	C15混凝土	m^3	3.06	612.39	1873.91
5	010501003001	混凝土独立基础	C30混凝土	m^3	9.07	719.98	6530.22
6	010501006001	混凝土设备基础	C30混凝土	m^3	54.60	715.30	39055.38
7	010515001001	钢筋	制作绑扎	t	3.99	7876.41	31426.88
8	010516001001	地脚螺栓	制作安装	t	0.32	9608.33	3074.67
分部分项工程小计				元			91869.22
二、单价措施项目							
1	019408060001	模板、脚手架等四项单价措施	—	项	—	—	38000.00
单价措施项目小计				元			38000.00
分部分项工程和单价措施项目合计				元			129869.22

3. 见表3-63。

二次搬运费用汇总表 表3-63

序号	材料名称	单位	材料用量计算过程	计算结果	二次搬运费单价（元/t）	二次搬运费合价（元）
1	水泥	t	0.29×3.06×1.015+(9.07+54.6)×0.35×1.015=23.52	23.52	210.00	4939.20
2	中粗砂	t	0.73×3.06×1.015+0.67×(9.07+54.6)×1.015=45.57	45.57	160.00	7291.20
3	碎石	t	1.23×3.06×1.015+1.2×(9.07+54.6)×1.015=81.37	81.37	160.00	13019.20
4	钢材	t	(3.99+0.32)×1.03=4.44	4.44	800.00	3552.00
合计		元				28801.60

4. 安全文明施工费：91869.22×6%=5512.15（元）；
措施项目费：38000+28801.60+5512.15=72313.75（元）；
人工费：(91869.22+72313.75)×23%=37762.08（元）。

索道上站设备基础土建单位工程施工图调整价汇总表　　表 3-64

序号	汇总内容	金额（元）	其中：暂估价（元）
1	分部分项工程费	91869.22	
2	措施项目费	72313.75	
2.1	其中：安全文明施工费	5512.15	
3	其他项目费		
4	规费	7174.80	
5	税金	15422.20	
施工图调整造价合计		186779.97	

Ⅱ安装工程计量典型计算规则

1. 设备和管道安装工程典型计算规则（表 3-65）

设备和管道安装工程典型计算规则　　表 3-65

给水排水、采暖、燃气 0310

（1）给水管道室内外界限划分：以建筑物外墙皮 1.5m 为界，入口处设阀门者以阀门为界。（2）排水管道室内外界限划分：以出户第一个排水检查井为界。（3）采暖管道室内外界限划分：以建筑物外墙皮 1.5m 为界，入口处设阀门者以阀门为界。（4）燃气管道室内外界限划分：地下引入室内的管道以室内第一个阀门为界，地上引入室内的管道以墙外三通为界。（5）医疗气体管道及附件，应按相关规范编码列项。

序号	项目名称	单位	特征	工作内容	备注
1	镀锌钢管、钢管、不锈钢管、铜管工程（给水排水、采暖、燃气工程）	m；不扣除阀门、管件（包括减压器、疏水器、水表、伸缩器等组成安装）及附属构筑物所占长度；方形补偿器以其所占长度列入管道安装工程量	①安装部位（室内、外）； ②介质； ③规格、压力等级； ④连接方式； ⑤压力试验及吹、洗设计要求； ⑥警示带形式	①管道安装；②管件制作、安装；③压力试验；④吹扫、冲洗；⑤警示带铺设	套管单独列项；管件不单独列项；排水管道安装包括立管检查口、透气帽。塑料管安装工作内容包括安装阻火圈
2	室外管道碰头	工程数量按设计图示以“处”计算	①介质； ②碰头形式； ③材质、规格； ④连接形式； ⑤防腐、绝热设计要求	①挖填工作坑或暖气沟拆除及修复； ②碰头； ③接口处防腐； ④接口处绝热及保护层	热源管道碰头每处包括供、回两个接口
3	管道支架 设备支架	按“kg”、套计量	①材质； ②管架形式	制作、安装	100kg 以上设备

续表

序号	项目名称	单位	特征	工作内容	备注
4	阀门、减压器、疏水器、除污器（过滤器）、补偿器、软接头、法兰、水表、倒流防止器、热量表、塑料排水管消声器、浮标液面计、浮漂水位标尺	“个”：阀门、补偿器、软接头、塑料排水管消声器； “组”：减压器、疏水器、除污器、水表、浮标液面计； 法兰有“副”“片”之分，分别适用于成对安装或单片安装的情况	①名称； ②材质； ③型号、规格； ④连接方式； ⑤焊接方法	安装（调试等）	法兰阀门安装包括法兰连接，不得另计，如仅为一侧法兰连接，特征应描述；减压器按照高压侧描述特征
5	卫生洁具	除小便槽冲洗管工程量是按设计图示长度以“m”计算外，其余分项清单项目的计量均按设计图示数量，分别以“组”“个”或“套”计算	材质；规格、类型；组装形式；附件名称、数量	器具和附件安装	附件指给水附件，包括水嘴、阀门、喷头等，排水配件包括存水弯、排水栓、下水口等以及配备的连接管
工业管道工程 0308，低压管道：$0<P\leqslant1.6$MPa；中压管道：1.6MPa$<P\leqslant$10MPa；高压管道：10MPa$<P\leqslant$42MPa，或蒸汽管道：$P\geqslant$9MPa 且工作温度高于或等于 500℃；工业管道界限划分，以设备、罐类外部法兰为界，或以建筑物、构筑物墙皮为界					
1	工业管道	m；管道工程量计算不扣除阀门、管件所占长度；室外埋设管道不扣除附属构筑物（井）所占长度；方形补偿器以其所占长度列入管道安装工程量	①材质；②规格；③连接方式、焊接方法；④压力试验、吹扫与清洗设计要求；⑤脱脂设计要求	①安装；②压力试验；③吹扫、冲洗；④脱脂	列项目区分压力等级
2	高、中、低压阀门	个	①名称； ②材质； ③型号、规格； ④连接方式； ⑤焊接方法	安装、壳体压力试验、解体检查及研磨、调试	减压阀直径按高压侧计算
3	支架	kg；单件支架质量有 100kg 以下和 100kg 以上时，应分别列项	①单件支架质量； ②材质； ③管架形式； ④支架衬垫材质； ⑤减震器形式及做法	制作、安装弹簧管件物理实验	给水排水可按数量或质量计算

续表

<table>
<tr><th>序号</th><th>项目名称</th><th>单位</th><th>特征</th><th>工作内容</th><th>备注</th></tr>
<tr><td>4</td><td>管件</td><td>个（弯头、三通、四通、异径管、管接头、管上焊接管接头、管帽、方形补偿器弯头、管道上仪表一次部件、仪表温度计扩大管制作安装）</td><td>①材质；
②规格；
③焊接方法；
④补强圈材质、规格</td><td>三通、补强圈制作安装</td><td>压力试验；吹扫、冲洗；脱脂，包括在管道中；三通、四通、异径管</td></tr>
<tr><td>5</td><td colspan="5">在主管上挖眼接管的三通和摔制异径管，均以主管径按管件安装工程量计算，不另计制作费和主材费；挖眼接管的三通支线管径小于主管径 1/2 时，不计算管件安装工程量；在主管上挖眼接管的焊接接头、凸台等配件，按配件管径计算管件工程量；管件用法兰连接时执行法兰安装项目，管件本身不再计算安装工程量；
半加热外套管摔口后焊接在内套管上，每处焊口按一个管件计算；外套碳钢管如焊接不锈钢内套管时，焊口间需加不锈钢短管衬垫，每处焊口按两个管件计算。
阀门按材质、规格、型号、连接方式等计算，设计图示数量按“个”计算</td></tr>
<tr><td>6</td><td>高、中、低压法兰</td><td>副（片）</td><td>①材质；
②结构形式；
③型号、规格；
④连接形式；
⑤焊接方法</td><td>安装</td><td>配法兰的盲板不计安装工程量。焊接盲板（封头）按管件连接计算工程量</td></tr>
<tr><td colspan="6">板卷管和管件制作：根据材质、规格、焊接方法等，按设计图示质量以“t”计算。管件包括弯头、三通、异径管；异径管按大头口径计算，三通按主管口径计算。无损探伤、管材表面超声波探伤、磁粉探伤应根据项目特征（规格），按设计图示管材无损探伤长度以“m”为计量单位；或按管材表面探伤检测面积以“m²”计算。管道焊缝 X 光射线、γ 射线应根据项目特征（底片规格、管壁厚度），按规范或设计技术要求，以“张”或“口”计算。管道焊缝磁粉探伤、渗透探伤、焊口及其焊前焊后热处理，应根据规格、处理方法等特征，按规范或设计技术要求，以“张”或“口”计算。探伤项目包括固定探伤仪支架的制作、安装</td></tr>
<tr><td colspan="6">刷油、防腐蚀、绝热工程 0312</td></tr>
<tr><td>1</td><td>管道刷油</td><td>m；m^2</td><td>①除锈级别；
②油漆品种；
③涂刷遍数、漆膜厚度；
④标志色方式、品种</td><td>除锈、涂刷</td><td>变数</td></tr>
<tr><td>2</td><td>金属结构刷油</td><td>m^2；
kg</td><td>①除锈级别；
②油漆品种；
③结构类型；
④涂刷遍数、漆膜厚度</td><td>除锈、调配涂刷</td><td>变数</td></tr>
<tr><td>3</td><td>管道绝热</td><td>m^3
$V=\pi\cdot(D+1.033\delta)\cdot 1.033\delta\cdot L$</td><td>①绝热材料品种；
②绝热厚度；
③管道外径；
④软木品种</td><td>安装；软木制品安装</td><td>绝热和保护分别列项</td></tr>
<tr><td>4</td><td>管道保护层</td><td>$S=\pi\cdot(D+2.1\delta+0.0082)\cdot L$</td><td></td><td>安装</td><td></td></tr>
</table>

2. 电气自动化安装工程典型计算规则（表 3-66）

电气自动化安装工程典型计算规则　　表 3-66

序号	项目名称	单位	特征	工作内容	备注
1	配管	m，不扣除管路中间的接线箱（盒）、灯头盒、开关盒所占长度	①名称；②材质；③规格；④配置形式；⑤接地要求；⑥钢索材质、规格	①电线管路敷设；②钢索架设（拉紧装置安装）；③预留沟槽；④接地	线槽、桥架也是以长度计算
2	配线	m，以单线长度计算（含预留长度）	①名称；②配线形式；③型号；④规格；⑤材质；⑥配线部位；⑦配线线制；⑧钢索材质、规格	①配线；②钢索架设（拉紧装置安装）；③支持体（夹板、绝缘子、槽板等）安装	
3	电力电缆、控制电缆	m，以长度计算（含预留长度及附加长度）	①名称；②型号；③规格；④材质；⑤敷设方式、部位；⑥电压等级（kV）；⑦地形	①电缆敷设；②揭（盖）盖板	①电缆头；②扑沙、盖保护板单独列项
4	滑触线	m，以单相长度计算（含预留长度）	①名称；②型号；③规格；④材质；⑤支架形式、材质；⑥移动软电缆材质、规格、安装部位；⑦拉紧装置类型；⑧伸缩接头材质、规格	①滑触线安装；②滑触线支架制作安装；③拉紧装置及挂式支持器制作安装；④移动软电缆安装；⑤伸缩接头制作安装	
5	接地母线	m，以长度计算（含附加长度）	①名称；②材质；③规格；④安装部位；⑤安装形式	①接地母线制作、安装；②补刷（喷）油漆	避雷引下线、均压环、避雷网
6	配电箱	台	①名称；②型号；③规格；④基础形式、材质、规格；⑤接线端子材质、规格；⑥端子板外部接线材质、规格；⑦安装方式	①本体安装；②基础型钢制作、安装；③焊、压接线端子；④补刷（喷）油漆；⑤接地	插座箱：本体安装；接地；接线箱和接线盒只有本体安装
7	普通灯具	套	①名称；②型号；③规格；④类型	本体安装	
8	照明开关	个	①名称；②材质；③规格；④安装方式	①本体安装；②接线	
9	控制开关	个	①名称；②型号；③规格；④接线端子材质、规格；⑤额定电流（A）	本体安装；焊、压接线端子；接线	自动空气开关、刀型开关、铁壳开关、刀闸开关、组合控制开关、万能转换开关、风机盘管三速开关、漏电保护开关

续表

序号	项目名称	单位	特征	工作内容	备注
10	接线盒	个	①名称；②材质；③规格；④安装方式	本体安装	
11	接地极	根（块）	①名称；②材质；③规格；④土质；⑤基础接地形式	①接地极制作、安装；②基础接地网安装；③补刷（喷）油漆	
12	送配电系统调试	系统	①名称；②型号；③电压等级（kV）；④类型	系统调试	
13	接地装置	系统或组	①名称；②类别	接地电阻测试	
14	小电器（按钮、电笛、电铃等）	个（套、台）	①名称；②型号；③规格；④接线端子材质、规格	①本体安装；②焊、压接线端子；③接线	消防工程中按钮、消防警铃单列（无此项目）

3. 电气自动化安装工程预留及附加长度计算

如表 3-67、表 3-68 所示。

配线进入箱、柜、板的预留长度 **表 3-67**

序号	项目	预留长度（m）	说明
1	各种开关箱、柜、板	高+宽	盘面尺寸
2	单独安装（无箱、盘）的铁壳开关、闸刀开关、启动器、线槽进出线盒等	0.3	从安装对象中心算起
3	由地面管子出口引至动力接线箱	1.0	从管口计算
4	电源与管内导线连接（管内穿线与软、硬母线接点）	1.5	从管口计算
5	出户线	1.5	从管口计算

电缆敷设预留及附加长度 **表 3-68**

序号	项目	预留长度	说明
1	电缆敷设弛度、波形弯度、交叉	2.5%	按电缆全长计算
2	电缆进入建筑物	2.0m	规范规定最小值
3	电缆进入沟内或吊架时引上（下）预留	1.5m	规范规定最小值
4	变电所进线、出线	1.5m	规范规定最小值
5	电力电缆终端头	1.5m	检修余量最小值
6	电缆中间接头盒	两端各留 2.0m	检修余量最小值
7	电缆进出控制、保护屏及模拟盘、配电箱等	高+宽	按盘面尺寸
8	高压开关柜及低压配电盘、箱	2.0m	盘下进出线
9	电缆至电动机	0.5m	从电动机接线盒算起

续表

序号	项目	预留长度	说明
10	厂用变压器	3.0m	从地坪算起
11	电缆绕过梁柱等增加长度	按实际计算	按被绕物的断面情况计算增加长度
12	电梯电缆与电缆架固定点	每处 0.5m	规范规定最小值

典型案例母题 2 （管道和设备安装工程）

试题一（工业管道计量与计价）

1. 图 3-42 为某加压泵房工艺管道系统安装平面图。

2. 假设管道的清单工程量如下：

低压管道：ϕ325×8 管道 21m；中压管道：ϕ219×32 管道 32m，ϕ168×24 管道 23m，ϕ114×16 管道 7m。

3. 相关分部分项工程量清单统一项目编码见表 3-69。

统一项目编码 表 3-69

项目编码	项目名称	项目编码	项目名称
030801001	低压碳钢管	030810002	低压碳钢平焊法兰
030802001	中压碳钢管	030811002	中压碳钢对焊法兰

4. ϕ219×32 碳钢管道工程的相关定额见表 3-70。

ϕ219×32 碳钢管道工程相关定额 表 3-70

定额编号	项目名称	计量单位	安装基价（元）			未计价主材	
			人工费	材料费	机械费	单价	耗量
6-36	低压管道电弧焊安装	10m	672.80	80.00	267.00	6.5 元/m	9.38m
6-411	中压管道氩电联焊安装	10m	699.20	80.00	277.00	6.5 元/m	9.38m
6-2429	中压管道水压试验	100m	448.00	81.30	21.00		
11-33	管道喷砂除锈	100m	164.80	30.60	236.80	115.00 元/m^3	0.83m^3
11-474-477	氯磺化聚乙烯防腐	10m^2	309.4	39.00	112	22.00 元/kg	7.75kg
6-2483	管道空气吹扫	10m^2	169.60	120.00	28.00		
6-2476	管道水冲洗	10m^2	272.00	102.50	22.00	5.5 元/m^2	43.70m^2

该工程的人工单价为 80 元/工日，企业管理费和利润分别是人工费的 83% 和 35%。

【问题】

1. 按照图 3-42 所示内容，列式计算管道、管件安装项目的清单工程量。

2. 按照背景资料 2、3 给出的管道工程量、相关分部分项工程量清单统一编码，以及图 3-42 所示的管道安装技术要求和法兰数量，根据《通用安装工程工程量计算规范》

GB 50856、《建设工程工程量清单计价规范》GB 50500 规定，编制管道、法兰安装项目的分部分项工程量清单，填入表 3-71 中。

分部分项工程和单价措施项目清单与计价表 表 3-71

序号	项目编码	项目名称	项目特征描述	计量单位	工程量	金额（元）		
						综合单价	合价	其中：暂估价
1								
2								
3								
4								
5								
6								
或 5、6 合并								
7								
8								
或 7、8 合并								
本页小计								
合计								

3. 按照背景条件 4 中的相关定额，根据《通用安装工程工程量计算规范》GB 50856、《建设工程工程量清单计价规范》GB 50500 规定，编制 $\phi 219\times32$ 管道（单重 147.5kg/m）安装分部分项工程量清单"综合单价分析表"，填入表 3-72 中。（数量栏保留三位小数，其余保留两位小数）

综合单价分析表 表 3-72

项目编码		项目名称		计量单位		工程量	

清单综合单价组成明细											
定额编号	定额项目名称	定额单位	数量	单价（元）				合价（元）			
				人工费	材料费	机械费	管理费和利润	人工费	材料费	机械费	管理费和利润
人工单价		小计									
80 元/工日		未计价材料费（元）									
清单项目综合单价（元）											

续表

材料费明细	主要材料名称、规格、型号	单位	数量	单价（元）	合计（元）	暂估单价（元）	暂估合计（元）
	其他材料费			—		—	
	材料费小计			—		—	

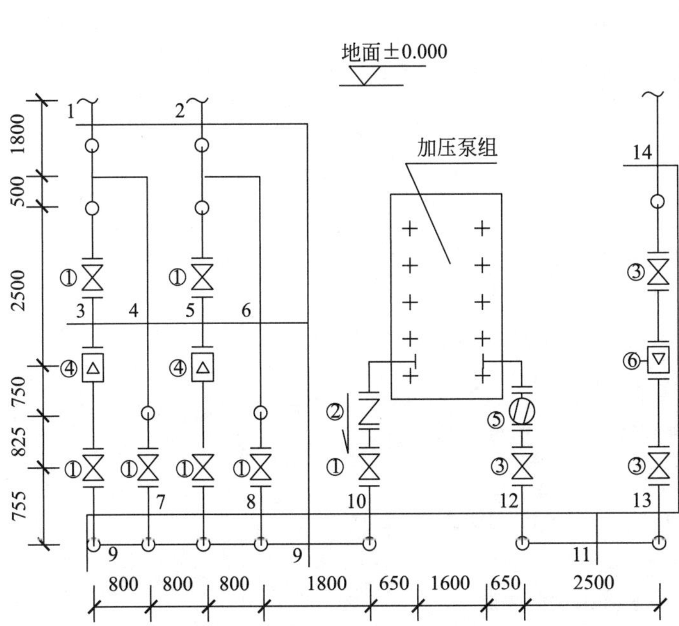

说明：
1. 本图为某加压泵房站工艺管道系统安装图。标高以“m”计，其余尺寸均以“mm”计。
2. 管道材质为20°碳钢无缝钢管，管件为成品；法兰：进口管段为低压碳钢平焊法兰，出口管段为中压碳钢对焊法兰。均为氩电联焊。
3. 管道水压强度及严密性试验合格后，压缩空气吹扫。
4. 地上管道外壁喷砂除锈、氯磺化聚乙烯防腐；地下管道外壁喷砂除锈、聚乙烯粘胶带防腐。

编号	名称型号及规格	单位	数量
⑥	流量计DN300	台	1
⑤	过滤器DN300	台	1
④	流量计DN200	台	2
③	阀门Z41H-15C DN300	个	3
②	阀门H41H-40C DN200	个	1
①	阀门Z41H-40C DN200	个	7

设备材料表

序号	管线规格	相对标高
14	$\phi325\times8$	−2.000
12、13	$\phi325\times8$	+1.000
11	$\phi325\times8$	−1.000
10	$\phi219\times32$	+1.000
9	$\phi219\times32$	−1.000
7、8	$\phi219\times32$	+1.000
4、6	$\phi219\times32$	−1.000
3、5	$\phi219\times32$	+1.000
1、2	$\phi219\times32$	−2.000

图 3-42　某加压泵房工艺管道系统安装平面图

【参考答案】

1. （1）$\phi325\times8$ 碳钢管道工程量计算式：

地下：1.8+0.5+2.0+1.0+2.5+1.0=8.8（m）；

地上：1.0+2.5+0.75+0.825+0.755+1.0+1.0+0.75+0.825+0.755+0.65=10.81（m）；

合计：8.8+10.81=19.61（m）。

（2）ϕ219×32碳钢管道工程量计算式：

地下：（1.8+0.5+1.0+1.0）×2+（0.8+0.5+2,5+0.75+1.0）×2+0.8×3+1.8+1.0×5=28.90（m）；

地上：（1.0+2.5+0.75+0.825+0.755+1.0）×2+（1.0+0.825+0.755+1.0）×2+1.0+0.825+0.755+0.75+0.65=24.80（m）；

合计：28.90+24.80=53.70（m）。

（3）管件工程量计算式：

DN300：弯头2+2+2+1=7（个）；

DN200：弯头（2+2）×2+（1+2）×2+1×4+1+2+1=22（个）；

三通：1×2+1×3=5（个）。

2. 参见表3-73。

分部分项工程和单价措施项目清单与计价表 表3-73

序号	项目编码	项目名称	项目描述特征	计量单位	工程量	金额（元）		
						综合单价	合价	其中：暂估价
1	030801001001	低压碳钢管	ϕ325×8、20号碳钢管、氩电联焊、水压试验、空气吹扫	m	21			
2	030802001001	中压碳钢管	ϕ219×32、20号碳钢、氩电联焊、水压试验、空气吹扫	m	32			
3	030802001002	中压碳钢管	ϕ168×24、20号碳钢、氩电联焊、水压试验、空气吹扫	m	23			
4	030802001003	中压碳钢管	ϕ114×16、20号碳钢、氩电联焊、水压试验、空气吹扫	m	7			
5	030810002001	低压焊接法兰	DN300 1.6MPa 碳钢 平焊	副	5			
6	030810002002	低压焊接法兰	DN300 1.6MPa 碳钢 平焊	片	1			
或5、6合并	030810002001	低压焊接法兰	DN300 1.6MPa 碳钢 平焊	副（片）	5.5			
7	030811002001	中压焊接法兰	DN200 4.0MPa 碳钢 对焊	副	10			
8	030811002002	中压焊接法兰	DN200 4.0MPa 碳钢 对焊	片	1			
或7、8合并	030811002001	中压焊接法兰	DN200 4.0MPa 碳钢 对焊	副（片）	10.5（21）			
本页小计								
合计								

3. 参见表3-74。

综合单价分析表　　　　表3-74

<table>
<tr><td>项目编码</td><td colspan="2">030802001001</td><td colspan="2">项目名称</td><td colspan="3">ϕ219×32 中压管道</td><td>计量单位</td><td>m</td><td>工程量</td><td>32</td></tr>
<tr><td colspan="12">清单综合单价组成明细</td></tr>
<tr><td rowspan="2">定额编号</td><td rowspan="2">定额项目名称</td><td rowspan="2">定额单位</td><td rowspan="2">数量</td><td colspan="4">单价（元）</td><td colspan="4">合价（元）</td></tr>
<tr><td>人工费</td><td>材料费</td><td>机械费</td><td>管理费和利润</td><td>人工费</td><td>材料费</td><td>机械费</td><td>管理费和利润</td></tr>
<tr><td>6-411</td><td>中压管道氩电联焊安装</td><td>10m</td><td>0.100</td><td>699.20</td><td>80.00</td><td>277.00</td><td>825.06</td><td>69.92</td><td>8.00</td><td>27.70</td><td>82.51</td></tr>
<tr><td>6-2429</td><td>中压管道水压试验</td><td>100m</td><td>0.010</td><td>448.00</td><td>81.30</td><td>21.00</td><td>528.64</td><td>4.48</td><td>0.81</td><td>0.21</td><td>5.29</td></tr>
<tr><td>6-2483</td><td>管道空气吹扫</td><td>100m</td><td>0.010</td><td>169.60</td><td>120.00</td><td>28.00</td><td>200.13</td><td>1.70</td><td>1.20</td><td>0.28</td><td>2.00
(2.01)</td></tr>
<tr><td colspan="3">人工单价</td><td colspan="5">小计</td><td>76.10</td><td>10.01</td><td>28.19</td><td>89.80
(89.81)</td></tr>
<tr><td colspan="3">80元/工日</td><td colspan="5">未计价材料费</td><td colspan="4">899.31</td></tr>
<tr><td colspan="8">清单项目综合单价</td><td colspan="4">1103.41（或1103.42）</td></tr>
<tr><td rowspan="7">材料费明细</td><td colspan="3">主要材料名称、规格、型号</td><td colspan="2">单位</td><td colspan="2">数量</td><td>单价（元）</td><td>合计（元）</td><td>暂估单价（元）</td><td>暂估合计（元）</td></tr>
<tr><td colspan="3">ϕ219×32 钢管</td><td colspan="2">kg</td><td colspan="2">138.355</td><td>6.50</td><td>899.31</td><td></td><td></td></tr>
<tr><td colspan="3">或：ϕ219×32 钢管</td><td colspan="2">m</td><td colspan="2">0.938</td><td>958.75</td><td>899.31</td><td></td><td></td></tr>
<tr><td colspan="3"></td><td colspan="2"></td><td colspan="2"></td><td></td><td></td><td></td><td></td></tr>
<tr><td colspan="3"></td><td colspan="2"></td><td colspan="2"></td><td></td><td></td><td></td><td></td></tr>
<tr><td colspan="7">其他材料费</td><td>—</td><td>10.01</td><td>—</td><td></td></tr>
<tr><td colspan="7">材料费小计</td><td>—</td><td>909.32</td><td>—</td><td></td></tr>
</table>

试题二（工业管道计量计价）

工程背景资料如下：

1. 图3-43为某泵房工艺及伴热管道系统部分安装图。

2. 假设管道安装工程的分部分项清单工程量如下：

ϕ325×8 低压管道 7m；ϕ273.1×7.1 中压管道 15m；ϕ108×4.5 管道 5m，其中低压

2m，中压 3m；ϕ89×4.5 管道 1.5m，ϕ60×4 管道 40m，均为中压。

3. 相关分部分项工程量清单统一项目编码见表 3-75。

统一项目编码　　表 3-75

项目编码	项目名称	项目编码	项目名称
030801001	低压碳钢管	030807003	低压法兰阀门
030802001	中压碳钢管	030808003	中压法兰阀门
030803001	高压碳钢管	030809002	高压法兰阀门
031201001	管道刷油	031208002	管道绝热

4. ϕ325×8 碳钢管道安装工程定额的相关数据见表 3-76。

ϕ325×8 碳钢管道安装工程定额相关数据　　表 3-76

定额编号	项目名称	单位	基价（元）			未计价主材	
			人工费	材料费	机械费	单价	耗用量
6-38	低压管道电弧焊安装	10m	244.32	54.67	223.20	6.50 元/kg	9.36m
6-56	低压管道氩电联焊安装	10m	262.03	63.02	257.60	6.50 元/kg	9.36m
6-413	中压管道氩电联焊安装	10m	341.38	88.66	321.86	6.50 元/kg	9.36m
6-2430	中低压管道水压试验	100m	623.35	204.60	24.62		
11-1	管道人工除锈	$10m^2$	27.15	6.76			
6-2477	管道水冲洗	100m	373.84	242.72	48.95		
6-2484	管道空气吹扫	100m	205.63	272.94	32.60		
11-51、11-52	管道刷红丹防锈漆二遍	$10m^2$	43.89	4.06			

该管道安装工程的管理费和利润分别按人工费的 20%和 10%计。

【问题】

1. 按照图 3-43 所示内容，列式计算管道、管件安装项目的分部分项清单工程量。

（注：其中伴热管道工程量计算，不考虑跨越三通、阀门处的煨弯增加量。图 3-43 中所标注伴热管道的标高、平面位置，按与相应油管道的标注等同计算）

2. 按照背景资料 2、3 中给出的管道工程量和相关分部分项工程量清单统一编码，以及图 3-43 的技术要求和所示阀门数量，根据《通用安装工程工程量计算规范》GB 50856 和《建设工程工程量清单计价规范》GB 50500 规定，编制管道、阀门安装项目的分部分项工程量清单，填入表 3-77 中。

分部分项工程和单价措施项目清单与计价表　　表 3-77

序号	项目编码	项目名称	项目特征描述	计量单位	工程量	金额（元）		
						综合单价	合价	其中：暂估价
1								
2								

续表

<table>
<tr><th rowspan="2">序号</th><th rowspan="2">项目编码</th><th rowspan="2">项目名称</th><th rowspan="2">项目特征描述</th><th rowspan="2">计量单位</th><th rowspan="2">工程量</th><th colspan="3">金额（元）</th></tr>
<tr><th>综合单价</th><th>合价</th><th>其中：暂估价</th></tr>
<tr><td>3</td><td></td><td></td><td></td><td></td><td></td><td></td><td></td><td></td></tr>
<tr><td>4</td><td></td><td></td><td></td><td></td><td></td><td></td><td></td><td></td></tr>
<tr><td>5</td><td></td><td></td><td></td><td></td><td></td><td></td><td></td><td></td></tr>
<tr><td>6</td><td></td><td></td><td></td><td></td><td></td><td></td><td></td><td></td></tr>
<tr><td>7</td><td></td><td></td><td></td><td></td><td></td><td></td><td></td><td></td></tr>
<tr><td>8</td><td></td><td></td><td></td><td></td><td></td><td></td><td></td><td></td></tr>
<tr><td>9</td><td></td><td></td><td></td><td></td><td></td><td></td><td></td><td></td></tr>
<tr><td>10</td><td></td><td></td><td></td><td></td><td></td><td></td><td></td><td></td></tr>
<tr><td>11</td><td></td><td></td><td></td><td></td><td></td><td></td><td></td><td></td></tr>
<tr><td colspan="6">本页小计</td><td colspan="3"></td></tr>
</table>

3. 按照背景资料 4 中的相关定额，根据《通用安装工程工程量计算规范》GB 50856 和《建设工程工程量清单计价规范》GB 50500 规定，编制 $\phi325\times8$ 低压管道（单重 62.54kg/m）安装分部分项工程量清单“综合单价分析表”，填入表 3-78 中。（计算结果保留两位小数）

综合单价分析表 **表 3-78**

<table>
<tr><td>项目编码</td><td colspan="2"></td><td colspan="2">项目名称</td><td colspan="2"></td><td>计量单位</td><td colspan="2"></td><td>工程量</td><td></td></tr>
<tr><td colspan="12">清单综合单价组成明细</td></tr>
<tr><td rowspan="2">定额编号</td><td rowspan="2">定额项目名称</td><td rowspan="2">定额单位</td><td rowspan="2">数量</td><td colspan="4">单价（元）</td><td colspan="4">合价（元）</td></tr>
<tr><td>人工费</td><td>材料费</td><td>机械费</td><td>管理费和利润</td><td>人工费</td><td>材料费</td><td>机械费</td><td>管理费和利润</td></tr>
<tr><td></td><td></td><td></td><td></td><td></td><td></td><td></td><td></td><td></td><td></td><td></td><td></td></tr>
<tr><td></td><td></td><td></td><td></td><td></td><td></td><td></td><td></td><td></td><td></td><td></td><td></td></tr>
<tr><td></td><td></td><td></td><td></td><td></td><td></td><td></td><td></td><td></td><td></td><td></td><td></td></tr>
<tr><td colspan="2">人工单价</td><td colspan="6">小计</td><td></td><td></td><td></td><td></td></tr>
<tr><td colspan="2"></td><td colspan="6">未计价材料费</td><td colspan="4"></td></tr>
<tr><td colspan="8">清单项目综合单价</td><td colspan="4"></td></tr>
<tr><td rowspan="6">材料费明细</td><td colspan="2">主要材料名称、规格、型号</td><td>单位</td><td>数量</td><td colspan="2">单价（元）</td><td colspan="2">合价（元）</td><td colspan="2">暂估单价（元）</td><td>暂估合价（元）</td></tr>
<tr><td colspan="2"></td><td></td><td></td><td colspan="2"></td><td colspan="2"></td><td colspan="2">—</td><td>—</td></tr>
<tr><td colspan="2"></td><td></td><td></td><td colspan="2"></td><td colspan="2"></td><td colspan="2">—</td><td>—</td></tr>
<tr><td colspan="2"></td><td></td><td></td><td colspan="2"></td><td colspan="2"></td><td colspan="2"></td><td></td></tr>
<tr><td colspan="4">其他材料费</td><td colspan="2">—</td><td colspan="2"></td><td colspan="2">—</td><td></td></tr>
<tr><td colspan="4">材料费小计</td><td colspan="2">—</td><td colspan="2"></td><td colspan="2">—</td><td></td></tr>
</table>

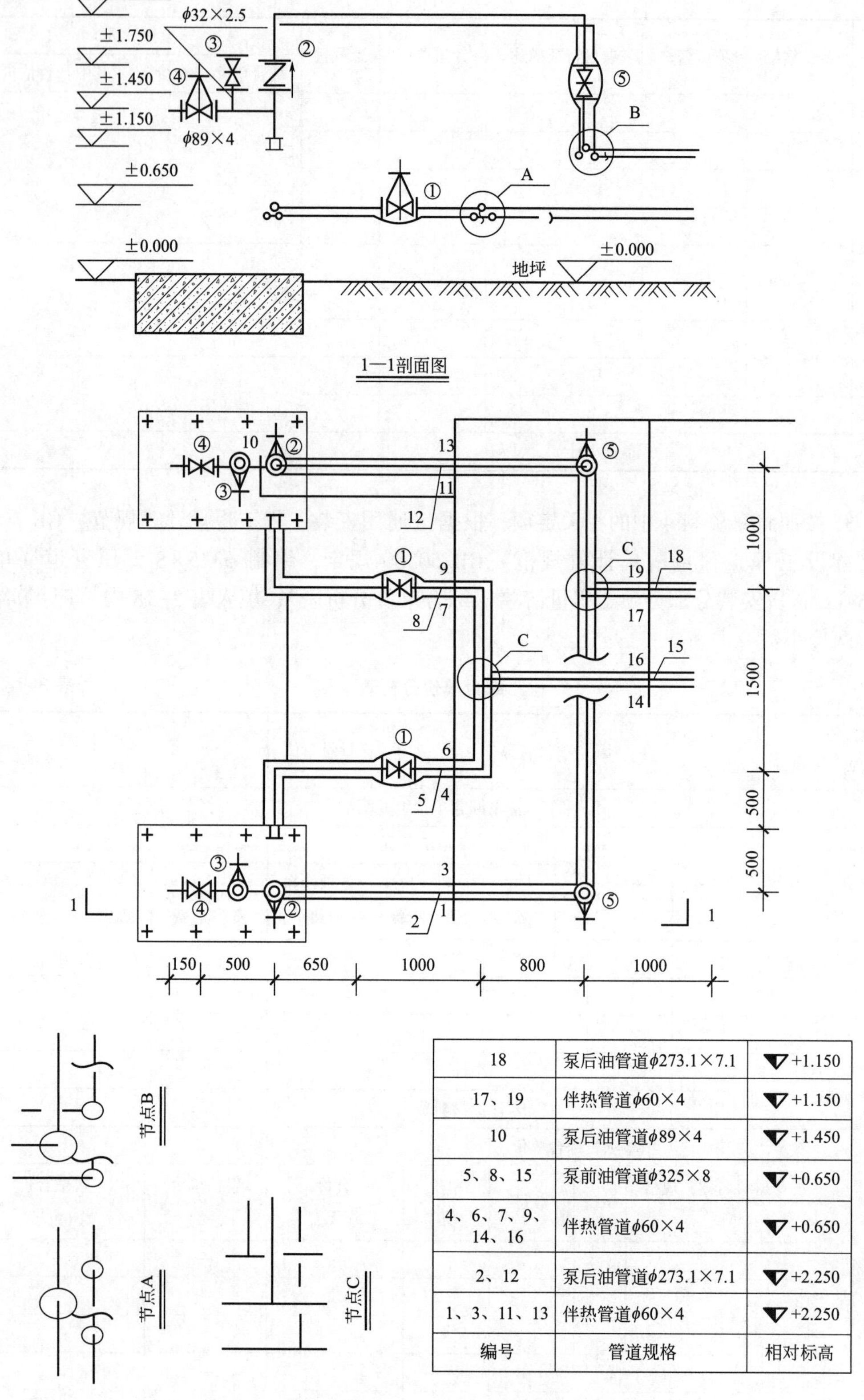

编号	管道规格	相对标高
18	泵后油管道φ273.1×7.1	▽+1.150
17、19	伴热管道φ60×4	▽+1.150
10	泵后油管道φ89×4	▽+1.450
5、8、15	泵前油管道φ325×8	▽+0.650
4、6、7、9、14、16	伴热管道φ60×4	▽+0.650
2、12	泵后油管道φ273.1×7.1	▽+2.250
1、3、11、13	伴热管道φ60×4	▽+2.250

图 3-43　某泵房工艺及伴热管道系统部分安装图

说明：

1. 本图为某泵房工艺及伴热管道系统部分安装图，标高以“m”计，其余尺寸均以“mm”计。

2. 管道材质为20号无缝钢管，管件均为成品，法兰为对焊法兰。焊接方式为氩电联焊。

3. 管道焊缝进行X光无损检验，水压强度和严密性试验合格后，压缩空气吹扫。

4. 伴热管用镀锌钢丝捆绑在油管道外壁上，水平管段捆绑在油管下部两侧。图中标注的伴热管道标高、平面位置为示意，可视为与相应油管道等同。

5. 管道就位后，其外壁进行人工除锈，再刷红丹防锈漆二遍。

6. 管线采用岩棉保温，保温层厚度有伴热管的为50mm，其他为30mm，玻璃布防潮，0.5mm厚铝皮保护。

7. 伴热管和泵后油管道设计压力为2.0MPa，泵前油管道压力为0.4MPa。

⑤	钢法兰闸阀 Z41H-25 DN250	个	2	
④	钢法兰闸阀 Z41H-25 DN80	个	2	
③	钢法兰闸阀 Z41H-25 DN20	个	2	接压力表
②	钢法兰止回阀 H44H-25 DN250	个	2	
①	钢法兰闸阀 Z41H-16C DN300	个	2	
编号	型号及规格	单位	数量	备注
设备材料表				

【参考答案】

1. （1）管道

1）ϕ325×8

低压管道：1+0.8+1.5+(1+0.65+0.5)×2=7.60（m）

2）ϕ273.1×7.1

中压管道：1+1+1.5+0.5+0.5+[(2.25−1.15)+(0.8+1+0.65)+(2.25−1.15)]×2=13.80（m）

3）ϕ89×4

中压管道：(0.15+0.5)×2=1.30（m）

4）60×4 中压管道：

泵后油管伴热管：

[1+1+1.5+0.5+0.5+(2.25−1.15)×2+(0.8+1+0.65)×2]×2=11.6×2=23.20（m）

泵前油管伴热管：

[1+0.8+1.5+(1+0.65+0.5)×2]×2=7.6×2=15.20（m）

小计：23.2+15.2=38.40（m）

5）ϕ32×2.5 中压管道：(1.75−1.45)×2=0.60（m）

（2）管件

1）DN300 低压：弯头4个

三通1个

2）DN250 中压：弯头 6 个

三通 3 个

3）DN80 中压：三通 2 个

4）DN50 中压：弯头(2×6)+(2×2+2×4)= 24（个）

三通(1+1)×2=4（个）

2. 参见表 3-79。

分部分项工程和单价措施项目清单与计价表 表 3-79

序号	项目编码	项目名称	项目特征描述	计量单位	工程量	金额（元）		
						综合单价	合价	其中：暂估价
1	030801001001	低压碳钢管	20 号钢无缝钢管、氩电联焊、水压试验、空气吹扫 φ325×8	m	7			
2	030801001002	低压碳钢管	20 号钢无缝钢管、氩电联焊、水压试验、空气吹扫 φ108×4.5	m	2			
3	030802001001	中压碳钢管	20 号钢无缝钢管、氩电联焊、水压试验、空气吹扫 φ273.1×7.1	m	15			
4	030802001002	中压碳钢管	20 号钢无缝钢管、氩电联焊、水压试验、空气吹扫 φ108×4.5	m	3			
5	030802001003	中压碳钢管	20 号钢无缝钢管、氩电联焊、水压试验、空气吹扫 φ89×4.5	m	1.50			
6	030802001004	中压碳钢管	20 号钢无缝钢管、氩电联焊、水压试验、空气吹扫 φ60×4	m	40			
7	030807003001	低压法兰阀门	钢法兰闸阀 Z41H-16C DN300	个	2			
8	030808003001	中压法兰阀门	钢法兰止回阀 H44H-25 DN250	个	2			
9	030808003002	中压法兰阀门	钢法兰闸阀 Z41H-25 DN250	个	2			
10	030808003003	中压法兰阀门	钢法兰闸阀 Z41H-25 DN80	个	2			
11	030808003004	中压法兰阀门	钢法兰闸阀 Z41H-25 DN20	个	2			
本页小计								

3. 参见表 3-80。

综合单价分析表 **表 3-80**

项目编码	030801001001	项目名称	低压碳钢管道 $\phi 325\times 8$			计量单位	m		工程量	1	
清单综合单价组成明细											
定额编号	定额项目名称	定额单位	数量	单价（元）				合价（元）			
				人工费	材料费	机械费	管理费和利润	人工费	材料费	机械费	管理费和利润
6-56	低压管道氩电联焊	10m	0.10	262.03	63.02	257.60	78.61	26.20	6.30	25.76	7.86
6-2430	水压试验	100m	0.01	623.35	204.60	24.62	187.01	6.23	2.05	0.25	1.87
6-2484	空气吹扫	100m	0.01	205.63	272.94	32.60	61.69	2.06	2.73	0.33	0.62
人工单价		小计						34.49	11.08	26.34	10.35
		未计价材料费						380.51 或 380.49			
清单项目综合单价								462.77 或 462.75			
材料费明细	主要材料名称、规格、型号		单位	数量	单价（元）		合价（元）	暂估单价（元）		暂估合价（元）	
	20 号碳钢无缝管 $\phi 325\times 8$		kg	58.54	6.50		380.51	—		—	
	或：20 号碳钢无缝管 $\phi 325\times 8$		m	0.94	406.51		380.49	—		—	
	其他材料费				—		11.08	—			
	材料费小计				—		391.59 或 391.57	—			

试题三（室外消防给水管网计量计价）

1. 某厂区室外消防给水管网平面图如图 3-44 所示。

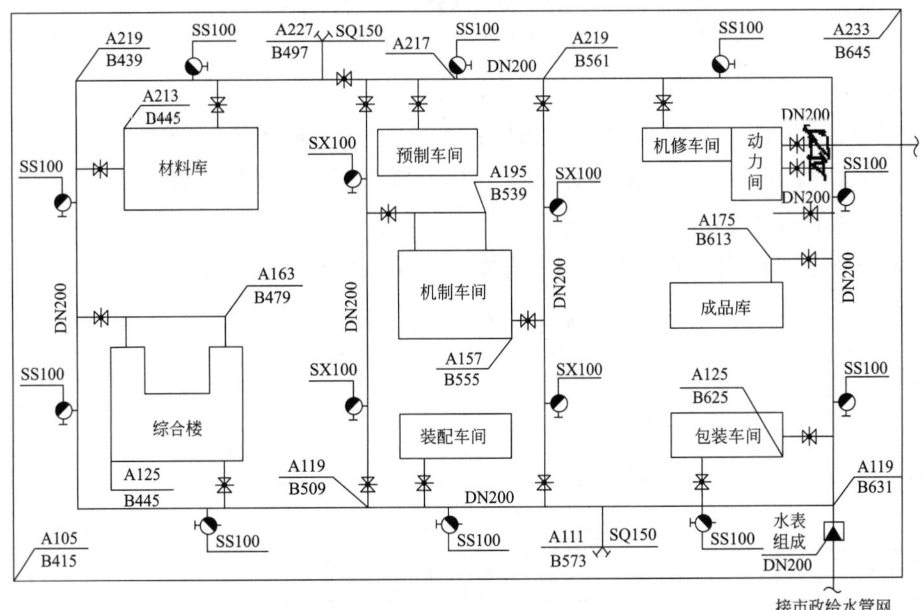

图 3-44 某厂区室外消防给水管网平面图（一）

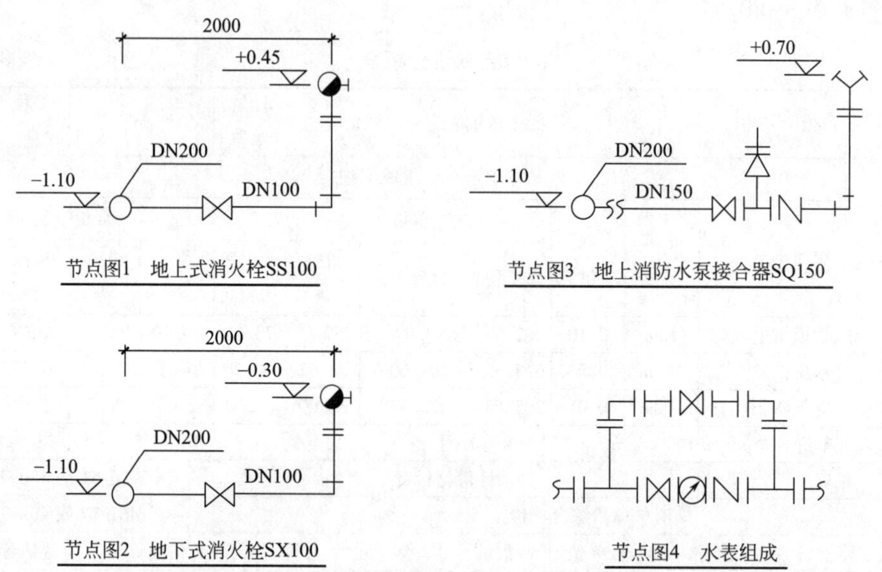

图 3-44 某厂区室外消防给水管网平面图（二）

说明：

1. 该图所示为某厂区室外消防给水管网平面图。管道系统工作压力为 1.0MPa。图中平面尺寸均以相对坐标标注，单位以“m”计；详图中标高以“m”计，其他尺寸以“mm”计。

2. 管道采用镀锌无缝钢管，管件采用碳钢成品法兰管件。各建筑物进户管入口处设有阀门的，其阀门距离建筑物外墙皮为 2m，入口处没有设阀门的，其三通或弯头距离建筑物外墙皮为 4.5m；其规格除注明外均为 DN100。

3. 闸阀型号为 Z41T-16，止回阀型号为 H41T-16，安全阀型号为 A41H-16；地上式消火栓型号为 SS100-1.6，地下式消火栓型号为 SX100-1.6，消防水泵接合器型号为 SQ150-1.6；水表型号为 LXL-1.6。消火栓、消防水泵接合器安装及水表组成敷设连接形式详见节点图 1、2、3、4。

4. 消防给水管网安装完毕进行水压试验和水冲洗。

2. 假设消防管网工程量如下：

管道 DN200 800m、DN150 20m、DN100 18m，室外消火栓地上 8 套、地下 5 套，消防水泵接合器 3 套，水表一组，闸阀 Z41T-16 DN200 12 个，止回阀 H41T-16 DN200 2 个，闸阀 Z41T-16 DN100 25 个。

3. 消防管道工程相关部分工程量清单项目的统一编码见表 3-81。

工程量清单项目的统一编码　　表 3-81

项目编码	项目名称	项目编码	项目名称
030901002	消火栓钢管	031001002	低压碳钢管
030901011	室外消火栓	031003003	焊接法兰阀门
030901012	消防水泵接合器	030807003	低压法兰阀门
031003013	水表	030807005	低压安全阀门

注：编码前四位 0308 为“工业管道工程”，0309 为“消防工程”，0310 为“给水排水、采暖、燃气工程”。

4. 消防工程的相关定额见表 3-82。

消防工程的相关定额 表 3-82

序号	工程项目及材料名称	计量单位	工料机单价（元）			未计价材料	
			人工费	材料费	机械费	单价	耗用量
1	法兰镀锌钢管安装 DN100	10m	160.00	330.00	130.00	7.0 元/kg	9.81
2	室外地上式消火栓 SS100	套	75.00	200.00	65.00	280.00 元/套	1.00
3	低压法兰阀门 DN100 Z41T-16	个	85.00	60.00	45.00	闸阀 260.00 元/个	1.00
4	地上式消火栓配套附件	套				90 元/套	1.00

注：1. DN100 镀锌无缝钢管的理论重量为 12.7kg/m；
2. 企业管理费、利润分别按人工费的 60%、40%计。

【问题】

1. 按照图 3-44 所示内容，列式计算室外管道、阀门、消火栓、消防水泵接合器、水表组成安装项目的分部分项清单工程量。

2. 根据背景资料 2、3 以及图 3-44 规定的管道安装技术要求，编列出管道、阀门、消火栓、消防水泵接合器、水表组成安装项目的分部分项工程和单价措施项目清单与计价表，填入表 3-83。

分部分项工程和单价措施项目清单与计价表 表 3-83

序号	项目编码	项目名称	项目特征描述	计量单位	工程量	金额（元）		
						综合单价	合价	其中，暂估价
本页合计								
合计								

3. 根据《通用安装工程工程量计算规范》GB 50856、《建设工程工程量清单计价规范》GB 50500 规定，按照背景资料 4 中的相关定额数据，编制室外地上式消火栓 SS100 安装项目的“综合单价分析表”，填入表 3-84。

综合单价分析表 表 3-84

<table>
<tr><td>项目编码</td><td></td><td>项目名称</td><td colspan="4"></td><td>计量单位</td><td></td><td>工程量</td><td colspan="2"></td></tr>
<tr><td colspan="12">清单综合单价组成明细</td></tr>
<tr><td rowspan="2">定额编号</td><td rowspan="2">定额名称</td><td rowspan="2">定额单位</td><td rowspan="2">数量</td><td colspan="4">单价（元）</td><td colspan="4">合价（元）</td></tr>
<tr><td>人工费</td><td>材料费</td><td>机械费</td><td>管理费和利润</td><td>人工费</td><td>材料费</td><td>机械费</td><td>管理费和利润</td></tr>
<tr><td></td><td></td><td></td><td></td><td></td><td></td><td></td><td></td><td></td><td></td><td></td><td></td></tr>
<tr><td colspan="2">人工单价</td><td colspan="6">小计</td><td></td><td></td><td></td><td></td></tr>
<tr><td colspan="2">元/工日</td><td colspan="6">未计价材料费</td><td colspan="4"></td></tr>
<tr><td colspan="8">清单项目综合单价</td><td colspan="4"></td></tr>
<tr><td rowspan="5">材料费明细</td><td colspan="2">主要材料名称、规格、型号</td><td colspan="2">单位</td><td colspan="3">数量</td><td>单价（元）</td><td>合价（元）</td><td>暂估单价（元）</td><td>暂估合价（元）</td></tr>
<tr><td colspan="2"></td><td colspan="2"></td><td colspan="3"></td><td></td><td></td><td></td><td></td></tr>
<tr><td colspan="2"></td><td colspan="2"></td><td colspan="3"></td><td></td><td></td><td></td><td></td></tr>
<tr><td colspan="7">其他材料费</td><td></td><td></td><td></td><td></td></tr>
<tr><td colspan="7">材料费小计</td><td></td><td></td><td></td><td></td></tr>
</table>

4. 厂区综合楼消防工程单位工程招标控制价为 485000 元，中标人投标报价为 446200 元。在施工过程中，发包人向承包人提出增加安装 2 台消防水泵的工程变更，消防水泵由发包方采购。合同约定：招标工程量清单中没有适用的类似项目，按照《建设工程工程量清单计价规范》GB 50500 规定和消防工程的报价浮动率确定清单综合单价。经查当地工程造价管理机构发布的消防水泵安装定额价目表为 290 元，其中人工费 120 元；消防水泵安装定额未计价主要材料费执行暂估价为 420 元/台。列式计算消防水泵安装项目的清单综合单价。

（计算结果有小数的保留两位小数）

【参考答案】

1. （1）DN200 管道：

1）环网：纵 4×(219−119)+横 2×(631−439)=4×100+2×192=400+384=784（m）

2）动力站进出管、接市政管网：

(645−625−2)+(631−625−2)+(119−105)=18+4+14=36（m）

小计：784+36=820（m）

（2）DN150 管道：

地上式消防水泵接合器支管：

(227−219)+(1.1+0.7)+(119−111)+(1.1+0.7)=8+1.8+8+1.8=19.60（m）

（3）DN100 管道：

1）材料库(4×2)+综合楼(479−439)+(4.5−1.5)×2+(125−119−2)+预制 4+机制(539−509)+(4.5−1.5)×2+(561−555−2)+装配 4+机修 4+成品库(631−613)+(4.5−1.5)+

包装(4×2)= 8+50+4+40+4+4+21+8 = 139（m）(要考虑扣 1.5m)

2）地上式消火栓支管（2+0.45+1.1）×10 = 3.55×10 = 35.50（m）

3）地下式消火栓支管（2+1.1−0.3）×4 = 2.8×4 = 11.20（m）

1）~3）小计：139+35.5+11.2 = 185.70m（m）

（4）地上式消火栓 SS100−1.6：3×2+2×2 = 10（套）

（5）地下式消火栓 SX100−1.6：2+2 = 4（套）

（6）消防水泵接合器：2 套

(包括：消防水泵接合器 SQ150−1.6　2 套，DN150 闸阀 2 个，止回阀 2 个，安全阀 2 个及其配套附件)

（7）水表组成：DN200　1 组

(包括：水表 LXL−1.6　1 个，DN150 闸阀 2 个，止回阀 1 个，法兰及配套附件)

（8）DN200 阀门：

主管线闸阀：Z41T−16　7 个，止回阀 H4IT−16　2 个

（9）DN100 阀门：

消火栓支管闸阀 Z41T−16：4+10 = 14（个），各建筑物入口支管闸阀 Z41T−16：12 个

小计：14+12 = 26（个）

2. 见表 3-85。

分部分项工程和单价措施项目清单与计价表　　表 3-85

序号	项目编码	项目名称	项目特征描述	计量单位	工程量	金额（元）		
						综合单价	合价	其中，暂估价
1	030901002001	消火栓钢管	室外，DN200 镀锌无缝钢管焊接法兰连接，水压试验，水冲洗	m	800			
2	030901002002	消火栓钢管	室外，DN150 镀锌无缝钢管焊接法兰连接，水压试验，水冲洗	m	20			
3	030901002003	消火栓钢管	室外，DN100 镀锌无缝钢管焊接法兰连接，水压试验，水冲洗	m	18			
4	030901011001	室外消火栓	地上式消火栓 SS100−1.6（含弯管底座等附件)	套	8			
5	030901011002	室外消火栓	地下式消火栓 SX100 − 1.6（含弯管底座等附件)	套	5			
6	030901012001	消防水泵接合器	地上式消防水泵接合器 SQ150 −1.6（包括：DN150 闸阀、Z41T − 16 DN150 止回阀、H41T − 16 DN150 安全阀、A41H−16 弯管底座等附件)	套	3			

续表

序号	项目编码	项目名称	项目特征描述	计量单位	工程量	金额（元）		
						综合单价	合价	其中，暂估价
7	031003013001	水表	DN200 水表 LXL-1.6 包括：DN200 闸阀、Z41T-16 DN200 止回阀、H41T-16 DN200 平焊法兰	组	1			
8	031003003001	低压法兰阀门	闸阀 Z41T-16 DN200	个	12			
9	031003003002	低压法兰阀门	止回阀 H41T-16 DN200	个	2			
10	031003003003	低压法兰阀门	闸阀 Z41T-16 DN100	个	25			
本页合计								
合计								

注：各分项之间用横线划分开。

3. 见表3-86。

综合单价分析表 表3-86

项目编码	030901011001	项目名称	室外地上式消火栓SS100		计量单位	套	工程量	1	
清单综合单价组成明细									
定额编号	定额名称	定额单位	数量	单价（元）				合价（元）	
				人工费	材料费	机械费	管理费和利润	人工费	材料费
1	室外地上式消火栓SS100	套	1	75.00	200.00	65.00	75.00	75.00	200.00

Continued (合价 columns):

合价：人工费	材料费	机械费	管理费和利润
75.00	200.00	65.00	75.00

人工单价	小计	人工费 75.00	材料费 200.00	机械费 65.00	管理费和利润 75.00
元/工日	未计价材料费	370.00			
清单项目综合单价		785.00			

材料费明细	主要材料名称、规格、型号	单位	数量	单价（元）	合价（元）	暂估单价（元）	暂估合价（元）
	地上式消火栓 SS100	套	1	280.00	280.00		
	地上式消火栓 SS100 配套附件	套	1	90.00	90.00		
	其他材料费				200.00		
	材料费小计				570.00		

4. 报价浮动率=1-446200/485000=8%

综合单价为：[120+(290-120)+120]×(1-8%)+420=797.20（元）（含主材料）

试题四（给水管道安装计量计价）

工程有关背景资料如下：

1. 某工厂办公楼卫生间给水排水施工图如图 3-45、图 3-46 所示。

2. 假设给水管道的部分清单工程量如下：

铝塑复合管 dn40　25m，dn32　8.8m，镀锌钢管 DN32　20m，DN25　13m，其他技术要求和条件与图 3-45、图 3-46 所示一样。

3. 给水排水工程相关分部分项工程量清单项目的统一编码见表 3-87。

给水排水工程相关分部分项工程量清单项目的统一编码　　表 3-87

项目编码	项目名称	项目编码	项目名称
031001001	镀锌钢管	031001002	钢管
031001006	塑料管	031001007	复合管
031003001	螺纹阀门	031003003	焊接法兰阀门
031004003	洗脸盆	031004006	大便器
031004007	小便器	031002003	套管

4. 室内给水镀锌钢管 DN32 安装定额（TY02-31-2015）的相关数据资料见表 3-88。

室内给水镀锌钢管 DN32 安装定额（TY02-31-2015）的相关数据资料　　表 3-88

定额编号	项目名称	计量单位	安装基价（元）			未计价主材	
			人工费	材料费	机械费	单价	耗用量
10-1-15	镀锌钢管安装	10m	200.00	6.00	1.00	17.80 元/m	9.91m
	管件（综合）	个				5.00 元/个	9.83 个/10m
10-11-12	成品管卡安装	个	2.50	3.50		2.00 元/个	2.5 个/10m 管
10-11-81	套管制安	个	60.00	12.00	20.000		
	钢管	m				28.00 元/m	0.424m/个
10-11-121	水压试验	100m	280.00	90.00	30.00		

注：该工程的管理费和利润分别按人工费的 67%和 33%计。

【问题】

1. 按照图 3-45、图 3-46 所示内容，分别列式计算卫生间给水（中水）系统中的管道和阀门安装项目分部分项清单工程量；管道工程量计算至支管卫生器具相连的分支三通或末端弯头处止。

2. 根据背景资料 2、3 设定的数据和图 3-45、图 3-46 所示要求，按《通用安装工程工程量计算规范》GB 50856 的规定，分别依次编列出卫生间给水镀锌钢管 DN32、DN25、铝塑复合管 dn40、dn32 和铝塑复合管给水系统中所有阀门，以及成套卫生器具（不含污水池）安装项目的分部分项工程量清单，并填入表 3-89。

分部分项工程和单价措施项目清单与计价表 表 3-89

序号	项目编码	项目名称	项目特征描述	计量单位	工程量	金额（元）		
						综合单价	合价	其中：暂估价
1								
2								
3								
4								
5								
6								
7								
8								
9								
本页小计								
合计								

3. 按照背景资料 2、3、4 中的相关数据和图 3-45、图 3-46 中所示要求，根据《通用安装工程工程量计算规范》GB 50856 和《建设工程工程量清单计价规范》GB 50500 的规定，编制图 3-45、图 3-46 中室内给水管 DN32 镀锌钢管安装项目分部分项工程量清单的综合单价，并填入表 3-90 中。

注：定额 10-1-15 管道安装中包括水压试验。

综合单价分析表 表 3-90

项目编码		项目名称						计量单位		工程量	
清单综合单价组成明细											
定额编号	定额名称	定额单位	数量	单价（元）				合价（元）			
				人工费	材料费	机械费	管理费和利润	人工费	材料费	机械费	管理费和利润
人工单价		小计									
元/工日		未计价材料费									
清单项目综合单价（元）											
材料费明细	主要材料名称、规格、型号			单位		数量		单价（元）	合价（元）	暂估单价（元）	暂估合价（元）
										—	—
										—	—
	其他材料费										
	材料费小计										

注：各分项之间用横线分开。

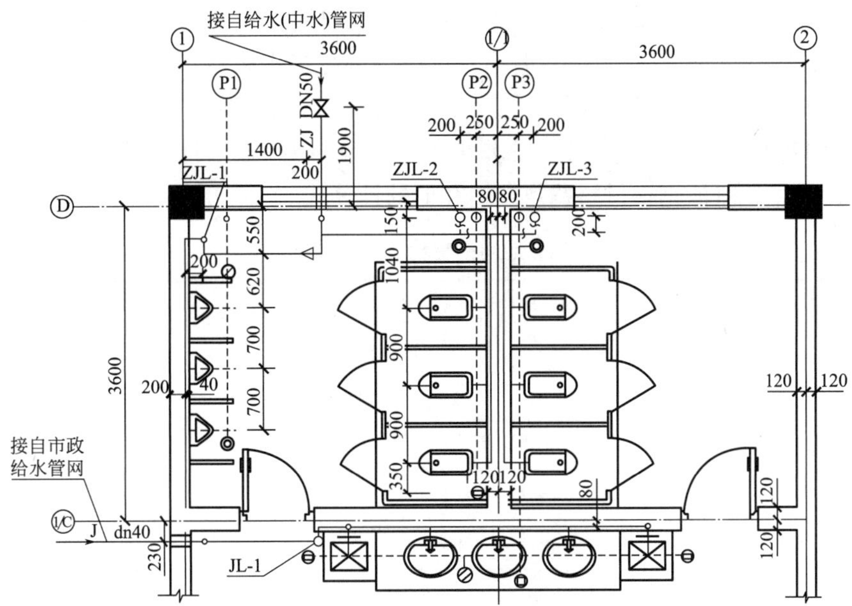

图 3-45 卫生间给水排水平面图±0.000、3.300、6.600

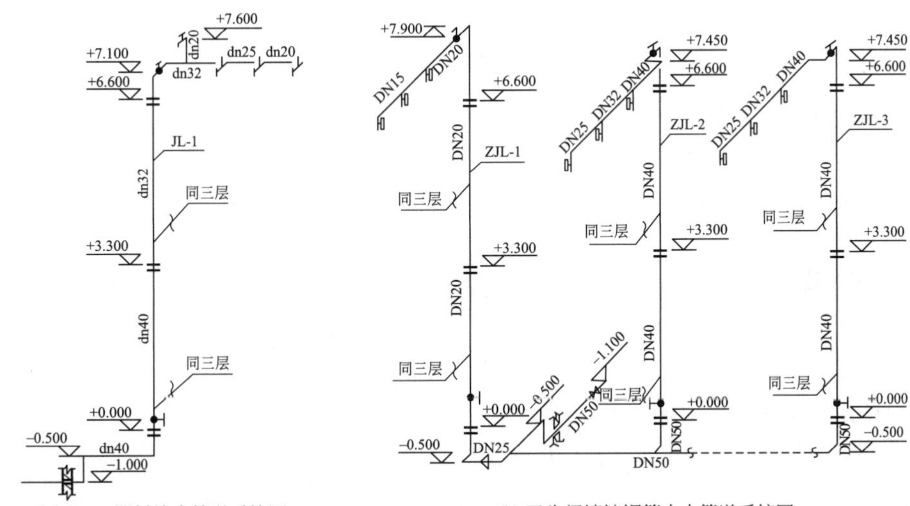

(a) 卫生间PP-R塑料给水管道系统图　(b) 卫生间镀锌钢管中水管道系统图

图 3-46 某工厂办公楼卫生间给水排水施工图

说明：1. 办公楼共三层，层高为 3.3m，图中尺寸标注标高以“m”计，其他均以“mm”计。

2. 卫生间浴洗间给水管道采用铝塑复合管及管件；大小便冲洗给水（中水）管道采用镀锌钢管及管件，螺纹连接。给水干管为埋地，立管为明设，支管为暗设。管道出入户穿外墙处设碳钢刚性防水套管。

3. 阀门采用截止阀门 J11T-10，各类管道均采用成品管卡固定。

4. 成套卫生器具安装按相关标准图集要求施工，所有附件均随卫生器具配套供应。洗脸盆为单柄单孔台上式安装；大便器为感应式冲洗阀蹲式大便器，小便器为感应式冲洗阀壁挂式安装，污水池为混凝土落地式安装。

5. 管道系统安装就位后，给水管道进行强度和严密性水压试验及水冲洗。

4. 有一 150t 金属设备框架制作安装工程的发承包施工合同中约定：所用钢材由承包方采购供应，钢材单价变化超过 5%时，其超过的部分按实调整。该工程招标时，发包方招标控制价按当地造价管理部门发布的市场基准价（信息指导价）4520 元/t 编制，承包方中标价为 4500 元/t。要求：（1）计算填列表 3-91 中各施工时段第四、五、六栏的内容；（2）列出第 3 时段钢材材料费当期结算值的计算式。

施工期间钢材价格动态情况　　表 3-91

施工时段	钢材用量（t）	当期市场价格（元）	价格变化幅度（100%）	是否调整及其理由	钢材材料费当期结算值（元）
一	二	三	四	五	六
1	60	4640			
2	50	4683			
3	40	4941			

（计算结果保留两位小数）

【参考答案】

1. （1）DN50 镀锌钢管：

平[(1.9+0.55+0.2)+(3.6−1.6+0.25+0.2)+0.2×2]+立[(1.1−0.5)+(0.85+0.5)×2]=2.65+2.45+0.4+0.6+2.7=8.80（m）

（2）DN40 镀锌钢管：

立[(7.45−0.85)×2]+平[(0.2+0.25−0.08+1.04)×6]=6.6×2+1.41×6=13.2+8.46=21.66（m）

（3）DN32 镀锌钢管：

平(0.9×6)=5.40（m）

（4）DN25 镀锌钢管：

大便器给水系统：平(0.9×6)=5.40（m）

小便器给水系统：主管平(1.4−0.2+0.2)+立(1.3+0.5)=1.4+1.8=3.20（m）

小计：5.40+3.20=8.60（m）

（5）DN20 镀锌钢管

支平[0.2+(0.55−0.15−0.2)+0.62]×3+立(7.9−1.3)=(0.2+0.2+0.62)×3+6.6=3.06+6.6=9.66（m）

（6）DN15 镀锌钢管

平[(0.7+0.7)×3]=1.4×3=4.20（m）

（7）DN50 截止阀 J11T−10：1+1+1=3（个）

（8）DN40 截止阀 J11T−10：3×2=6（个）

（9）DN25 截止阀 J11T−10：1 个

（10）DN20 截止阀 J11T−10：1×3=3（个）

2. 见表3-92。

分部分项工程和单价措施项目清单与计价表　　表3-92

序号	项目编码	项目名称	项目特征描述	计量单位	工程量	金额（元）		
						综合单价	合价	其中：暂估价
1	031001001001	镀锌钢管	DN32室内给水（中水）镀锌钢管、螺纹连接、水压试验及冲洗	m	20			
2	031001001002	镀锌钢管	DN25室内给水（中水）镀锌钢管、螺纹连接、水压试验及冲洗	m	13			
3	031001007001	铝塑复合管	dn40室内给水铝塑复合管、水压试验及冲洗	m	25			
4	031001007002	铝塑复合管	dn32室内给水铝塑复合管、水压试验及冲洗	m	8.80			
5	031003001001	螺纹阀门	dn32截止阀J11T-10螺纹连接	个	1			
6	031003001002	螺纹阀门	dn25截止阀J11T-10螺纹连接	个	3			
7	031004003001	洗脸盆	陶瓷洗脸盆、台上式、单柄单孔	组	9			
8	031004006001	大便器	陶瓷蹲式大便器、感应式冲洗阀	组	18			
9	031004007001	小便器	陶瓷小便器、壁挂式、感应式冲洗阀	组	9			
本页小计								
合计								

3. 见表3-93。

综合单价分析表　　表3-93

项目编码	031001001001	项目名称	DN32镀锌钢管				计量单位	m	工程量	20
清单综合单价组成明细										
定额编号	定额名称	定额单位	数量	单价（元）				合价（元）		
				人工费	材料费	机械费	管理费和利润	人工费	材料费	机械费	管理费和利润
10-1-15	室内给水镀锌钢管安装	10m	0.10	200.00	6.00	1.00	200.00	20.00	0.60	0.10	20.00
人工单价		小计						20.00	0.60	0.10	20.00
元/工日		未计价材料费						22.56			
清单项目综合单价（元）								63.26			
材料费明细	主要材料名称、规格、型号		单位		数量			单价（元）	合价（元）	暂估单价（元）	暂估合价（元）
	DN32镀锌钢管		m		0.991			17.80	17.64	—	—
	DN32管件（综合）		个		0.983			5.00	4.92	—	—
	其他材料费								0.60		
	材料费小计								23.16		

注：各分项之间用横线分开。

4.（1）填列表 3-94 中第四、五、六栏内容。

施工期间钢材价格动态情况　　表 3-94

施工时段	钢材用量（t）	当期市场价格（元）	价格变化幅度（100%）	是否调整及其理由	钢材材料费当期结算值（元）
一	二	三	四	五	六
1	60	4640	2.65%	≤5%，故不调	270000
2	50	4683	3.61%	≤5%，故不调	225000
3	40	4941	9.31%	>5%，故应调增	187800

（2）第 3 时段钢材材料费当期结算值计算：40×[4500+(4941−4520×1.05)]=187800（元）。

试题五（平面图带标高工业管道计量计价）

背景资料

1. 成品油泵房管道系统施工图如图 3-47 所示，设备材料见表 3-95。

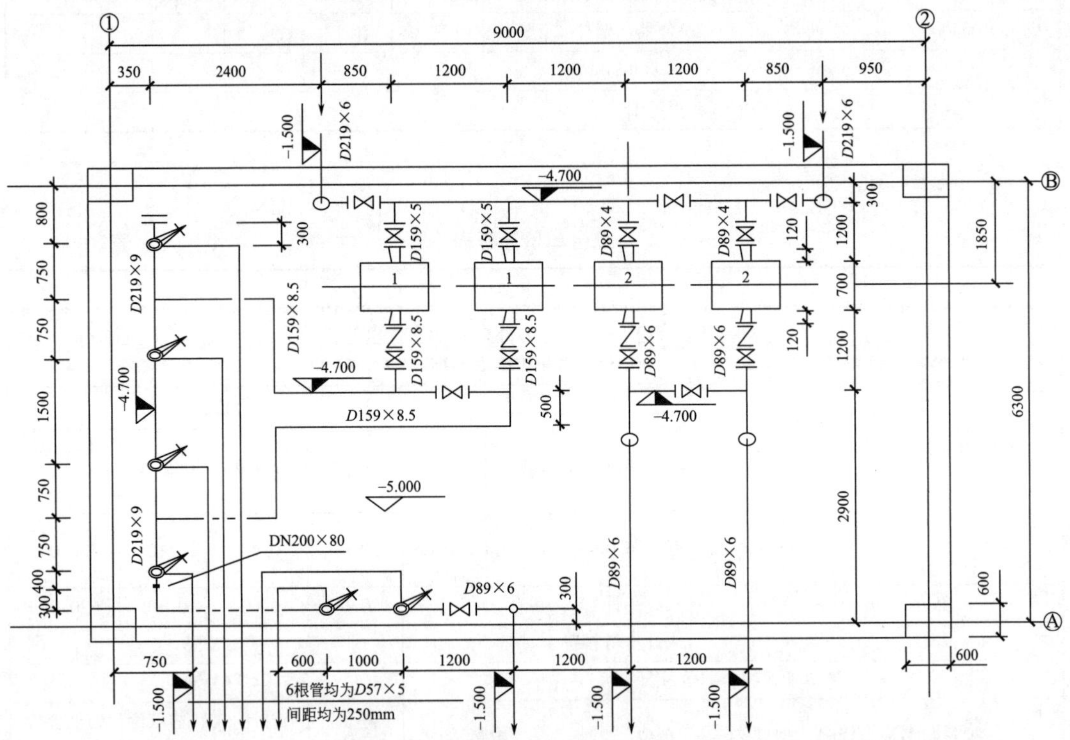

图 3-47　成品油泵房管道系统施工图

说明：

1. 图中标注尺寸标高以"m"计，其他均以"mm"计。

2. 建筑物现浇混凝土墙厚按 300mm 计，柱截面尺寸均为 600×600，设备基础平面尺寸均为 700×700。

3. 管道均采用 20 号碳钢无缝钢管，管件均采用碳钢成品压制。成品油泵吸入管道系统介质工作压力为 1.2MPa，采用电弧焊焊接；截止阀为 J14H-16，配平焊碳钢法兰。成品油泵排出管道系统介质工作压力为 2.4MPa，采用氩电联焊焊接；截止阀为 J14H-40、止回阀为 H41H-40，配碳钢对焊法兰。成品油泵进出口法兰超出设备基础长度均按 120mm 计算，如图所示。

4. 管道系统中，法兰连接处焊缝采用超声波探伤，管道焊缝采用 X 光射线探伤。

5. 管道系统安装就位，进行水压强度试验合格后，采用干燥空气进行吹扫。

6. 未尽事宜均应符合相关工程建设技术标准规范要求。

设备材料表 表 3-95

序号	名称及规格型号	单位	数量
1	油泵 $H=40$m，$Q=20\text{m}^3/\text{h}$	台	2
2	油泵 $H=40$m，$Q=10\text{m}^3/\text{h}$	台	2

2. 假设成品油泵房的部分管道、阀门安装项目清单工程量如下：低压无缝钢管 $D89\times4$ 2.1m；$D159\times5$ 3.0m；$D219\times6$ 15m。中压无缝钢管 $D89\times6$ 25m；$D159\times8.5$ 18m；$D219\times9$ 6m，其他技术条件和要求与图 3-47 所示一致。

3. 工程相关分部分项工程量清单项目的统一编码见表 3-96。

工程相关分部分项工程量清单项目的统一编码 表 3-96

项目编码	项目名称	项目编码	项目名称
031001002	钢管	030801001	低压碳钢管
031003001	螺纹阀门	030802001	中压碳钢管
031003002	螺纹法兰阀门	030807003	低压法兰阀门
031003003	焊接法兰阀门	030808003	中压法兰阀门

4. 管理费和利润分别按人工费的 60%和 40%计算，安装定额的相关数据资料见表 3-97（表内费用均不包含增值税可抵扣进项税额）。

安装定额的相关数据资料 表 3-97

定额编号	项目名称	计量单位	安装基价（元）			未计价主材	
			人工费	材料费	机械费	单价	耗量
8-1-444	中压碳钢管（电弧焊）DN150	10m	226.20	140.00	180.00	4.50 元/kg	8.845m
8-1-463	中压碳钢管（氩电联焊）DN150	10m	252.59	180.00	220.00	4.50 元/kg	8.845m
8-5-3	低中压管道液压试验 DN200 以内	100m	566.00	160.00	120.00		
8-5-53	空气吹扫 DN200 以内	100m	340.00	580.00	80.00		

5. 假设承包商购买材料时增值税进项税率为 17%、机械费增值税进项税率为 15%（综合）、管理和利润增值税进项税率为 5%（综合）；当钢管由发包人采购时，中压管道 DN150 安装清单项目不含增值税可抵扣进项税额，综合单价的人工费、材料费、机械费分别为 38.00 元、30.00 元、25.00 元。

【问题】

1. 按照图 3-47 所示内容，分别列式计算管道和阀门（其中，DN50 管道、阀门除外）安装工程项目分部分项清单工程量。

2. 根据背景资料 2、3 及图 3-47 所示要求，按《通用安装工程工程量计算规范》GB 50856 的规定分别依次编列管道、阀门安装项目（其中，DN50 管道、阀门除外）的分部分项工程和单价措施项目清单与计价表，并填入表 3-98 中。

分部分项工程和单价措施项目清单与计价表 表 3-98

序号	项目编码	项目名称	项目特征描述	计量单位	工程量	金额（元）		
						综合单价	合价	其中：暂估价
1								
2								
3								
4								
5								
6								
7								
8								
9								
10								
11								
12								
13								

3. 按照背景资料 4 中的相关数据和图 3-47 所示要求，根据《通用安装工程工程量计算规范》GB 50856 和《建设工程工程量清单计价规范》GB 50500 的规定，编制中压管道 DN150 安装项目分部分项工程量清单的综合单价，并填入表 3-99 中，中压管道 DN150 理论重量按 32kg/m 计，钢管由发包人采购（价格为暂估价）。

综合单价分析表 表 3-99

项目编码		项目名称					计量单位		工程量	
清单综合单价组成明细										
定额编号	定额名称	定额单位	数量	单价（元）				合价（元）		
				人工费	材料费	机械费	管理费和利润	人工费	材料费	机械费	管理费和利润

续表

<table>
<tr><td colspan="2">人工单价</td><td colspan="2">小计</td><td></td><td></td><td></td><td></td></tr>
<tr><td colspan="2">元/工日</td><td colspan="2">未计价材料费（元）</td><td colspan="4"></td></tr>
<tr><td colspan="4">清单项目综合单价（元）</td><td colspan="4"></td></tr>
<tr><td rowspan="4">材料费明细</td><td>主要材料名称、规格、型号</td><td>单位</td><td>数量</td><td>单价（元）</td><td>合价（元）</td><td>暂估单价</td><td>暂估合价（元）</td></tr>
<tr><td></td><td></td><td></td><td></td><td></td><td></td><td></td></tr>
<tr><td colspan="3">其他材料费</td><td></td><td></td><td></td><td></td></tr>
<tr><td colspan="3">材料费小计</td><td></td><td></td><td></td><td></td></tr>
</table>

4. 按照背景资料5中的相关数据列式计算中压管道DN150安装清单项目综合单价对应的含增值税综合单价，该施工单位增值税率为9%，计算承包商应承担的增值税应纳税额（单价）。

（计算结果保留两位小数）

【参考答案】

1. （1）低压管道工程量：

① 低压碳钢管 D219×6：[(0.3+0.3)×2+(4.7−1.5)×2+(0.85×2+1.2×3)]=12.90（m）

② 低压碳钢管 D159×5：[(1.2−0.12)×2]=2.16（m）

③ 低压碳钢管 D89×4：[(1.2−0.12)×2]=2.16（m）

（2）中压管道工程量：

① 中压碳钢管 D89×6：[(1.2−0.12+2.9+0.3)×2+(4.7−1.5)×2+1.2]+[0.3+2.4+0.85+1.2+(4.7−1.5)+0.3+0.3]=24.71（m）

② 中压碳钢管 D159×8.5：[(1.2−0.12)×2+(0.75+1.5+0.75)+(2.4+0.85+1.2)×2]=14.06（m）

③ 中压碳钢管 D219×9：(0.75×4+1.5+0.3+0.4)=5.20（m）

（3）低压阀门工程量：

① 低压法兰阀门安装 J41H−16 截止阀 DN200：3个。

② 低压法兰阀门安装 J41H−16 截止阀 DN150：2个。

③ 低压法兰阀门安装 J41H−16 截止阀 DN80：2个。

（4）中压阀门工程量：

① 中压法兰阀门安装 J41H−40 截止阀 DN80：4个。

② 中压法兰阀门安装 J41H−40 截止阀 DN150：3个。

③ 中压法兰阀门安装 H41H−40 止回阀 DN80：2个。

④ 中压法兰阀门安装 H41H−40 止回阀 DN150：2个。

2. 分部分项工程和单价措施项目清单与计价表见表 3-100。

分部分项工程和单价措施项目清单与计价表 表 3-100

序号	项目编码	项目名称	项目特征描述	计量单位	工程量	金额（元）		
						综合单价	合价	其中：暂估价
1	030801001001	低压碳钢管	*D*89×4，20 号无缝钢管，电弧焊，液压试验，空气吹扫	m	2.10			
2	030801001002	低压碳钢管	*D*159×5，20 号无缝钢管，电弧焊，液压试验，空气吹扫	m	3			
3	030801001003	低压碳钢管	*D*219×6，20 号无缝钢管，电弧焊，液压试验，空气吹扫	m	15			
4	030802001001	中压碳钢管	*D*89×6，20 号无缝钢管，电弧焊，液压试验，空气吹扫	m	25			
5	030802001002	中压碳钢管	*D*159×8.5，20 号无缝钢管，电弧焊，液压试验，空气吹扫	m	18			
6	030802001003	中压碳钢管	*D*219×9，20 号无缝钢管，电弧焊，液压试验，空气吹扫	m	6			
7	030807003001	低压法兰阀门	J41H-16 截止阀 DN200	个	3			
8	030807003002	低压法兰阀门	J41H-16 截止阀 DN150	个	2			
9	030807003003	低压法兰阀门	J41H-16 截止阀 DN80	个	2			
10	030808003001	中压法兰阀门	J41H-40 截止阀 DN80	个	4			
11	030808003002	中压法兰阀门	J41H-40 截止阀 DN150	个	3			
12	030808003003	中压法兰阀门	H41H-40 止回阀 DN80	个	2			
13	030808003004	中压法兰阀门	H41H-40 止回阀 DN150	个	2			

3. 综合单价分析表见表 3-101。

综合单价分析表 表 3-101

项目编码	030802001002	项目名称		中压碳钢管 DN150			计量单位	m	工程量	18
清单综合单价组成明细										
定额编号	定额名称	定额单位	数量	单价（元）				合价（元）		
				人工费	材料费	机械费	管理费和利润	人工费	材料费	机械费	管理费和利润
8-1-463	中压碳钢管（氩电联焊）DN150	10m	0.10	252.59	180	220	252.59	25.26	18	22	25.26

续表

定额编号	定额名称	定额单位	数量	单价（元）				合价（元）			
				人工费	材料费	机械费	管理费和利润	人工费	材料费	机械费	管理费和利润
8-5-3	低中压管道液压试验DN200 以内	100m	0.01	556.03	160	120	556.03	5.56	1.60	1.20	5.56
8-5-53	（空气吹扫）DN200 以内	100m	0.01	340	580	80	340	3.40	5.80	0.80	3.40
人工单价		小计						34.22	25.40	24	34.22
元/工日		未计价材料费（元）						127.37			
清单项目综合单价（元）								245.21			
材料费明细	主要材料名称、规格、型号			单位		数量		单价（元）	合价（元）	暂估单价（元）	暂估合价（元）
	中压碳钢管（氩电联焊）DN150			kg		0.8845×32				4.50	127.37
	其他材料费								25.40		
	材料费小计								25.40		127.37

4. （1）含增值税综合单价=(38+30+25+38×100%)×(1+9%)=142.79（元）

（2）增值税应纳税额=(38+30+25+38×100%)×9%-(30×17%+25×15%+38×5%)=11.79-10.75=1.04（元）

试题六（排水管道计量计价）

1. 工程有关背景资料如下：

（1）某街道公共厕所局部给水排水平面图、系统图如图 3-48～图 3-50 所示。

（2）排水管道采用硬聚氯乙烯塑料管，胶粘剂粘结；明设立管按规定设伸缩节、立管检查口、管卡和支架；出屋面管顶设镀锌铁皮伞形透气帽。

（3）排水立管和横管中心线距离墙面均为 100mm；公共厕所外墙厚 370mm，轴线内侧 120mm，轴线外侧 250mm；公共厕所内墙厚 240mm。

（4）室内排水采用污废合流制。污废水由室内排水干管排入距厕所外墙皮 3m 处的检查井。经专业间协调，管道穿屋面做法由建筑专业负责设计施工。

（5）正负零以下的室内排水横管和干管在地面下直埋；排水干管、横管穿越房屋基础时预留的孔洞均为 ϕ300mm；管道安装验收合格后，采用 1∶2.5 水泥砂浆堵洞。

2. 给定的已知条件如下：

（1）《通用安装工程工程量计算规范》GB 50856 规定的统一项目编码见表 3-102。

统一项目编码 表 3-102

项目名称	项目编码	项目名称	项目编码
铸铁管	031001005	给水、排水附（配）件	031004014
塑料管	031001006	预留孔洞、堵洞	030413003
复合管	031001007		

（2）消耗量定额给定的室内塑料管安装使用成品管卡数量见表 3-103。

（3）管道安装工程相关费用见表 3-104。

室内明设塑料排水管道成品管卡用量表（单位：个/10m） 表 3-103

序号	管道规格（公称外径“mm”以内）	立管	横管
1	50	8.33	20
2	75	5.88	11.11
3	110	5	9.09

管道安装工程相关费用表 表 3-104

序号	项目名称	计量单位	安装费单价（元）			主材	
			人工费	材料费	机械费	单价	主材耗量
1	室内排水塑料管（粘结）公称外径 dn110	10m	161.19	109.93	0.06	6 元/m	9.50m
2	塑料管成品管卡安装	个	1.49	5.73	—		
3	地漏安装 DN50	10 个	121.44	7.08	—		
4	地面扫除口 DN100	10 个	21.58	144.87	—		
5	镀锌铁皮伞形透气帽	个				10 元/个	

注：1. 表内费用均不包含增值税可抵扣进项税额。

2. 该工程的人工费单价（包括普工、一般技工和高级技工）综合为 115 元/工日，管理费和利润分别按人工费的 50%和 30%计算。

3. 室内塑料排水管（粘结）安装费单价内未包括塑料管本身的材料费。

【问题】

1. 根据图 3-48~图 3-50 所示内容和《建设工程工程量清单计价规范》GB 50500、《通用安装工程工程量计算规范》GB 50856 的规定，列式计算该排水系统（P_1）塑料管道、给水附（配）件等应予计量的分部分项清单工程量。工程量计算说明：排水横管坡度和标高标注位置对管道长度计算的影响可忽略不计；本工程施工图纸选用的卫生设备标准图安装尺寸与本图标注不符的，按本图标注尺寸计算。

2. 如果问题 1 计算的排水系统（P_1）塑料排水管数量分别是 dn50、8m，dn110、30m，dn160、10m，结合背景资料，综合给定的已知信息和问题 1 计算的相关工程量，根据《建设工程工程量清单计价规范》GB 50500 的相关规定，编制该排水系统的管道及应予计量的分部分项工程工程量清单，填入表3-105。

分部分项工程和单价措施项目清单与计价表　　　　表3-105

<table>
<tr><th rowspan="2">序号</th><th rowspan="2">项目编码</th><th rowspan="2">项目名称</th><th rowspan="2">项目特征描述</th><th rowspan="2">计量单位</th><th rowspan="2">工程量</th><th colspan="2">金额（元）</th></tr>
<tr><th>综合单价</th><th>合价</th></tr>
<tr><td>1</td><td></td><td></td><td></td><td></td><td></td><td>—</td><td>—</td></tr>
<tr><td>2</td><td></td><td></td><td></td><td></td><td></td><td>—</td><td>—</td></tr>
<tr><td>3</td><td></td><td></td><td></td><td></td><td></td><td>—</td><td>—</td></tr>
<tr><td>4</td><td></td><td></td><td></td><td></td><td></td><td>—</td><td>—</td></tr>
<tr><td>5</td><td></td><td></td><td></td><td></td><td></td><td>—</td><td>—</td></tr>
<tr><td>6</td><td></td><td></td><td></td><td></td><td></td><td>—</td><td>—</td></tr>
</table>

3. 如果该厕所排水系统（P_1）的明设dn110排水管道数量是30m，镀锌铁皮透气帽是3个。根据本题背景资料、相关说明、《通用安装工程工程量计算规范》GB 50856和《通用安装工程消耗量定额》TY02-31-2015的规定，计算包括塑料管主材管卡和透气帽在内的dn110排水管道安装综合单价，并填入表3-106。

（计算过程和结果有小数的，均保留两位）

综合单价分析表　　　　表3-106

<table>
<tr><td>项目编码</td><td></td><td colspan="2">项目名称</td><td colspan="4"></td><td>计量单位</td><td></td><td>工程量</td><td></td></tr>
<tr><td colspan="12">清单综合单价组成明细</td></tr>
<tr><td rowspan="2">定额编号</td><td rowspan="2">定额名称</td><td rowspan="2">定额单位</td><td rowspan="2">数量</td><td colspan="4">单价（元）</td><td colspan="4">合价（元）</td></tr>
<tr><td>人工费</td><td>材料费</td><td>机械费</td><td>管理费和利润</td><td>人工费</td><td>材料费</td><td>机械费</td><td>管理费和利润</td></tr>
<tr><td></td><td></td><td></td><td></td><td></td><td></td><td></td><td></td><td></td><td></td><td></td><td></td></tr>
<tr><td></td><td></td><td></td><td></td><td></td><td></td><td></td><td></td><td></td><td></td><td></td><td></td></tr>
<tr><td></td><td></td><td></td><td></td><td></td><td></td><td></td><td></td><td></td><td></td><td></td><td></td></tr>
<tr><td colspan="2">人工单价</td><td colspan="6">小计</td><td></td><td></td><td></td><td></td></tr>
<tr><td colspan="2">—</td><td colspan="6">未计价材料费</td><td colspan="4"></td></tr>
<tr><td colspan="8">清单项目综合单价</td><td colspan="4"></td></tr>
<tr><td rowspan="6">材料费明细</td><td colspan="3">主要材料名称、规格、型号</td><td colspan="2">单位</td><td colspan="2">数量</td><td>单价（元）</td><td>合价（元）</td><td>暂估单价（元）</td><td>暂估合价（元）</td></tr>
<tr><td colspan="3"></td><td colspan="2"></td><td colspan="2"></td><td></td><td></td><td></td><td></td></tr>
<tr><td colspan="3"></td><td colspan="2"></td><td colspan="2"></td><td></td><td></td><td></td><td></td></tr>
<tr><td colspan="3"></td><td colspan="2"></td><td colspan="2"></td><td></td><td></td><td></td><td></td></tr>
<tr><td colspan="7">其他材料费</td><td></td><td></td><td></td><td></td></tr>
<tr><td colspan="7">材料费小计</td><td></td><td></td><td></td><td></td></tr>
</table>

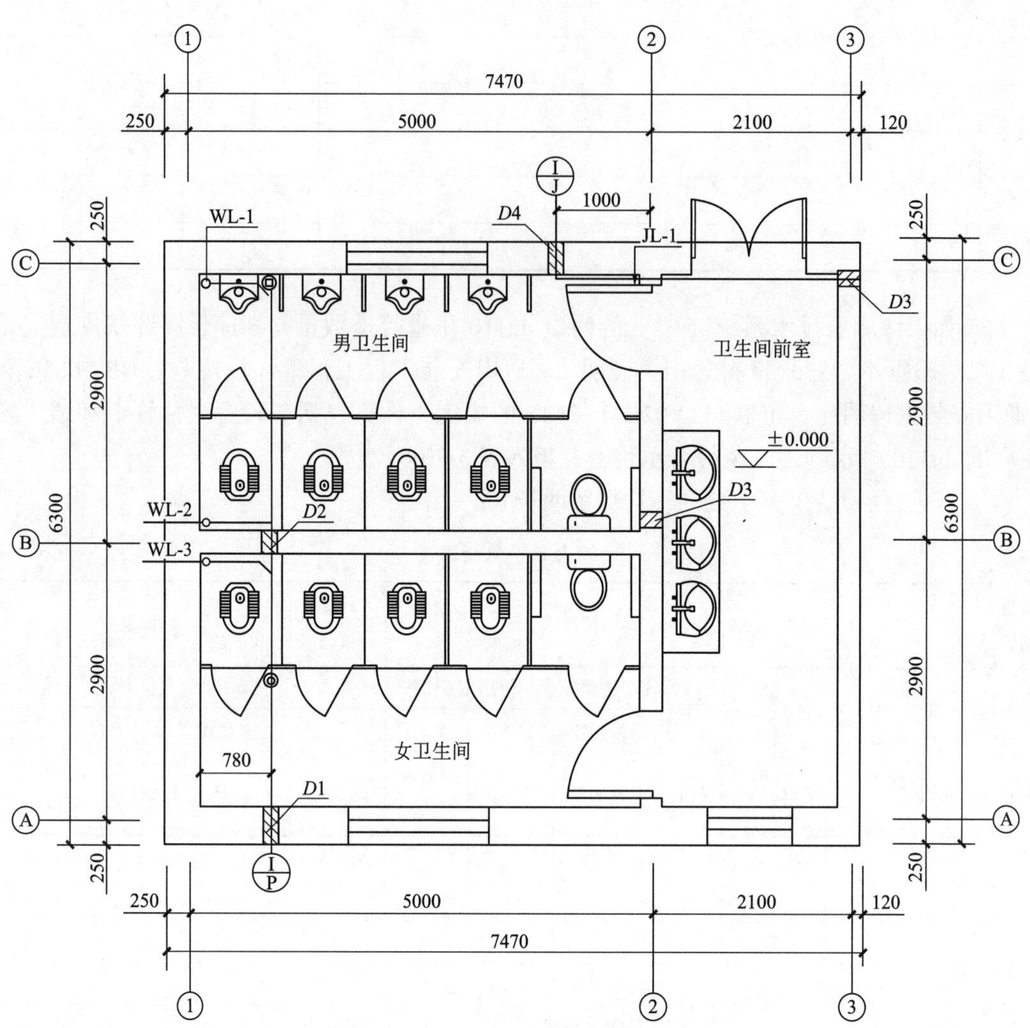

图 3-48　给水排水干管平面图

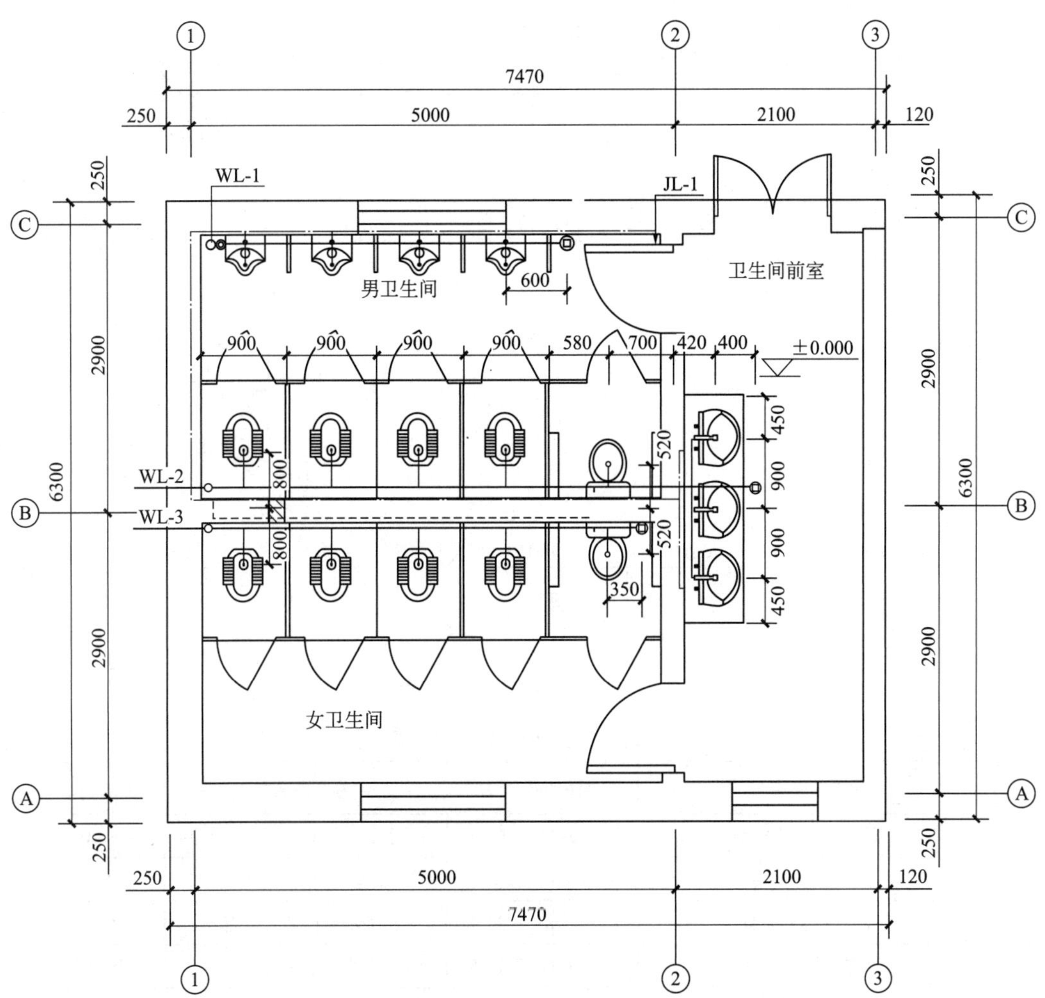

图 3-49 给水排水支管平面图

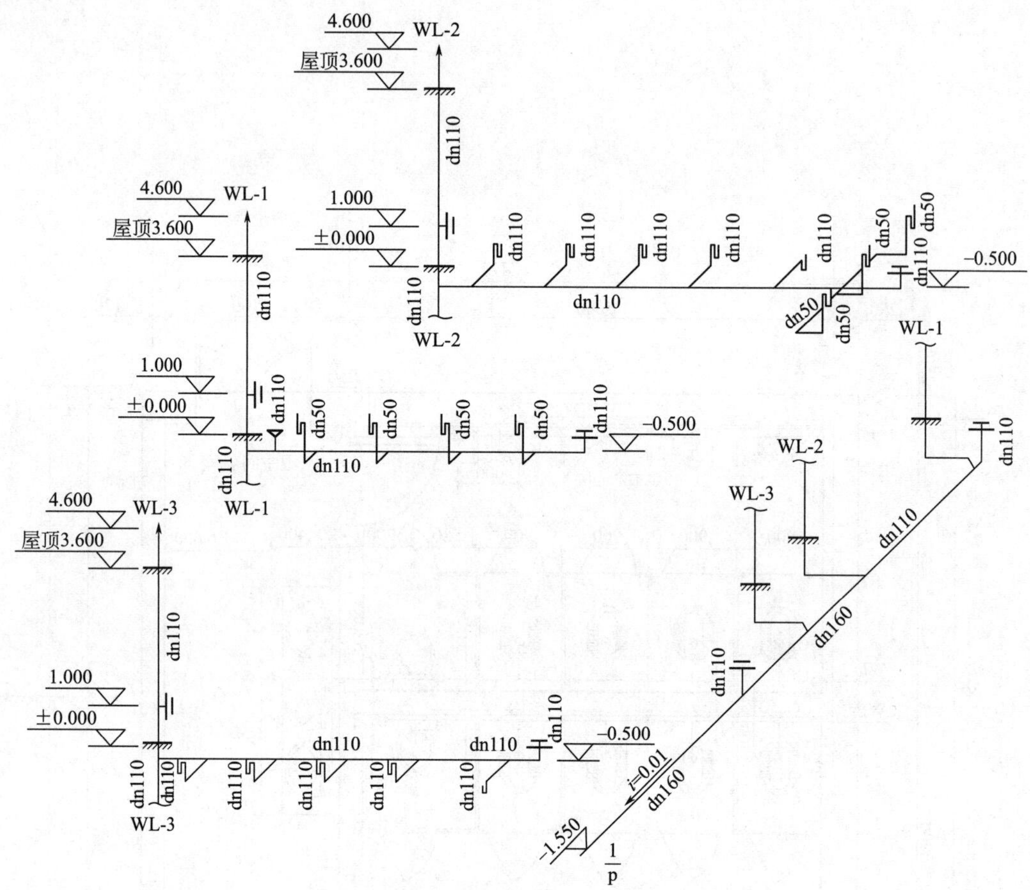

工程及卫生设备安装图集

序号	标准图名称	标准图编号	序号	标准图名称	标准图编号
1	感应式洗脸盆安装(510×420×212)	12S1-29	5	污水池安装(600×500×500)	12S1-1(甲型)
2	感应式冲洗阀蹲便器安装	12S1-109	6	地漏采用防干涸地漏	12S1-230
3	感应式小便斗安装	12S1-161	7	PVC-U穿楼板、屋面板	12S9-97
4	坐便器安装(644×360×370)	12S1-87	8	排水立管设伸缩节	12S9-93～95

图例名称

名称	图例	名称	图例	名称	图例
生活给水管	—·—	坡度	0.03 →	坐便器	
排水管	——	地漏		洗脸盆	
检查口		清扫口		洗涤盆	
S(P)		通气帽	↑	预留洞口	
小便器		蹲式大便器			

图 3-50 排水系统图

【参考答案】

1. （1）排水管道工程量的计算：

1）dn160 排水干管：3+0.25+(2.9+0.12+0.1)=6.37（m）

dn110 排水干管：2.9-(0.12+0.1)-(0.12+0.1)+1.55×2=5.56（m）

2）WL1 工程量：

dn110：(0.78-0.1)+1.55+3.6+(4.6-3.6)+(0.9×3+0.45+0.6-0.1)+0.5+0.5=11.48（m）

dn50：0.5×4=2（m）

3）WL2 工程量：

dn110：(0.78-0.1)+1.55+3.6+(4.6-3.6)+(0.9×4+0.58+0.7+0.42+0.4-0.1)+[0.5+(0.8-0.12-0.1)]×4+[0.5+(0.52-0.12-0.1)]+0.5=18.05（m）

dn50：0.9×2+[0.5+(0.42-0.12-0.1)]×3=3.90（m）

4）WL3 工程量：

dn110：(0.78-0.1)+1.55+3.6+(4.6-3.6)+(0.9×4+0.58+0.35-0.1)+[0.5+(0.8-0.12-0.1)]×4+[0.5+(0.52-0.12-0.1)]+0.5=16.88（m）

排水管道合计：

dn160：6.37m

dn110：5.56+11.48+18.05+16.88=51.97（m）

dn50：2+3.9=5.90（m）

（2）给水排水附配件

1）地漏 DN100：1 个；

2）地面扫除口 DN100：5 个；

3）预留洞口及堵洞：ϕ300 3 个；

4）dn110 明设立管的数量：3.6×3=10.80（m）；

则管卡的数量为 5÷10×10.8=5.40（个），取整为 6 个。

2. 见表 3-107。

分部分项工程和单价措施项目清单与计价表　　表 3-107

序号	项目编码	项目名称	项目特征描述	计量单位	工程量	金额（元）	
						综合单价	合价
1	031001006001	塑料管	室内安装，污废水，dn50 硬聚氯乙烯管，粘结，灌水试验	m	8	—	—
2	031001006002	塑料管	室内安装，污废水，dn110 硬聚氯乙烯管，粘结，灌水试验	m	30	—	—
3	031001006003	塑料管	室内安装，污废水，dn160 硬聚氯乙烯管，粘结，灌水试验	m	10	—	—

续表

序号	项目编码	项目名称	项目特征描述	计量单位	工程量	金额（元）	
						综合单价	合价
4	031004014001	给水、排水附（配）件	DN100 地漏（带水封）	个	1	—	—
5	031004014002	给水、排水附（配）件	DN100 清扫口	个	5	—	—
6	030413003001	预留孔洞、堵洞	过墙基础预留，ϕ300 孔洞，1∶2.5 水泥砂浆堵洞	个	3	—	—

3. 见表 3-108。

综合单价分析表 表 3-108

<table>
<tr><td>项目编码</td><td colspan="2">031001006002</td><td>项目名称</td><td colspan="3">dn110 室内塑料排水管安装（粘结）</td><td colspan="2">计量单位</td><td>m</td><td>工程量</td><td>30</td></tr>
<tr><td colspan="12">清单综合单价组成明细</td></tr>
<tr><td rowspan="2">定额编号</td><td rowspan="2">定额名称</td><td rowspan="2">定额单位</td><td rowspan="2">数量</td><td colspan="4">单价（元）</td><td colspan="4">合价（元）</td></tr>
<tr><td>人工费</td><td>材料费</td><td>机械费</td><td>管理费和利润</td><td>人工费</td><td>材料费</td><td>机械费</td><td>管理费和利润</td></tr>
<tr><td></td><td>室内塑料排水管（粘结）工程外径 dn110</td><td>10m</td><td>0.10</td><td>161.19</td><td>109.93</td><td>0.06</td><td>128.95</td><td>16.12</td><td>10.99</td><td>0.01</td><td>12.90</td></tr>
<tr><td></td><td>塑料管成品管卡安装</td><td>个</td><td>0.50</td><td>1.49</td><td>5.73</td><td></td><td>1.19</td><td>0.75</td><td>2.87</td><td></td><td>0.60</td></tr>
<tr><td></td><td></td><td></td><td></td><td></td><td></td><td></td><td></td><td></td><td></td><td></td><td></td></tr>
<tr><td colspan="2">人工单价</td><td colspan="6">小计</td><td>16.87</td><td>13.86</td><td>0.01</td><td>13.50</td></tr>
<tr><td colspan="2">—</td><td colspan="6">未计价材料费</td><td colspan="4">6.70</td></tr>
<tr><td colspan="8">清单项目综合单价</td><td colspan="4">50.94</td></tr>
<tr><td rowspan="6">材料费明细</td><td colspan="3">主要材料名称、规格、型号</td><td colspan="2">单位</td><td colspan="2">数量</td><td>单价（元）</td><td>合价（元）</td><td>暂估单价（元）</td><td>暂估合价（元）</td></tr>
<tr><td colspan="3">塑料管 dn110</td><td colspan="2">m</td><td colspan="2">0.95</td><td>6</td><td>5.70</td><td></td><td></td></tr>
<tr><td colspan="3">镀锌铁皮伞形透气帽</td><td colspan="2">个</td><td colspan="2">0.10</td><td>10</td><td>1</td><td></td><td></td></tr>
<tr><td colspan="3"></td><td colspan="2"></td><td colspan="2"></td><td></td><td></td><td></td><td></td></tr>
<tr><td colspan="7">其他材料费</td><td></td><td>13.86</td><td></td><td></td></tr>
<tr><td colspan="7">材料费小计</td><td></td><td>20.56</td><td></td><td></td></tr>
</table>

试题七（通风空调安装工程计量计价）

工程有关背景资料如下：

1. 工厂某车间通风空调安装工程简化施工图如图 3-51 所示，该车间层高为 4.5m。

2. 铝合金方形散流器（规格 480×480）和多叶调节阀为成品购买，各种规格的矩形弯管导流叶片数量见表 3-109，矩形弯管单片导流叶片面积见表 3-110。

矩形弯管导流叶片数量 表 3-109

长边长（mm）	600	800	1000	1250
导流叶片个数（个）	4	6	7	8

矩形弯管单片导流叶片面积 表 3-110

短边长（mm）	250	320	400	500
面积（m^2）	0.091	0.114	0.14	0.17

3. 相关分部分项工程量清单统一项目编码见表 3-111。

相关分部分项工程量清单统一项目编码 表 3-111

项目编码	项目名称	项目编码	项目名称
030701003	空调器	030704001	通风工程检测调试
030702001	碳钢通风管道	030704002	风管漏光试验、漏风试验
030703001	碳钢阀门	031201003	金属结构刷油
030703011	铝及铝合金散流器		

4. 相关定额人工、材料、机械台班消耗量及市场价格见表 3-112。

定额人工、材料、机械台班消耗量及市场价格 表 3-112

定额编号			12-1-5	12-2-49	12-2-50	市场价格
项目名称			一般钢结构手工除轻锈	刷红丹防锈漆		
				第一遍	第二遍	
			计量单位：100kg			
名称		单位	消耗量			
人工（综合工日）		工日	0.303	0.205	0.197	150.00（元/工日）
材料	钢丝刷子	把	0.150	—	—	4.00（元/把）
	铁砂布 0~2 号	张	1.090	—	—	3.00（元/张）
	破布	kg	0.150	—	—	9.00（元/kg）
	醇酸防锈漆 C53-1	kg	—	1.16	0.950	20.00（元/kg）
	溶剂汽油	L	—	0.009	0.078	7.50（元/L）
机械	汽车式起重机 16t	台班	0.010	0.005	0.005	1500.00（元/台班）

5. 假设相关定额单位估价表见表 3-113。

金属结构除锈、刷红丹防锈漆定额单位估价表　　表 3-113

定额编号	项目名称	单位	安装基价（元）			未计价主材	
			人工费	材料费	机械费	单价	消耗量
12-1-57	一般钢结构手工除轻锈	100kg	40.00	4.50	13.00		
12-2-49	刷红丹防锈漆第一遍	100kg	30.00	22.00	7.00		
12-2-50	刷红丹防锈漆第二遍	100kg	28.00	20.00	7.00		

说明：管理费按人工费的 60%计算，利润按人工费的 30%计算。

以上费用和单价均不包括规费和增值税可抵扣进项税。

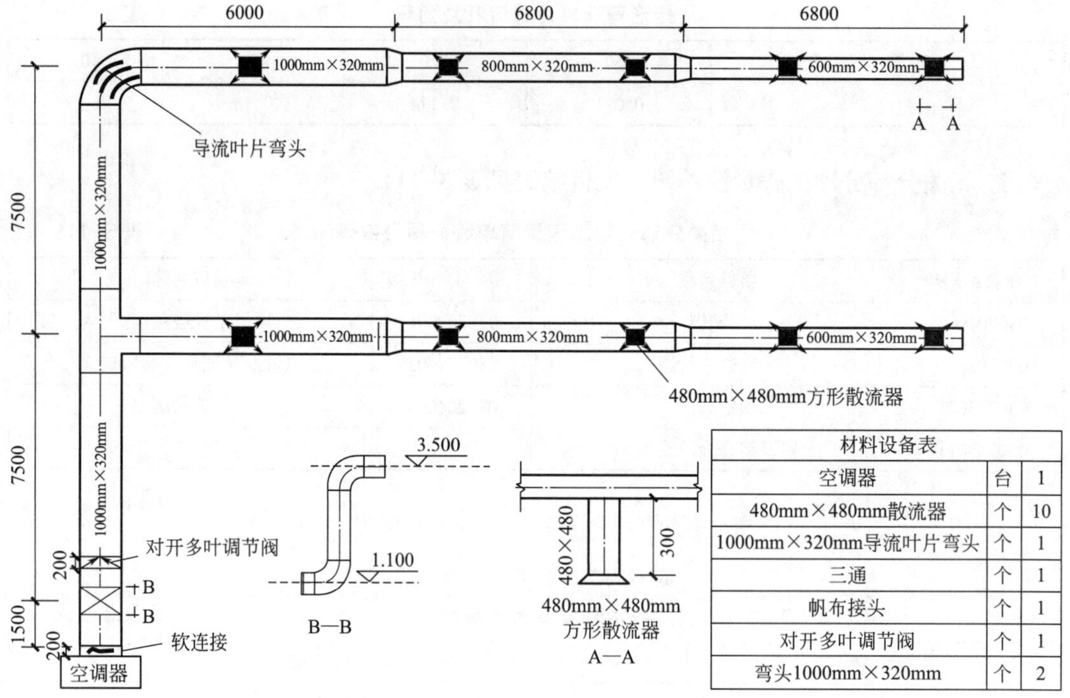

图 3-51　某加工车间通风空调系统安装工程

设计说明：

1. 本工程为某加工车间通风空调系统安装工程，层高为 4.5m。

2. 本加工车间采用 1 台恒温恒湿机进行室内空气调节，并配合土建砌筑混凝土基础和预埋地脚螺栓安装，其型号为 YSL-DHS-225，外形尺寸为 1200mm×1100mm×1900mm。

3. 风管采用镀锌薄钢板矩形风管，法兰咬口连接，风管规格 1000mm×320mm，板厚 $\delta=1.0$mm；风管规格 800mm×320mm，板厚 $\delta=0.75$mm；风管规格 600mm×320mm，板厚 $\delta=0.6$mm；风管规格 480mm×480mm，板厚 $\delta=0.5$mm。

4. 对开多叶调节阀为成品购买，成品铝合金方形散流器规格为 480mm×480mm。

5. 风管采用橡塑玻璃棉保温，保温厚度为 $\delta=30$mm。

6. 恒温恒湿机 YSL-DHS-2251200×1100×1900-350kg，落地安装。

7. 恒温恒湿机减振措施采用橡胶隔振垫 $\delta=20$mm，地脚螺栓规格采用 $\phi=14$mm，$L=250$mm。

【问题】

1. 根据《通用安装工程工程量计算规范》GB 50856 的规定，以及图 3-51 所示内容和背景资料 2，分别列式计算镀锌薄钢板风管、弯管导流叶片、帆布软接口、橡塑玻璃棉保温的清单工程量，并把计算式和计算结果填入表 3-114。

2. 假设风管工程量为 150m^2，风管支吊架、托架、法兰等普通金属结构为 795kg，其他工程量按给定的图纸计算，根据《建设工程工程量清单计价规范》GB 50500 和《通用安装工程工程量计算规范》GB 50856、图 3-51 及背景资料 3，编制空调器、碳钢阀门、铝及铝合金散流器、金属结构刷油、通风工程检验调试、风管漏光试验、风管漏风试验的分部分项工程量清单，并把编制结果填入表 3-115。

3. 根据背景资料 4 编制一般金属结构除锈、刷红丹防锈漆定额单位估价表，并把编制结果填入表 3-116。

4. 根据《建设工程工程量清单计价规范》GB 50500 和《通用安装工程工程量计算规范》GB 50856、背景资料 5，编制金属结构刷油项目工程量清单的综合单价分析表，并填入表 3-117 中。

（计算过程保留三位小数，结果保留两位小数）

工程量清单计算表 **表 3-114**

名称及规格		单位	计算式	工程量
镀锌薄钢板	1000×320	m^2		
	800×320	m^2		
	600×320	m^2		
	480×480	m^2		
弯头导流叶片		m^2		
帆布软接头		m^2		
风管玻璃棉保温		m^3		

分部分项工程量清单 **表 3-115**

序号	项目编码	项目名称	项目特征描述	计量单位	工程量

一般金属结构除锈、刷红丹防锈漆定额单位估价表 表 3-116

<table>
<tr><th rowspan="2">定额编号</th><th rowspan="2">项目名称</th><th rowspan="2">单位</th><th colspan="3">安装基价（元）</th><th colspan="2">未计价主材</th></tr>
<tr><th>人工费</th><th>材料费</th><th>机械费</th><th>单价</th><th>消耗量</th></tr>
<tr><td>12-1-5</td><td>一般钢结构除轻锈</td><td>100kg</td><td></td><td></td><td></td><td></td><td></td></tr>
<tr><td>12-2-49</td><td>刷红丹防锈漆第一遍</td><td>100kg</td><td></td><td></td><td></td><td></td><td></td></tr>
<tr><td>12-2-50</td><td>刷红丹防锈漆第二遍</td><td>100kg</td><td></td><td></td><td></td><td></td><td></td></tr>
</table>

综合单价分析表 表 3-117

<table>
<tr><td>项目编码</td><td colspan="2"></td><td>项目名称</td><td colspan="3"></td><td>计量单位</td><td></td><td>工程量</td><td colspan="2"></td></tr>
<tr><td colspan="12">清单综合单价组成明细</td></tr>
<tr><td rowspan="2">定额编号</td><td rowspan="2">定额名称</td><td rowspan="2">定额单位</td><td rowspan="2">数量</td><td colspan="4">单价（元）</td><td colspan="4">合价（元）</td></tr>
<tr><td>人工费</td><td>材料费</td><td>机械费</td><td>管理费和利润</td><td>人工费</td><td>材料费</td><td>机械费</td><td>管理费和利润</td></tr>
<tr><td></td><td></td><td></td><td></td><td></td><td></td><td></td><td></td><td></td><td></td><td></td><td></td></tr>
<tr><td></td><td></td><td></td><td></td><td></td><td></td><td></td><td></td><td></td><td></td><td></td><td></td></tr>
<tr><td></td><td></td><td></td><td></td><td></td><td></td><td></td><td></td><td></td><td></td><td></td><td></td></tr>
<tr><td colspan="2">人工单价</td><td colspan="6">小计</td><td></td><td></td><td></td><td></td></tr>
<tr><td colspan="2">元/工日</td><td colspan="6">未计价材料费（元）</td><td colspan="4"></td></tr>
<tr><td colspan="8">清单项目综合单价（元）</td><td colspan="4"></td></tr>
<tr><td rowspan="5">材料费明细</td><td colspan="2">主要材料名称、规格、型号</td><td colspan="2">单位</td><td colspan="3">数量</td><td>单价（元）</td><td>合价（元）</td><td>暂估单价（元）</td><td>暂估合价（元）</td></tr>
<tr><td colspan="2"></td><td colspan="2"></td><td colspan="3"></td><td></td><td></td><td></td><td></td></tr>
<tr><td colspan="2"></td><td colspan="2"></td><td colspan="3"></td><td></td><td></td><td></td><td></td></tr>
<tr><td colspan="2">其他材料费</td><td colspan="2"></td><td colspan="3"></td><td></td><td></td><td></td><td></td></tr>
<tr><td colspan="7">材料费小计</td><td></td><td></td><td></td><td></td></tr>
</table>

【参考答案】

1. 见表 3-118。

工程量清单计算表 表 3-118

<table>
<tr><th colspan="2">名称及规格</th><th>单位</th><th>计算式</th><th>工程量</th></tr>
<tr><td rowspan="4">薄镀锌钢板</td><td>1000×320</td><td>m^2</td><td>1.5+(3.5−1.1)+7.5+7.5−0.2+6×2=30.70（m）
30.70×(1+0.32)×2=81.05（m^2）</td><td>81.05</td></tr>
<tr><td>800×320</td><td>m^2</td><td>6.8×2=13.60（m）
13.60×(0.8+0.32)×2=30.46（m^2）</td><td>30.46</td></tr>
<tr><td>600×320</td><td>m^2</td><td>6.8×2=13.60（m）
13.60×(0.6+0.32)×2=25.02（m^2）</td><td>25.02</td></tr>
<tr><td>480×480</td><td>m^2</td><td>(0.3+0.32÷2)×10=4.60（m）
4.60×(0.48+0.48)×2=8.83（m^2）</td><td>8.83</td></tr>
</table>

续表

名称及规格	单位	计算式	工程量
弯头导流叶片	m^2	7×0.114=0.80（m^2）	0.80
帆布软接头	m^2	0.2×(1+0.32)×2=0.53（m^2）	0.53
风管玻璃棉保温	m^3	[(1+0.32)×2+4×1.033×0.03]×1.033×0.03×30.7+[(0.8+0.32)×2+4×1.033×0.03]×1.033×0.03×13.6+[(0.6+0.32)×2+4×1.033×0.03]×1.033×0.03×13.6+[(0.48+0.48)×2+4×1.033×0.03]×1.033×0.03×4.6=2.63+1+0.83+0.3=4.76（m^3）	4.76

2. 见表 3-119。

分部分项工程量清单 **表 3-119**

序号	项目编码	项目名称	项目特征描述	计量单位	工程量
1	030701003001	空调器	恒温恒湿机 YSL-DHS-2251200×1100×1900-350kg，落地安装，橡胶隔振垫 δ=20mm	台	1
2	030703001001	碳钢阀门	对开多叶调节阀，1000×320，L=200mm	个	1
3	030703009001	散流器	成品铝合金方形散流器 480×480	个	10
4	030704001001	通风工程检测	通风系统检测、调试，风管工程量 150m^2	系统	1
5	030704002001	风管漏光试验、漏风试验	矩形风管漏光试验、漏风试验	m^2	150.00
6	031201003001	金属结构刷油	金属结构除轻锈，刷红丹防锈漆两遍	kg	795.00

3. 见表 3-120。

一般金属结构除轻锈、刷红丹防锈漆定额单位估价表 **表 3-120**

定额编号	项目名称	单位	安装基价（元）			未计价主材	
			人工费	材料费	机械费	单价	消耗量
12-1-5	一般钢结构除轻锈	100kg	45.45	5.22	15.00	—	—
12-2-49	刷红丹防锈漆第一遍	100kg	30.75	23.27	7.50	—	—
12-2-50	刷红丹防锈漆第二遍	100kg	29.55	19.59	7.50	—	—

4. 见表 3-121。

综合单价分析表 **表 3-121**

项目编码	031201003001	项目名称	金属结构刷油	计量单位	kg	工程量	795
清单综合单价组成明细							

续表

定额编号	定额名称	定额单位	数量	单价（元）				合价（元）			
				人工费	材料费	机械费	管理费和利润	人工费	材料费	机械费	管理费和利润
12-1-5	一般钢结构除轻锈	100kg	0.01	40.00	4.50	13.00	36.00	0.40	0.05	0.13	0.36
12-2-49	刷红丹防锈漆第一遍	100kg	0.01	30.00	22.00	7.00	27.00	0.30	0.22	0.07	0.27
12-2-50	刷红丹防锈漆第二遍	100kg	0.01	28.00	20.00	7.00	25.20	0.28	0.20	0.07	0.25
人工单价		小计						0.98	0.47	0.27	0.88
150元/工日		未计价材料费（元）						0.00			
清单项目综合单价（元）								2.60			
材料费明细	主要材料名称、规格、型号			单位		数量		单价（元）	合价（元）	暂估单价（元）	暂估合价（元）
	其他材料费								0.47		
	材料费小计								0.47		

典型案例母题3（电气自动化专业）

试题一（防雷接地计量计价）

工程背景资料如下：

1. 图3-52所示为某标准厂房防雷接地平面图。

2. 防雷接地工程的相关定额见表3-122。

防雷接地工程的相关定额表　　表3-122

定额编号	项目名称	定额单位	安装基价（元）			主材	
			人工费	材料费	机械费	单价	损耗率（%）
2-691	角钢接地极制作、安装	根	50.35	7.95	19.26	42.40元/根	3
2-748	避雷网安装	10m	87.40	34.23	13.92	3.90元/m	5
2-746	避雷引下线敷设，利用建筑物主筋引下	10m	77.90	16.35	67.41		
2-697	户外接地母线敷设	10m	289.75	5.31	4.29	6.30元/m	5
2-747	断接卡子制作、安装	10套	342.00	108.42	0.45		
2-886	接地网调试	系统	950.00	13.92	756.00		

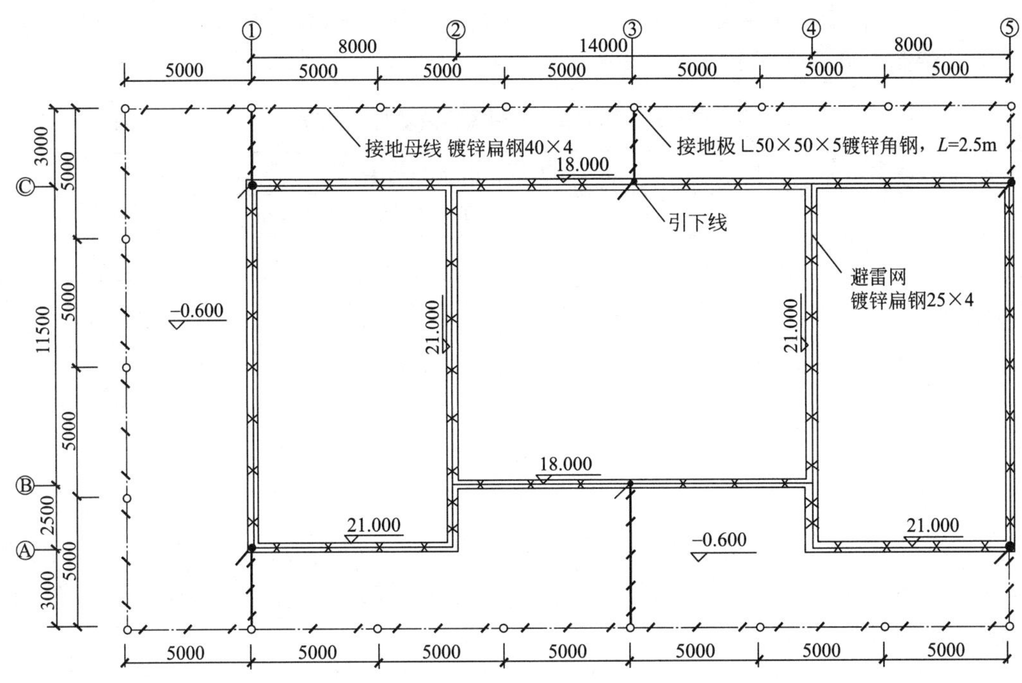

图 3-52　标准厂房防雷接地平面图

说明：

1. 室内外地坪高差 0.60m，不考虑墙厚，也不考虑引下线与避雷网、引下线与断接卡子的连接耗量。
2. 避雷网采用 25×4 镀锌扁钢，沿屋顶女儿墙敷设。
3. 引下线利用建筑物柱内主筋引下，每一处引下线均需焊接 2 根主筋，每一引下线离地坪 1.8m 处设一断接卡子。
4. 户外接地母线均采用 40×4 镀锌扁钢，埋深 0.7m。
5. 接地极采用∟50×50×5 镀锌角钢制作，$L=2.5$m。
6. 接地电阻要求小于 10Ω。
7. 图中标高单位以“m”计，其余均为“mm”。

3. 该工程的管理费和利润分别按人工费的 30%和 10%计算，人工单价为 95 元/工日。

4. 相关分部分项工程量清单项目统一编码见表 3-123。

分部分项工程量清单项目统一编码表　　**表 3-123**

项目编码	项目名称	项目编码	项目名称
030409001	接地极	030409005	避雷网
030409002	接地母线	030414011	接地装置调试
030409003	避雷引下线		

【问题】

1. 按照背景资料 1~4 和图 3-52 所示内容，根据《建设工程工程量清单计价规范》GB 50500 和《通用安装工程工程量计算规范》GB 50856 的规定，分别列式计算避雷网、避雷引下线（利用建筑物主筋作引下线不计附加长度）和接地母线的工程量，并在表 3-124 中计算和编制各分部分项工程的综合单价与合价。

分部分项工程和单价措施项目清单与计价表　　表 3-124

序号	项目编码	项目名称	项目特征描述	计量单位	工程量	金额（元）		
						综合单价	合价	其中：暂估价
1								
2								
3								
4								
5								
合计								

2. 设定该工程"避雷引下线"项目的清单工程量为 120m，其余条件均不变，根据背景资料 2 中的相关定额，在表 3-125 中，计算该项目的综合单价。（"数量"栏保留三位小数，其余均保留两位小数）

综合单价分析表　　表 3-125

项目编码		项目名称					计量单位		工程量	
清单综合单价组成明细										
定额编号	定额项目名称	定额单位	数量	单价（元）				合价（元）		
				人工费	材料费	机械费	管理费和利润	人工费	材料费	机械费	管理费和利润
人工单价		小计									
95 元/工日		未计价材料费（元）									
清单项目综合单价（元）											
材料费明细	主要材料名称、规格、型号		单位		数量			单价（元）	合价（元）	暂估单价（元）	暂估合价（元）
	其他材料费							—		—	
	材料费小计							—		—	

【参考答案】

1.（1）避雷网（25×4 镀锌扁钢）工程量计算：

$$[(8+14+8)\times2+(11.5+2.5)\times4+(21-18)\times4]\times(1+3.9\%)=132.99\ (\text{m})$$

或：{[(11.5+2.5)×2+8×2]×2+14×2+(21−18)×4}×(1+3.9%)=132.99（m）

(2) 避雷引下线（利用主钢筋）工程量计算：

(21−1.8+0.6)×4+(18−1.8+0.6)×2=79.2+33.6=112.80（m）

(3) 接地母线（埋地 40×4 镀锌扁钢）工程量计算：

[5×18+(3+0.7+1.8)×5+(3+2.5+0.7+1.8)]×(1+3.9%)=130.39（m）

或：[5×18+3×6+2.5+(1.8+0.7)×6]×(1+3.9%)=130.39（m）

分部分项工程和单价措施项目清单与计价表 表 3-126

序号	项目编码	项目名称	项目特征描述	计量单位	工程量	金额（元）		
						综合单价	合价	其中：暂估价
1	030409001001	接地极	角钢接地极 L50×50×5 $L=2.5$m 埋深 0.7m	根	19	141.37	2686.03	
2	030409002001	接地母线	镀锌扁钢 40×4，接地母线埋深 0.7m	m	130.39	48.14	6276.97	
3	030409003001	避雷引下线	利用建筑物内主筋引下，每处引下线焊接 2 根主筋，共 6 处，每一引下线设一断接卡子	m	112.80	22.22	2506.42	
4	030409005001	避雷网	避雷网 镀锌扁钢 25×4 沿屋顶女儿墙铺设	m	132.99	21.15	2812.74	
5	030409011001	接地装置调试	避雷网接地电阻测试	系统	1	2099.92	2099.92	
合计							16403.51	

2. 见表 3-127。

综合单价分析表 表 3-127

项目编码	030409003001	项目名称	避雷引下线				计量单位	m	工程量	120	
清单综合单价组成明细											
定额编号	定额项目名称	定额单位	数量	单价（元）				合价（元）			
				人工费	材料费	机械费	管理费和利润	人工费	材料费	机械费	管理费和利润
2-746	避雷引下线利用建筑物主筋引下	10m	0.100	77.90	16.35	67.41	31.16	7.79	1.64	6.74	3.12
2-747	断接卡子制作安装	10 套	0.005	342.00	108.42	0.45	136.80	1.71	0.54	0	0.68
人工单价		小计						9.50	2.18	6.74	3.80
95 元/工日		未计价材料费（元）						0			
清单项目综合单价（元）								22.22			

续表

	主要材料名称、规格、型号	单位	数量	单价（元）	合价（元）	暂估单价（元）	暂估合价（元）
材料费明细							
	其他材料费			—	2.18	—	
	材料费小计			—	2.18	—	

试题二（动力配电平面图计量计价）

工程背景资料如下：

1. 图3-53所示为某汽车库及其动力配电间平面图。
2. 动力配电工程的相关定额见表3-128（本题不考虑焊压铜接线端子工作内容）。

动力配电工程的相关定额表 表3-128

定额编号	项目名称	定额单位	安装基价（元）			主材	
			人工费	材料费	机械费	单价	损耗率（%）
2-263	成套动力配电箱嵌入式安装（半周长0.5m以内）	台	135.00	63.66	0	2000元/台	
2-264	成套动力配电箱嵌入式安装（半周长1.0m以内）	台	162.00	68.78	0	5000元/台	
2-265	成套动力配电箱嵌入式安装（半周长1.5m以内）	台	207.00	73.68	0	8000元/台	
2-266	成套动力配电箱嵌入式安装（半周长2.5m以内）	台	252.00	62.50	7.14	11000元/台	
2-263	成套插座箱嵌入式安装（半周长0.5m以内）	台	135.00	63.66	0	1500元/台	
2-438	小型交流异步电机检查接线（功率3kW以下）	台	120.60	39.24	14.62		
2-439	小型交流异步电机检查接线（功率13kW以下）	台	230.40	66.98	16.76		
2-440	小型交流异步电机检查接线（功率30kW以下）	台	360.90	88.22	22.44		
2-1010	钢管ϕ25沿砖、混凝土结构暗配	100m	785.70	144.94	41.50	9.30元/m	3
2-1012	钢管ϕ40沿砖、混凝土结构暗配	100m	1341.60	248.40	59.36	12.80元/m	3
2-1198	管内穿线　动力线路BV2.5mm^2	100m	63.00	34.86	0	1.40元/m	5
2-1203	管内穿线　动力线路BV25mm^2	100m	123.30	57.44	0	14.60元/m	5

3. 该工程的管理费和利润分别按人工费的30%和10%计算。
4. 相关分部分项工程量清单项目统一编码见表3-129。

分部分项工程量清单项目统一编码表 表3-129

项目编码	项目名称	项目编码	项目名称
030404017	配电箱	030411001	配管
030404018	插座箱	030411004	配线
030406006	低压交流　异步电动机		

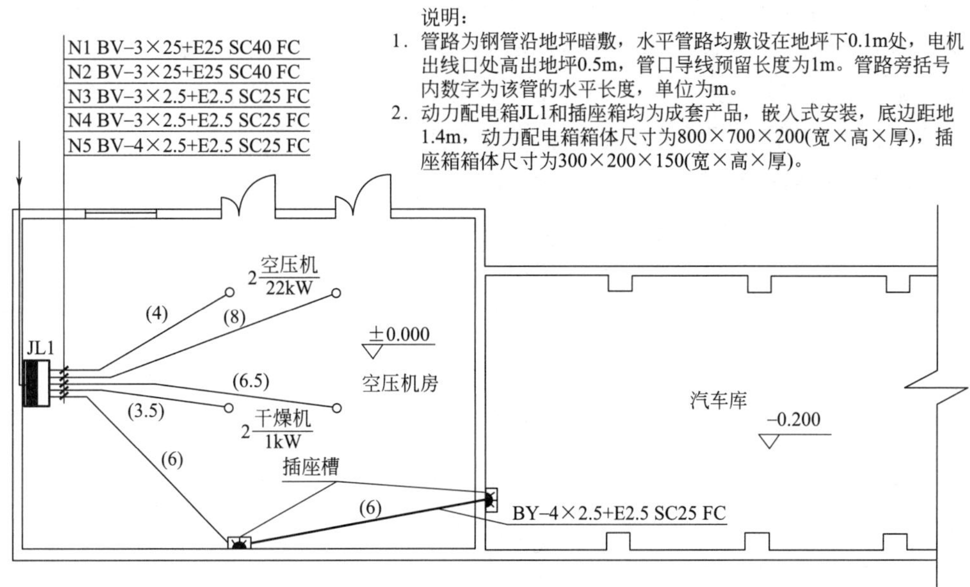
说明：
1. 管路为钢管沿地坪暗敷，水平管路均敷设在地坪下0.1m处，电机出线口处高出地坪0.5m，管口导线预留长度为1m。管路旁括号内数字为该管的水平长度，单位为m。
2. 动力配电箱JL1和插座箱均为成套产品，嵌入式安装，底边距地1.4m，动力配电箱箱体尺寸为800×700×200(宽×高×厚)，插座箱箱体尺寸为300×200×150(宽×高×厚)。
N1 BV-3×25+E25 SC40 FC
N2 BV-3×25+E25 SC40 FC
N3 BV-3×2.5+E2.5 SC25 FC
N4 BV-3×2.5+E2.5 SC25 FC
N5 BV-4×2.5+E2.5 SC25 FC
JL1
(4)
(8)
2 空压机 22kW
±0.000
空压机房
(6.5)
(3.5)
2 干燥机 1kW
(6)
插座槽
(6)
BY-4×2.5+E2.5 SC25 FC
汽车库
-0.200

图 3-53　汽车库及其动力配电间平面图

【问题】

1. 按照背景资料 1~4 和图 3-53 所示内容，根据《建设工程工程量清单计价规范》GB 50500 和《通用安装工程工程量计算规范》GB 50856 的规定，分别列式计算管、线工程量（不计算进线电缆部分），并在表 3-130 中计算和编制分部分项工程和单价措施项目清单与计价表。

分部分项工程和单价措施项目清单与计价表　　**表 3-130**

序号	项目编码	项目名称	项目特征描述	计量单位	工程量	金额（元）		
						综合单价	合价	其中：暂估价
1								
2								
3								
4								
5								
6								
7								
8								
本页小计								

2. 本工程在编制招标控制价时的数据设定如下：分部分项工程量清单费用为 200 万元，其中人工费为 34 万元，发包人提供材料为 20 万元，总价项目措施费为 8 万元，单价项目措施费为 6 万元，暂列金额为 12 万元，材料暂估价为 18 万元，发包人发包专业工程

暂估价为 13 万元，计日工为 1.5 万元，总承包服务费率（发包人发包专业工程）按 3%计，总承包服务费率（发包人提供材料）按 1%计，规费、税金为 15 万元。

请根据上述给定的数据，在表 3-131 中计算并填写其他项目中各项费用的金额；在表 3-132 中计算并填写本工程招标控制价中各项费用的金额。

（计算结果保留两位小数）

其他项目清单与计价汇总表 表 3-131

序号	项目名称	金额（万元）	结算金额（万元）	备注
1	暂列金额			
2	暂估价			
2.1	材料暂估价			
2.2	专业工程暂估价			
3	计日工			
4	总承包服务费			
4.1	其中：发包人发包专业工程			
4.2	其中：发包人提供材料			
	合计			

单位工程招标控制价汇总表 表 3-132

序号	汇总内容	金额（万元）	其中：暂估价（万元）
1	分部分项工程		
2	措施项目		
2.1	其中：单价措施项目		
2.2	其中：总价措施项目		
3	其他项目		
4	规费		
5	税金		
	招标控制价合计		

【参考答案】

1. （1）钢管 $\phi25$ 暗配工程量计算式：

(1.4+0.1+6.5+0.1+0.5)+(1.4+0.1+3.5+0.1+0.5)+(1.4+0.1+6+0.1+1.4)+(1.4+0.1+6+0.1+1.4-0.2)= 8.6+5.6+9+8.8=32（m）

（2）钢管 $\phi40$ 暗配工程量计算式：

(1.4+0.1+8+0.1+0.5)+(1.4+0.1+4+0.1+0.5)= 10.1+6.1=16.20（m）

（3）管内穿线 BV-2.5mm^2 工程量计算式：

(8.6+5.6)×4+(9+8.8)×5+(4+4+5)×(0.8+0.7)+(4+4)×1+(5+5+5)×(0.3+0.2)= 56.8+89+19.5+8+7.5=180.80（m）

(4) 管内穿线 BV-25mm^2 工程量计算式：

16.2×4+(4+4)×(0.7+0.8)+(4+4)×1=64.8+12+8=84.80（m）

分部分项工程和单价措施项目清单与计价表　　表 3-133

序号	项目编码	项目名称	项目特征描述	计量单位	工程量	金额（元）		
						综合单价	合价	其中：暂估价
1	030404017001	配电箱	动力配电箱 JL1 嵌入式安装，箱体尺寸：800×700×200（宽×高×厚）	台	1	8363.48	8363.48	
2	030404018001	插座箱	插座箱嵌入式安装，箱体尺寸：300×200×150（宽×高×厚）	台	2	1752.66	3505.32	
3	030406006001	低压交流异步电动机	干燥机功率 1kW 电机检查接线	台	2	222.70	445.40	
4	030406006002	低压交流异步电动机	空压机功率 22kW 电机检查接线	台	2	615.92	1231.84	
5	030411001001	配管	钢管 ϕ25 沿砖、混凝土结构暗配	m	32	22.44	718.08	
6	030411001002	配管	钢管 ϕ40 沿砖、混凝土结构暗配	m	16.20	35.04	567.65	
7	030411004001	配线	管内穿线 BV-2.5mm^2	m	180.80	2.70	488.16	
8	030411004002	配线	管内穿线 BV-25mm^2	m	84.80	17.63	1495.02	
本页小计							16814.95	

2. 见表 3-134、表 3-135。

其他项目清单与计价汇总表　　表 3-134

序号	项目名称	金额（万元）	结算金额（万元）	备注
1	暂列金额	12		
2	暂估价	13		
2.1	材料暂估价	—		
2.2	专业工程暂估价	13		
3	计日工	1.50		
4	总承包服务费	0.59		
4.1	其中：发包人发包专业工程	0.39		
4.2	其中：发包人提供材料	0.20		
合计		27.09		

单位工程招标控制价汇总表 **表 3-135**

<table>
<tr><th>序号</th><th>汇总内容</th><th>金额（万元）</th><th>其中：暂估价（万元）</th></tr>
<tr><td>1</td><td>分部分项工程</td><td>200</td><td rowspan="8"></td></tr>
<tr><td>2</td><td>措施项目</td><td>14</td></tr>
<tr><td>2.1</td><td>其中：单价措施项目</td><td>6</td></tr>
<tr><td>2.2</td><td>其中：总价措施项目</td><td>8</td></tr>
<tr><td>3</td><td>其他项目</td><td>27.09</td></tr>
<tr><td>4</td><td>规费</td><td rowspan="2">15</td></tr>
<tr><td>5</td><td>税金</td></tr>
<tr><td colspan="2">招标控制价合计</td><td>256.09</td></tr>
</table>

试题三（插座平面图计量计价）

1. 图 3-54 所示为某办公楼一层插座平面图，该建筑物为砖、混凝土结构。相关材料型号与规格见表 3-136。

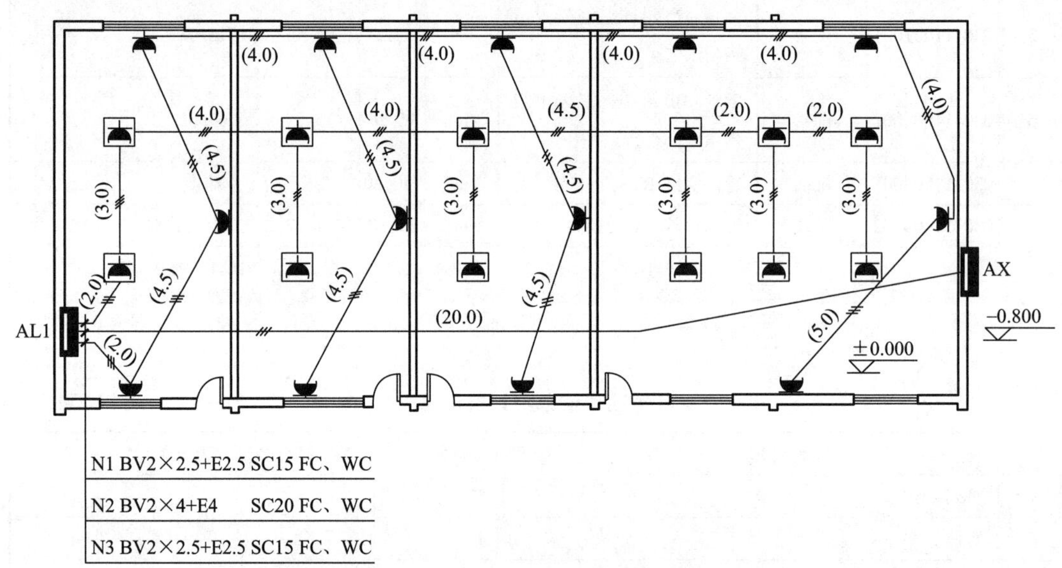

图 3-54 某办公楼一层插座平面图

说明：

1. 照明配电箱 AL1 电源由本层总配电箱引入。

2. 管路为钢管 DN15 或 DN20 沿地平面暗配，配管敷设标高为-0.05m，管内穿绝缘导线 BV-500 2.5mm² 或 BV-500 4mm²。

3. 室内外高差 0.8m。

4. 配管水平长度见括号内数字，单位为“m”。

相关材料型号与规格 表 3-136

序号	图例	名称、型号、规格	备注
1	AL1	照明配电箱 AL1 型号：BQDC101 箱体尺寸：500×300×120（宽×高×厚）	嵌入式安装，底边距地 1.5m
2	AX	户外插座箱 防护等级：IP65 箱体尺寸：400×600×180（宽×高×厚）	
3		地平面暗插座 单相带接地 10A 型号：MDC-3T/130	地平面暗装
4		单相带接地暗插座 10A	安装高度 0.3m

2. 该工程的相关定额、主材单价及损耗率见表 3-137。

相关定额、主材单价及损耗率 表 3-137

定额编号	项目名称	定额单位	安装基价(元)			主材	
			人工费	材料费	机械费	单价	损耗率(%)
4-2-76	照明配电箱嵌入式安装 半周长≤1.0m	台	102.3	10.60	0	900.00 元/台	
4-2-76	插座箱嵌入式安装 半周长≤1.0m	台	102.3	10.60	0	500.00 元/台	
4-12-34	砖、混凝土结构暗配 钢管 DN15	10m	46.80	9.92	3.57	5.00 元/m	3
4-12-35	砖、混凝土结构暗配 钢管 DN20	10m	46.80	17.36	3.65	6.50 元/m	3
4-13-5	管内穿照明线 BV2.5mm^2	10m	8.10	2.70	0	3.00 元/m	16
4-13-6	管内穿照明线 BV4mm^2	10m	5.40	3.00	0	4.20 元/m	10
4-13-178	暗装插座盒 86H50 型	个	3.30	0.96	0	3.00 元/个	2
4-13-178	暗装地坪插座盒 100H60 型	个	3.30	0.96	0	10.00 元/个	2
4-14-401	单相带接地暗插座 10A	套	6.80	1.85	0	12.00 元/套	2
4-14-401	单相带接地地坪暗插座 10A	套	6.80	1.85	0	90.00 元/套	2

3. 该工程的人工费单价（综合普工、一般技工和高级技工）为100元/工日，管理费和利润分别按人工费的30%和10%计算。

4. 相关分部分项工程量清单项目编码及项目名称见表3-138。

分部分项工程量清单项目编码及项目名称表　　表3-138

项目编码	项目名称	项目编码	项目名称
030404017	配电箱	030411001	配管
030404018	插座箱	030411004	配线
030404031	小电器	030411005	接线箱
030404035	插座	030411006	接线盒
030404036	其他电器		

【问题】

1. 按照背景资料1~4和图3-54所示内容，根据《建设工程工程量清单计价规范》GB 50500和《通用安装工程工程量计算规范》GB 50856的规定，计算各分部分项工程量，并将配管（DN15、DN20）和配线（BV2.5mm^2、BV4mm^2）的工程量计算式与结果填写在指定位置；计算各分部分项工程的综合单价与合价，编制完成表3-139。

分部分项工程和单价措施项目清单与计价表　　表3-139

序号	项目编码	项目名称	项目特征描述	计量单位	工程量	金额（元）		
						综合单价	合价	其中：暂估价
1								
2								
3								
4								
5								
6								
7								
8								
9								
10								
合计								

2. 设定该工程"管内穿线BV2.5mm^2"的清单工程量为300m，其余条件均不变，根据背景资料2中的相关数据，编制完成表3-140。

（计算结果保留两位小数）

综合单价分析表 表 3-140

<table>
<tr><td>项目编码</td><td colspan="2"></td><td>项目名称</td><td colspan="2"></td><td colspan="2">计量单位</td><td></td><td>工程量</td><td colspan="2"></td></tr>
<tr><td colspan="12">清单综合单价组成明细</td></tr>
<tr><td rowspan="2">定额编号</td><td rowspan="2">定额项目名称</td><td rowspan="2">定额单位</td><td rowspan="2">数量</td><td colspan="4">单价（元）</td><td colspan="4">合计（元）</td></tr>
<tr><td>人工费</td><td>材料费</td><td>机械费</td><td>管理费和利润</td><td>人工费</td><td>材料费</td><td>机械费</td><td>管理费和利润</td></tr>
<tr><td></td><td></td><td></td><td></td><td></td><td></td><td></td><td></td><td></td><td></td><td></td><td></td></tr>
<tr><td colspan="2">人工单价</td><td colspan="6">小计</td><td></td><td></td><td></td><td></td></tr>
<tr><td colspan="2">100 元/工日</td><td colspan="6">未计价材料费（元）</td><td colspan="4"></td></tr>
<tr><td colspan="8">清单项目综合单价（元）</td><td colspan="4"></td></tr>
<tr><td rowspan="4">材料费明细</td><td colspan="3">主要材料名称、规格、型号</td><td colspan="2">单位</td><td colspan="2">数量</td><td>单价（元）</td><td>合计（元）</td><td>暂估单价（元）</td><td>暂估合价（元）</td></tr>
<tr><td colspan="3"></td><td colspan="2"></td><td colspan="2"></td><td></td><td></td><td></td><td></td></tr>
<tr><td colspan="7">其他材料费</td><td>—</td><td></td><td>—</td><td></td></tr>
<tr><td colspan="7">材料费小计</td><td>—</td><td></td><td>—</td><td></td></tr>
</table>

【参考答案】

1. （1）钢管 DN15 暗配工程量计算：

N1：1.5+0.05+2.0+(3.0×6)+4.0+4.0+4.5+2.0+2.0=38.05（m）

N3：1.5+0.05+2.0+(4.5×6)+(4.0×5)+5.0+(0.05+0.3)×25=64.30（m）

合计：38.05+64.30=102.35（m）

（如 N1、N3 合并计算，计算结果正确者得满分）

（2）钢管 DN20 暗配工程量计算：

N2：1.5+0.05+20.0+(1.5−0.8+0.05)=22.30（m）

（3）管内穿线 BV2.5mm^2 工程量计算：

102.35×3+(0.5+0.3)×6=307.05+4.8=311.85（m）

（4）管内穿线 BV4mm^2 工程量计算：

(22.30+0.5+0.3+0.4+0.6)×3=72.30（m）

分部分项工程和单价措施项目清单与计价表 表 3-141

序号	项目编码	项目名称	项目特征描述	计量单位	工程量	金额（元）		
						综合单价	合价	其中：暂估价
1	030404017001	配电箱	照明配电箱 AL1 型号：BQDC101 嵌入式安装 箱体尺寸：500×300×120	台	1	1053.82	1053.82	

续表

序号	项目编码	项目名称	项目特征描述	计量单位	工程量	金额（元）		
						综合单价	合价	其中：暂估价
2	030404018001	插座箱	户外插座箱 AX 防护等级：IP65 嵌入式安装 箱体尺寸：400×600×180	台	1	653.82	653.82	
3	030404035001	插座	单相带接地暗插座 10A	套	13	23.61	306.93	
4	030404035002	插座	单相带接地地坪暗插座 10A 型号：MDC-3T/130	套	12	103.17	1238.04	
5	030411006001	接线盒	暗插座接线盒 86H50 型	个	13	8.64	112.32	
6	030411006002	接线盒	地坪暗插座接线盒 100H60 型	个	12	15.78	183.36	
7	030411001001	配管	钢管 DN15 砖、混凝土结构暗配	m	102.35	13.05	1335.67	
8	030411001002	配管	钢管 DN20 砖、混凝土结构暗配	m	22.30	15.35	342.31	
9	030411004001	配线	管内穿线 照明线路 BV-500 2.5mm^2	m	311.85	4.88	1521.83	
10	030411004002	配线	管内穿线 照明线路 BV-500 4mm^2	m	72.30	5.68	410.66	
合计							7164.76	

2. 见表 3-142。

综合单价分析表 **表 3-142**

项目编码	030411004001	项目名称		配线			计量单位		m		工程量	300
清单综合单价组成明细												
定额编号	定额项目名称		定额单位	数量	单价（元）				合计（元）			
					人工费	材料费	机械费	管理费和利润	人工费	材料费	机械费	管理费和利润
4-13-15	管内穿照明线 2.5mm^2		10m	0.10	8.10	2.70	0	3.24	0.81	0.27	0	0.32
人工单价			小计						0.81	0.27	0	0.32
100 元/工日			未计价材料费（元）						3.48			
清单项目综合单价（元）									4.88			
材料费明细	主要材料名称、规格、型号			单位		数量			单价（元）	合计（元）	暂估单价（元）	暂估合价（元）
	绝缘导线 BV-500 2.5mm^2			m		1.16			3.00	3.48		
	其他材料费								—	0.27	—	
	材料费小计								—	3.75	—	

试题四（照明插座平面图计量计价）

1. 图 3-55 为某大厦公共厕所电气平面图，图 3-56 为配电系统图及主要材料设备图例表。该建筑物为砖、混凝土结构，单层平屋面，层高为 3.3m。图中括号内数字表示线路水平长度。配管配线规格为：BV2.5mm² 2～3 根穿刚性阻燃管 PC20，4～5 根穿刚性阻燃管 PC25；BV4mm² 3 根穿刚性阻燃管 PC25。

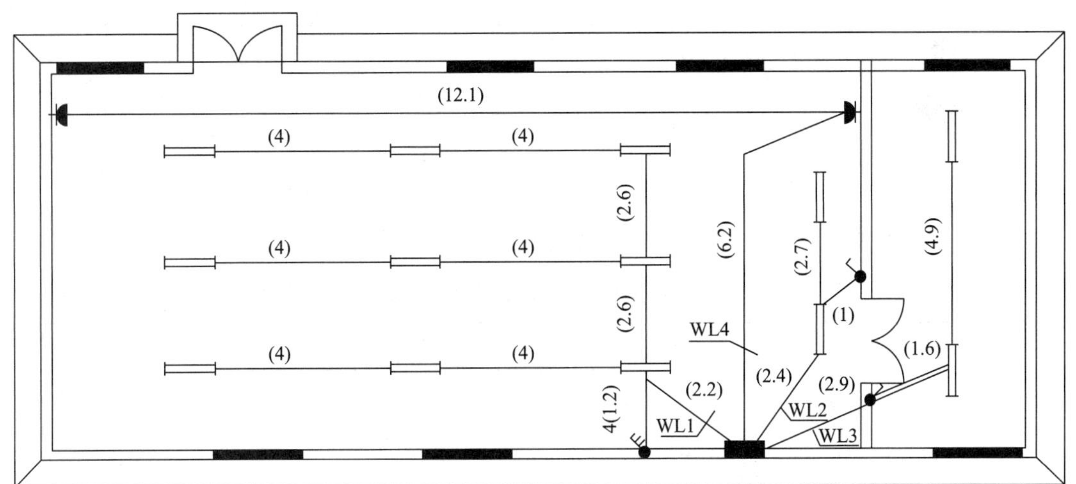

图 3-55　某大厦公共厕所电气平面图

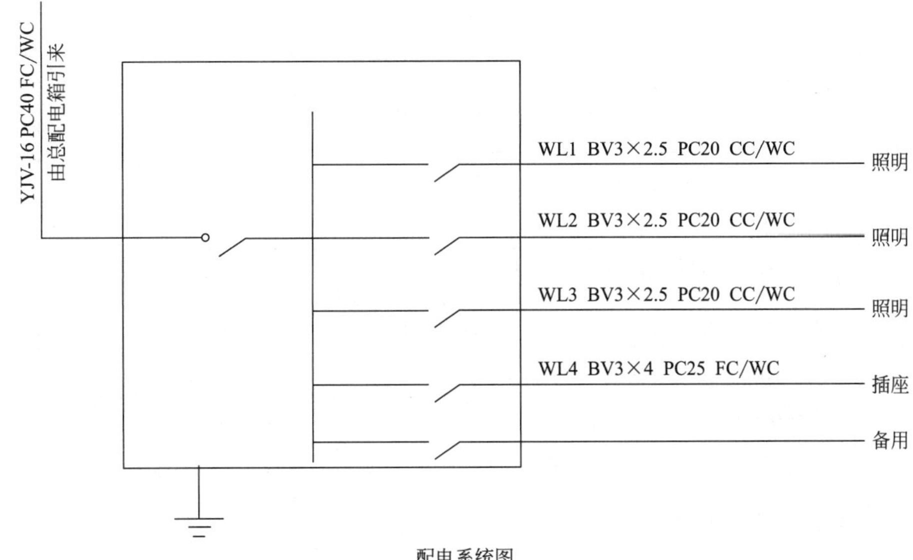

图 3-56　配电系统图及主要材料设备图例表（一）

主要材料设备图例表

符号	设备名称	型号规格	安装方式
	配电箱AL	P188R-496 300(宽)×450(高)×120(深)	嵌入式安装，底边距地1.8m
	双管荧光灯	T82×36W	吸顶安装
	单联单控翘板式开关	031/1/2A	暗装，距地1.3m
	三联单控翘板式开关	031/3/2A	暗装，距地1.3m
	单相二、三极暗插座	86Z26416-16A	暗装，距地0.3m

图 3-56 配电系统图及主要材料设备图例表（二）

2. 该工程的相关定额、主材单价及损耗率见表 3-143。

相关定额、主材单价及损耗率 表 3-143

定额编号	项目名称	定额单位	安装基价（元）			主材	
			人工费	材料费	机械费	单价	损耗率（%）
4-2-76	成套配电箱安装 嵌入式 半周长≤1.0m	台	102.30	34.40	0	1500.00 元/台	
4-4-15	无端子外部接线 导线截面面积≤2.5mm²	个	1.44	1.44	0		
4-4-14	无端子外部接线 导线截面面积≤6mm²	个	2.04	1.44	0		
4-12-134	砖、混凝土结构暗配刚性阻燃管 PC25	10m	67.20	5.80	0	2.30 元/m	6
4-13-6	管内穿照明线 铜芯 导线截面面积≤2.5mm²	10m	9.72	1.50	0	1.60 元/m	16
4-13-7	管内穿照明线 铜芯 导线截面面积≤4mm²	10m	6.48	1.45	0	2.56 元/m	10
4-14-373	跷板暗开关单联单控	个	6.84	0.80	0	8.00 元/个	2
4-14-378	跷板暗开关三联单控	个	6.84	0.80	0	10.00 元/个	2
4-14-303	单相二、三极暗插座≤15A	个	8.16	0.80	0	10.00 元/个	2
4-14-205	荧光灯具安装 吸顶式 双管	套	17.50	1.50	0	120 元/套	1
4-13-179	接线盒安装	个	4.30	0.90	0	10.00 元/个	2

该工程的管理费和利润分别按人工费的45%和15%计算。

3. 相关分部分项工程量清单项目统一编码及项目名称见表3-144。

相关分部分项工程量清单项目统一编码及项目名称　　表3-144

项目编码	项目名称	项目编码	项目名称
030404017	配电箱	030404034	照明开关
030411001	配管	030412005	荧光灯
030411004	配线	030404035	插座

4. 不考虑配管嵌入地面或顶板内深度。

5. 砖、混凝土结构暗配刚性阻燃管PC20相关定额见表3-145。

砖、混凝土结构暗配刚性阻燃管PC20消耗量定额（10m）　　表3-145

项目	单位	消耗量	单价
人工	工日	0.540	120元/工日
主材	m	10.60	20元/m
机械费	—	—	—
其他材料	元	5.10	

【问题】

1. 按照背景资料和图3-55、图3-56，根据《建设工程工程量清单计价规范》GB 50500和《通用安装工程工程量计算规范》GB 50856的规定，列式计算PC20、PC25、BV2.5mm^2、BV4mm^{2}的工程量。

WL1：

WL2：

WL3：

WL4：

汇总：

2. 假定PC20工程量为100m、PC25工程量为80m、BV2.5mm^{2}工程量为310m、BV4mm^{2}工程量为280m，其他工程量根据给定图纸计算，完成表3-146。

分部分项工程和单价措施项目清单与计价表　　表3-146

序号	项目编码	项目名称	项目特征描述	计量单位	工程量	金额（元）		
						综合单价	合价	其中：暂估价

3. 依据背景资料完成砖、混凝土结构暗配刚性阻燃管PC20相关定额基价表编制（表3-147）。

砖、混凝土结构暗配刚性阻燃管 PC20（10m）相关定额、主材单价及损耗率　　表 3-147

定额编号	项目名称	定额单位	安装基价（元）			主材	
			人工费	辅助材料	机械费	单价（元）	损耗率（%）
4-12-133	砖、混凝土结构暗配刚性阻燃管 PC20	10m					

4. 假定该工程 PC20 的清单工程量为 40m，需要 2 个接线盒，列式计算包括 PC20 主材和接线盒在内的配管综合单价，并编制完成表 3-148。

综合单价分析表　　表 3-148

项目编号			项目名称			计量单位			工程量		
清单综合单价组成明细											
定额编号	定额名称	定额单位	数量	单价（元）				合价（元）			
				人工费	材料费	机械费	管理费和利润	人工费	材料费	机械费	管理费和利润
人工单价		小计									
		未计价材料费（元）									
清单项目综合单价（元/m）											
材料费明细	主要材料名称、规格、型号			单位		数量		单价（元）	合价（元）	暂估单价（元）	暂估合价（元）
	其他材料费（元）										
	材料费小计（元）										

【参考答案】

1.（1）WL1 回路：

PC20（3 线）：(3.3−1.8−0.45)+2.2+4×6+2.6×2=32.45（m）

PC25（4 线）：1.2+(3.3−1.3)=3.20（m）

BV2.5mm^2：(0.3+0.45+32.45)×3+3.20×4=112.40（m）

（2）WL2 回路：

PC20（3 线）：(3.3−1.8−0.45)+2.4+2.7+1+(3.3−1.3)=9.15（m）

BV2.5mm^2：(0.3+0.45+9.15)×3=29.40（m）

（3）WL3 回路：

PC20（3 线）：(3.3−1.8−0.45)+2.9+4.9+1.6+(3.3−1.3)=12.45（m）

BV2.5mm^2：(0.3+0.45+12.45)×3=39.60（m）

（4）WL4 回路：

PC25（3线）：1.8+6.2+12.1+0.3×3=21.00（m）

BV4mm^2：（0.3+0.45+21）×3=65.25（m）

（5）汇总：

PC20：32.45+9.15+12.45=54.05（m）

PC25：3.20+21.00=24.20（m）

BV2.5mm^2：112.40+29.70+39.60=181.70（m）

BV4mm^2：65.25（m）

2. 见表3-149。

分部分项工程和单价措施项目清单与计价表　　**表3-149**

序号	项目编码	项目名称	项目特征描述	计量单位	工程量	金额（元）		
						综合单价	合价	其中：暂估价
1	030404017001	配电箱	配电箱P188R-496，下沿距地1.8m，嵌入式安装，300×450×120（宽×高×厚），无端子外部接线2.5mm^2 9个，无端子外部接线4mm^2 3个	台	1	1745.89	1745.89	
2	030411001001	配管	PC20刚性阻燃管，沿砖、混凝土结构暗配	m	100.00	32.08	3208	
3	030411001002	配管	PC25刚性阻燃管，沿砖、混凝土结构暗配	m	80.00	13.77	1101.60	
4	030411004001	配线	管内穿照明线BV2.5mm^2	m	310.00	3.56	1103.60	
5	030411004002	配线	管内穿照明线BV4mm^2	m	280.00	4.00	1120	
6	030404034001	照明开关	单联单控翘板开关C31/1/2A，暗装，距地1.3m	个	2	19.90	39.80	
7	030404034002	照明开关	三联单控翘板开关C31/3/2A，暗装，距地1.3m	个	1	21.94	21.94	
8	030412005001	荧光灯	双管荧光灯，T82×36W，吸顶安装	套	13	150.70	1959.10	
9	030404035001	插座	单相二、三极插座，86226416-16A暗装，距地0.3m	个	2	24.06	48.12	
合计							10348.05	

3. 见表3-150。

砖、混凝土结构暗配刚性阻燃管PC20（10m）相关定额、主材单价及损耗率表　**表3-150**

定额编号	项目名称	定额单位	安装基价（元）			主材	
			人工费	辅助材料	机械费	单价（元）	损耗率（%）
4-12-133	砖、混凝土结构暗配刚性阻燃管PC20	10m	64.80	5.10	0.00	20.00	6

4. 人工费：0.540×120÷10+4.3×(2÷40)＝6.70（元/m）

辅助材料费:5.10÷10+0.9×(2÷40)＝0.56（元/m）

主材费：10.6×20÷10+10×1.02×(2÷40)＝21.71（元/m）

管理费和利润：6.70×(45%+15%)＝4.02（元/m）

综合单价：6.70+0.56+4.02+21.71＝32.99（元/m）

综合单价分析表 **表 3-151**

<table>
<tr><td colspan="2">项目编号</td><td colspan="2">030411001001</td><td colspan="2">项目名称</td><td colspan="2">PC20 刚性阻燃管</td><td>计量单位</td><td>m</td><td>工程量</td><td>40</td></tr>
<tr><td colspan="12">清单综合单价组成明细</td></tr>
<tr><td rowspan="2">定额编号</td><td rowspan="2">定额名称</td><td rowspan="2">定额单位</td><td rowspan="2">数量</td><td colspan="4">单价（元）</td><td colspan="4">合价（元）</td></tr>
<tr><td>人工费</td><td>材料费</td><td>机械费</td><td>管理费和利润</td><td>人工费</td><td>材料费</td><td>机械费</td><td>管理费和利润</td></tr>
<tr><td>4-12-133</td><td>砖、混凝土结构暗配刚性阻燃管 PC20</td><td>10m</td><td>0.10</td><td>64.80</td><td>5.10</td><td>0.00</td><td>38.88</td><td>6.48</td><td>0.51</td><td>0.00</td><td>3.89</td></tr>
<tr><td>4-13-179</td><td>接线盒安装</td><td>个</td><td>0.05</td><td>4.30</td><td>0</td><td>0.00</td><td>2.58</td><td>0.22</td><td>0.05</td><td>0.00</td><td>0.13</td></tr>
<tr><td colspan="2">人工单价</td><td colspan="6">小计</td><td>6.70</td><td>0.56</td><td>0.00</td><td>4.02</td></tr>
<tr><td colspan="2">120 元/工日</td><td colspan="6">未计价材料费（元）</td><td colspan="4">21.71</td></tr>
<tr><td colspan="8">清单项目综合单价（元/m）</td><td colspan="4">32.99</td></tr>
<tr><td rowspan="5">材料费明细</td><td colspan="3">主要材料名称、规格、型号</td><td colspan="2">单位</td><td colspan="2">数量</td><td>单价（元）</td><td>合价（元）</td><td>暂估单价（元）</td><td>暂估合价（元）</td></tr>
<tr><td colspan="3">刚性阻燃管 PC20</td><td colspan="2">m</td><td colspan="2">1.06</td><td>20</td><td>21.20</td><td></td><td></td></tr>
<tr><td colspan="3">接线盒</td><td colspan="2">个</td><td colspan="2">0.051</td><td>10</td><td>0.51</td><td></td><td></td></tr>
<tr><td colspan="7">其他材料费（元）</td><td>0.56</td><td></td><td></td><td></td></tr>
<tr><td colspan="7">材料费小计（元）</td><td>22.27</td><td></td><td></td><td></td></tr>
</table>

试题五（照明、插座、防雷平面图计量计价）

工程背景资料如下：

1. 某建筑物为医院辅助用房工程，砖、混凝土结构，单层平屋面，建筑物层高 4.9m。照明平面图、插座平面图、配电箱系统接线图、防雷平面图、基础接地平面图分别如图 3-57～图 3-61 所示。主要设备材料表见表 3-152。图中括号内数字表示线路水平长度，顶板厚度为 100mm，配管嵌入地面或顶板内深度均按 0.05m 计算；配管配线规格为：NHBV2.5 2～4 根穿 JDG20，5～6 根穿 JDG25，其余按系统图。

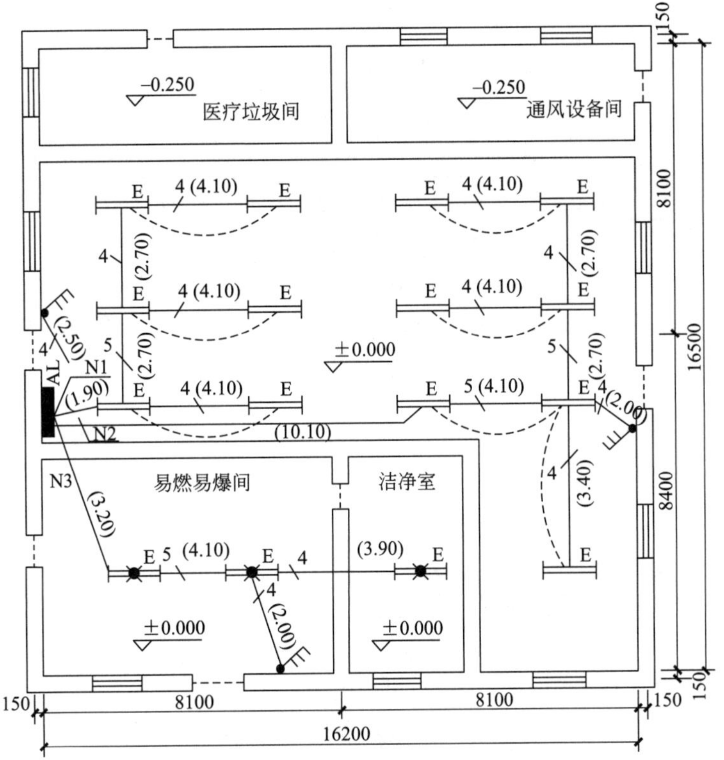

图 3-57 照明平面图

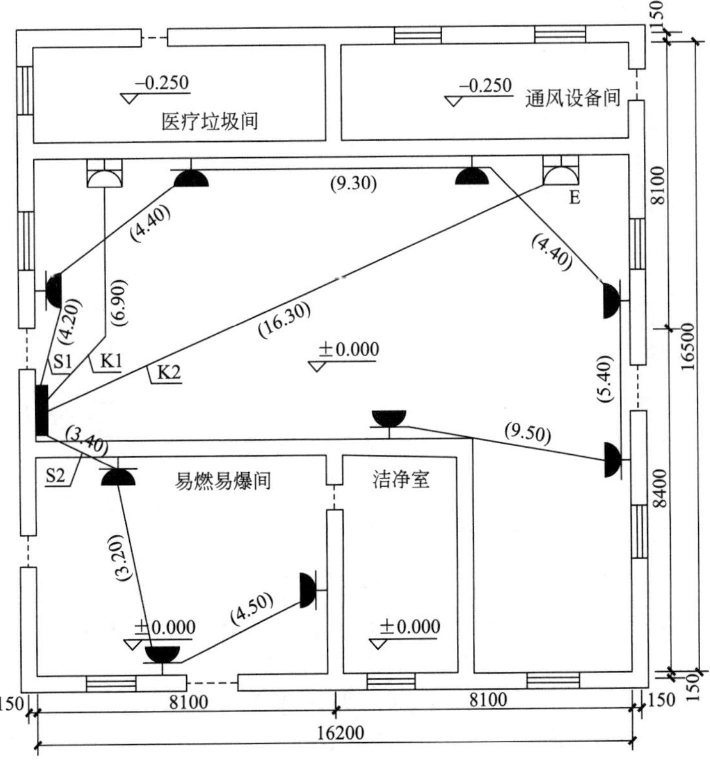

图 3-58 插座平面图

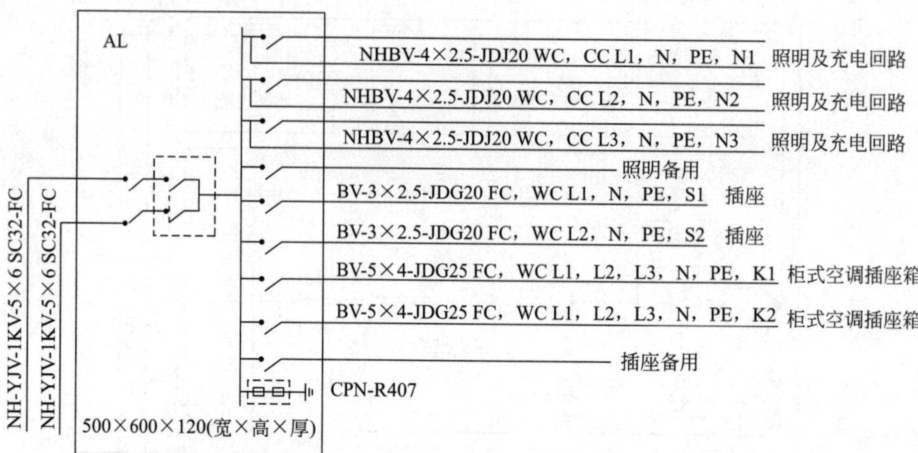

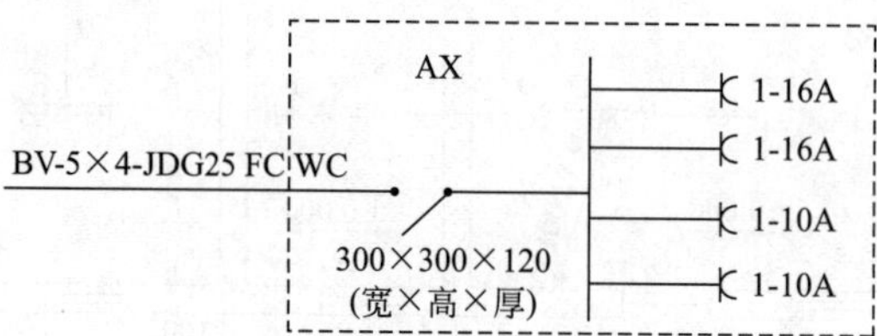

图 3-59　配电箱系统接线图

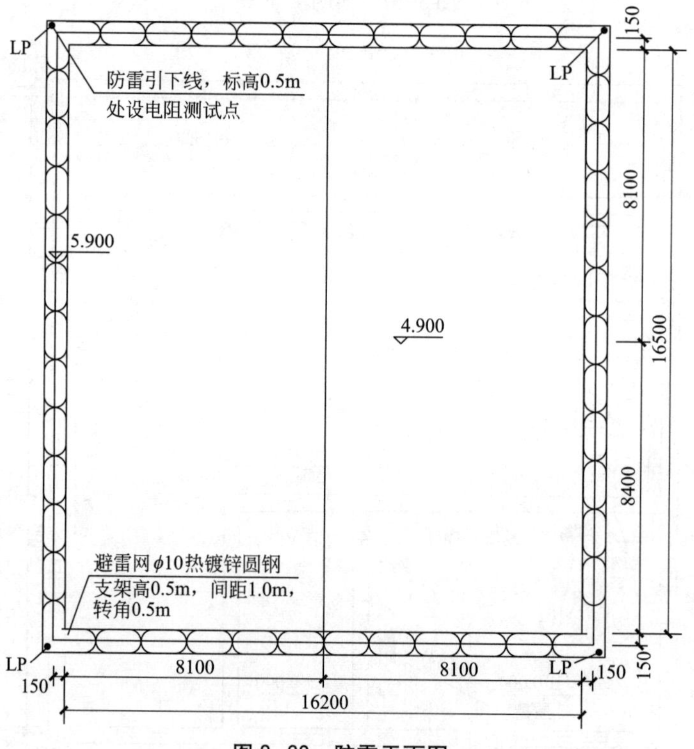

图 3-60　防雷平面图

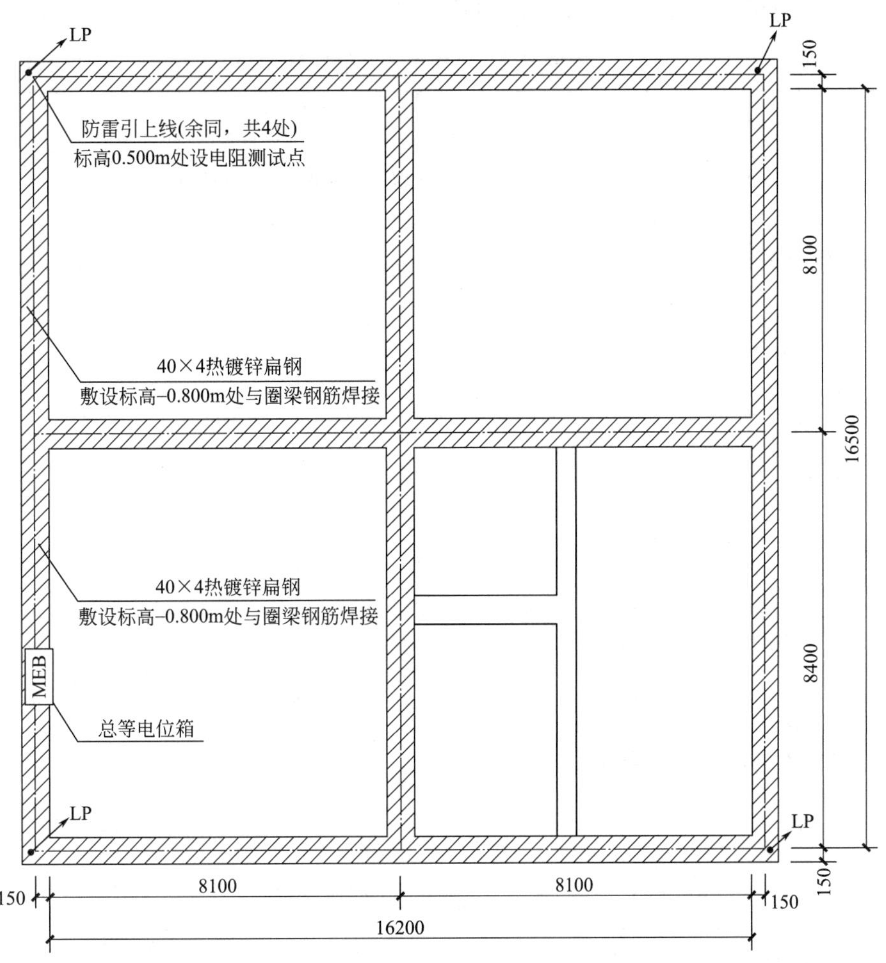

图 3-61　基础接地平面图

主要设备材料表　　表 3-152

图例	设备名称	型号规格	安装方式	单位
	插座箱 AX	300(宽)×300(高)×120(深)	嵌入式安装，底边距地 0.3m	台
	配电箱 AL	500(宽)×600(高)×120(深)	嵌入式安装，底边距地 1.6m	台
MEB	总等电位箱	TD-188	嵌入式安装，底边距地 0.3m	台
	翘板式三联单控开关	AP86K496-10	暗装，底边距地 1.3m	个
	单相带接地插座	AP86K264-10	暗装，底边距地 0.3m	个
E	双管防爆应急荧光灯	2×28W（自带蓄电池）	吸顶安装	套
E	双管应急荧光灯	2×28W（自带蓄电池）	吸顶安装	套

2. 该工程的相关定额、主材单价及损耗率见表3-153。

相关定额、主材单价及损耗率 表3-153

定额编号	项目名称	定额单位	安装基价（元）			主材	
			人工费	材料费	机械费	单价	损耗率（%）
4-2-76	成套配电箱安装 嵌入式 半周长≤1.5m	台	189.50	45.50	0	4000.00元/台	
4-2-77	成套插座箱安装 嵌入式 半周长≤1.0m	台	153.50	41.30	0	400.00元/台	
4-4-14	无端子外部接线 导线截面面积≤2.5mm^2	个	1.70	1.70	0		
4-4-15	无端子外部接线 导线截面面积≤4mm^2	个	2.40	1.70	0		
4-12-8	砖、混凝土结构暗配 JDG20	10m	51.00	10.00	0	4.00元/m	3
4-12-9	砖、混凝土结构暗配 JDG25	10m	72.50	12.00	0	5.00元/m	3
4-13-5	管内穿照明线 铜芯 导线截面面积≤2.5mm^2	10m	12.50	1.80	0	1.50元/m	16
4-13-9	管内穿照明线 铜芯 导线截面面积≤2.5mm^2（NHBV2.5）	10m	12.50	1.80	0	2.00元/m	16
4-13-6	管内穿照明线 铜芯 导线截面面积≤4mm^2	10m	8.10	1.70	0	2.40元/m	10
4-13-7	管内穿动力线 铜芯 导线截面面积≤4mm^2	10m	11.00	1.80	0	2.40元/m	5
4-14-208	荧光灯安装 吸顶式 应急双管	套	26.20	1.80	0	200.00元/套	1
4-14-242	防爆荧光灯安装 应急双管	套	40.50	1.80	0	500.00元/套	1
4-14-372	跷板暗开关三联单控	个	8.60	1.00	0	18.00元/个	2
4-14-409	单相带接地暗插座≤15A	个	10.20	1.00	0	12.00元/个	2
4-10-46	避雷网安装 沿女儿墙支架敷设 镀锌圆钢 ϕ10	m	24.30	3.60	0.48	3.80元/m	5
4-10-53	接地母线敷设镀锌扁钢 40×4	m	12.30	1.00	0.20	7.60元/m	5

注：表内费用均不包含增值税可抵扣进项税。

3. 该工程的管理费和利润分别按人工费的35%和25%计算。

4. 相关分部分项工程量清单项目编码及项目名称见表3-154。

工程量清单项目表 表 3-154

项目编码	项目名称	项目编码	项目名称
030404017	配电箱	030409005	避雷网
030404018	插座箱	030411001	配管
030404034	照明开关	030411004	配线
030404035	插座	030412001	普通灯具
030409002	接地母线	030412002	工厂灯
030409004	均压环	030412005	荧光灯

5. 答题时不考虑配电箱的进线管和电缆；不考虑开关盒、灯头盒和接线盒；不考虑接地母线进入总等电位箱内的长度；不考虑总等电位端子箱、防雷引下线、接地电阻测试。

【问题】

1. 按照背景资料 1~5 和图 3-57~图 3-61 所示，根据《建设工程工程量清单计价规范》GB 50500 和《通用安装工程工程量计算规范》GB 50856 的规定，计算 N1~N3，S1~S3，K1~K2 配管配线、避雷网、接地母线的工程量。

2. 假定 JDG20 工程量为 140m、JDG25 工程量为 40m、BV2.5mm^2 工程量为 190m、BV4mm^2 工程量为 160m、NHBV2.5mm^2 工程量为 400m，沿女儿墙敷设的避雷网清单工程量为 80m，镀锌扁钢接地母线的工程量为 120m，其他工程量根据给定图纸计算，编制分部分项工程量清单，计算各分部分项工程的综合单价与合价，完成表 3-155。

分部分项工程和单价措施项目清单与计价表 表 3-155

序号	项目编码	项目名称	项目特征描述	计量单位	工程量	金额（元）		
						综合单价	合价	其中：暂估价
1								
2								
3								
4								
5								
6								
7								
8								
9								
10								
11								
合计								

3. 设定该工程“配电箱 AL”的清单工程量为 1 台，其余条件均不变，根据背景资料中的相关数据，编制完成表 3-156。

（计算过程和结果数据均保留两位小数）

综合单价分析表　　表 3-156

<table>
<tr><td>项目编码</td><td></td><td colspan="2">项目名称</td><td colspan="3"></td><td colspan="2">计量单位</td><td></td><td>工程量</td><td></td></tr>
<tr><td colspan="12">清单综合单价组成明细</td></tr>
<tr><td rowspan="2">定额编号</td><td rowspan="2">定额名称</td><td rowspan="2">定额单位</td><td rowspan="2">数量</td><td colspan="4">单价（元）</td><td colspan="4">合价（元）</td></tr>
<tr><td>人工费</td><td>材料费</td><td>机械费</td><td>管理费和利润</td><td>人工费</td><td>材料费</td><td>机械费</td><td>管理费和利润</td></tr>
<tr><td></td><td></td><td></td><td></td><td></td><td></td><td></td><td></td><td></td><td></td><td></td><td></td></tr>
<tr><td></td><td></td><td></td><td></td><td></td><td></td><td></td><td></td><td></td><td></td><td></td><td></td></tr>
<tr><td></td><td></td><td></td><td></td><td></td><td></td><td></td><td></td><td></td><td></td><td></td><td></td></tr>
<tr><td colspan="2">人工单价</td><td colspan="6">小计</td><td></td><td></td><td></td><td></td></tr>
<tr><td colspan="2">—</td><td colspan="6">未计价材料费（元）</td><td colspan="4"></td></tr>
<tr><td colspan="8">清单项目综合单价（元/台）</td><td colspan="4"></td></tr>
<tr><td rowspan="5">材料费明细</td><td colspan="3">主要材料名称、规格、型号</td><td colspan="2">单位</td><td colspan="2">数量</td><td colspan="2">单价（元）</td><td colspan="2">合价（元）</td></tr>
<tr><td colspan="3"></td><td colspan="2"></td><td colspan="2"></td><td colspan="2"></td><td colspan="2"></td></tr>
<tr><td colspan="3"></td><td colspan="2"></td><td colspan="2"></td><td colspan="2"></td><td colspan="2"></td></tr>
<tr><td colspan="7">其他材料费</td><td colspan="2"></td><td colspan="2"></td></tr>
<tr><td colspan="7">材料费小计</td><td colspan="2"></td><td colspan="2"></td></tr>
</table>

【参考答案】

1.（1）照明回路 N1、N2、N3：

JDG20（穿 4 根 NHBV2.5mm^2 线）工程量计算：

(4.9−0.1+0.05−1.6−0.6)×3+(1.9+10.1+3.2)+4.1×5+2.7×2+(2.5+2+2)+(4.9−0.1+0.05−1.3)×3+3.4+3.9=73.50（m）

JDG25（穿 5 根 NHBV2.5mm^2 线）工程量计算：2.7×2+4.1+4.1=13.60（m）

管内穿 NHBV2.5mm^2 线：(0.5+0.6)×4×3+73.50×4+13.60×5=375.20（m）

（2）插座回路：

S1、S2 回路 JDG20（穿 3 根 BV2.5mm^2 线）工程量计算：

(1.6+0.05)×2+(4.2+4.4+9.3+4.4+5.4+9.5)+(0.3+0.05)×11+(3.4+3.2+4.5)+(0.3+0.05)×5=57.20（m）

管内穿 BV2.5mm^2 线：(0.5+0.6)×3×2+57.20×3=178.20（m）

K1、K2 回路 JDG25（穿 5 根 BV4mm^2 线）工程量计算：

(1.6+0.05)×2+(6.9+16.3)+(0.3+0.05)×2=27.20（m）

管内穿 BV4mm^2 线：(0.5+0.6)×5×2+27.20×5+(0.3+0.3)×5×2=153.00（m）

2. 见表 3-157。

分部分项工程和单价措施项目清单与计价表 **表 3-157**

序号	项目编码	项目名称	项目特征描述	计量单位	工程量	金额（元）		
						综合单价	合价	其中：暂估价
1	030404017001	配电箱	照明配电箱 AL 嵌入式安装 500（宽）×600（高）×120（深）；无线端子外部接线 2.5mm^2 18 个 无线端子外部接线 4mm^2 10 个	台	1	4483.66	4483.66	
2	030404018001	插座箱	插座箱 AX 嵌入式安装 300（宽）×300（高）×120（深）	台	2	686.90	1373.80	
3	030404034001	照明开关	翘板式三联单控开关 AP86K496-10	个	3	33.12	99.36	
4	030404035001	插座	单相带接地暗插座 AP86K264-10	个	9	29.56	266.04	
5	030411001001	配管	JDG20 钢管，沿砖、混凝土结构暗配	m	140.00	13.28	1859.20	
6	030411001002	配管	JDG25 钢管，沿砖、混凝土结构暗配	m	40.00	17.95	718.00	
7	030411004001	配线	管内穿照明线 BV2.5mm^2	m	190.00	3.92	744.80	
8	030411004002	配线	管内穿动力线 BV4mm^2	m	160.00	4.46	713.60	
9	030411004003	配线	管内穿照明线 NHBV2.5mm^2	m	400.00	4.50	1800.00	
10	030412005001	荧光灯	双管防爆应急荧光灯，2×28W 自带蓄电池，吸顶安装	套	3	571.60	1714.80	
11	030412005002	荧光灯	双管应急荧光灯，2×28W 自带蓄电池，吸顶安装	套	13	245.72	3194.36	
合计							16967.82	

3. 见表 3-158。

综合单价分析表 **表 3-158**

项目编码	030404017001		项目名称	配电箱		计量单位		台	工程量	1	
清单综合单价组成明细											
定额编号	定额名称	定额单位	数量	单价（元）				合价（元）			
				人工费	材料费	机械费	管理费和利润	人工费	材料费	机械费	管理费和利润
4-2-76	成套配电箱安装 嵌入式 半周长≤1.5m	台	1	189.50	45.50	0	113.70	189.50	45.50	0	113.70
4-4-14	无端子外部接线 导线截面面积≤2.5mm^2	个	18	1.70	1.70	0	1.02	30.60	30.60	0	18.36
4-4-15	无端子外部接线 导线截面面积≤4mm^2	个	10	2.40	1.70	0	1.44	24.00	17.00	0	14.40
人工单价		小计						244.10	93.10	0	146.46
—		未计价材料费（元）						4000.00			
清单项目综合单价（元/台）								4483.66			

续表

材料费明细	主要材料名称、规格、型号	单位	数量	单价（元）	合价（元）
	成套配电箱安装 嵌入式 半周长≤1.5m	台	1	4000.00	4000.00
	其他材料费			93.10	
	材料费小计			4093.10	

试题六（照明插座平面图计量计价）

工程背景资料如下：

1. 图 3-62 为大厦公共厕所电气平面图，图 3-63 为配电系统图及主要材料设备图例表。该建筑物为砖、混凝土结构，单层平屋面，室内净高为 3.3m。图中括号内数字表示线路水平长度，配管嵌入地面或顶板内深度均按 0.1m 计算；配管配线规格为：BV2.5mm^2 2~3 根穿刚性阻燃管 PC20；BV4mm^2 3 根穿刚性阻燃管 PC25。

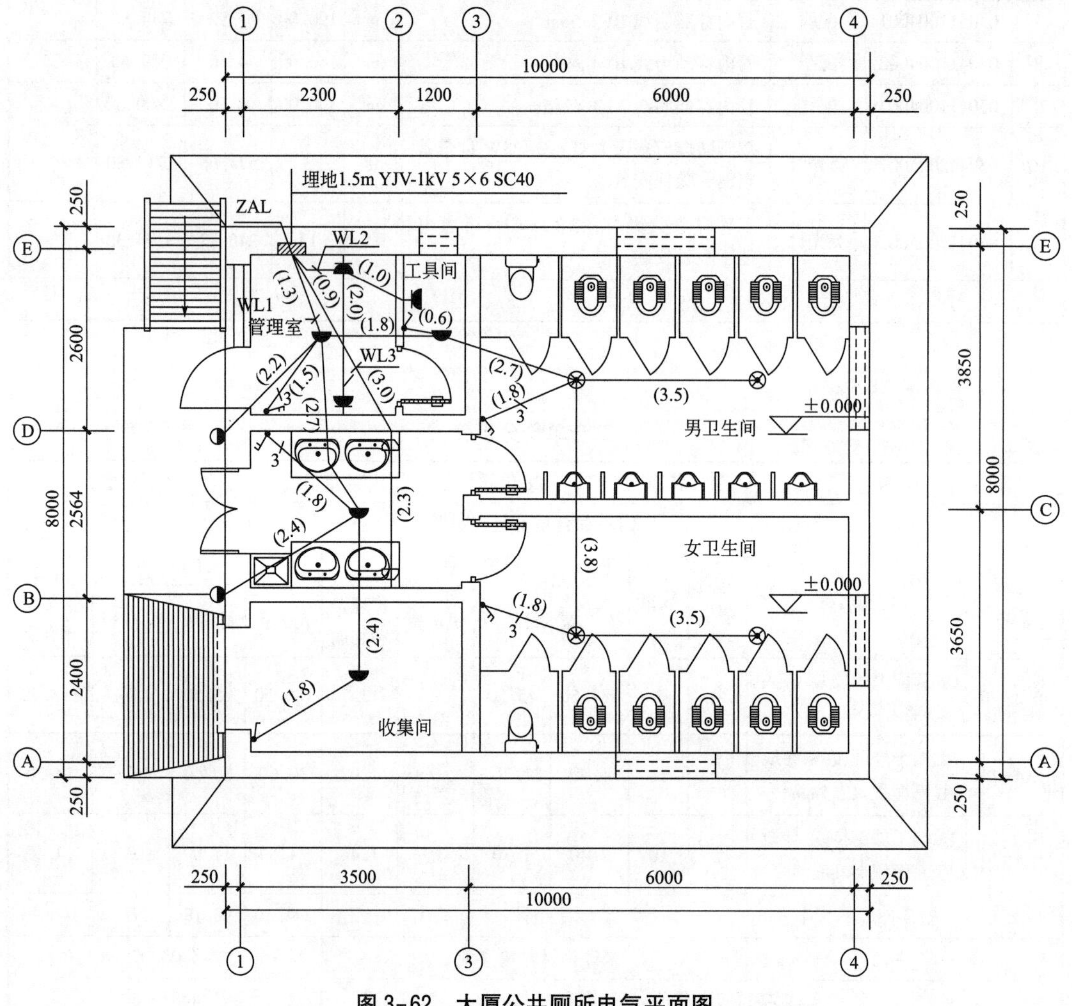

图 3-62 大厦公共厕所电气平面图

主要材料设备图例表

符号	设备名称	型号规格	安装方式
	吸顶灯	节能灯23W　ϕ300	吸顶
	壁灯	节能灯23W	吸壁，距地2.5m
	防水防尘灯	节能灯23W	吸顶
	单联开关	K86F9951-10A	暗装，距地1.3m
	双联开关	K86F9951-10A	暗装，距地1.3m
	单相二、三极安全型插座	10A	暗装，距地0.3m
	单相二、三极安全密闭型插座	10A	暗装，距地1.4m
	照明配电箱	800(高)×600(宽)×200(深)	下沿距地1.5m嵌入

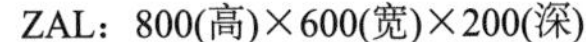

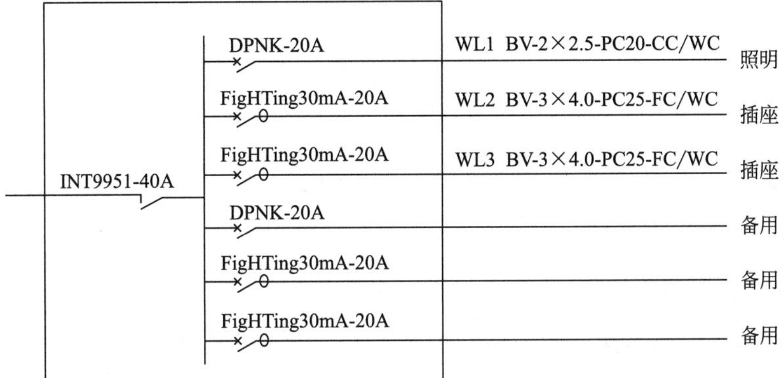

图 3-63　配电系统图及主要材料设备图例表

2. 该工程的相关定额、主材单价及损耗率见表 3-159。

电气工程定额表　　　　**表 3-159**

定额编号	项目名称	定额单位	安装基价（元）			主材	
			人工费	材料费	机械费	单价	损耗费（%）
4-2-78	成套配电箱安装 嵌入式 半周长≤1.5m	台	157.80	37.90	0	4500.00 元/台	
4-4-15	无端子外部接线 导线截面面积≤2.5mm^2	个	1.44	1.44	0		
4-4-14	无端子外部接线 导线截面面积≤6mm^2	个	2.04	1.44	0		
4-12-133	砖、混凝土结构暗配刚性阻燃管 PC20	10m	64.80	5.20	0	2.00 元/m	6
4-12-132	砖、混凝土结构暗配刚性阻燃管 PC25	10m	67.20	5.80	0	2.50 元/m	6

续表

定额编号	项目名称	定额单位	安装基价（元）			主材	
			人工费	材料费	机械费	单价	损耗费（%）
4-13-6	管内穿照明线 铜芯 导线截面面积≤2.5mm^2	10m	9.72	1.50	0	1.60 元/m	16
4-13-7	管内穿照明线 铜芯 导线截面面积≤4mm^2	10m	6.48	1.45	0	2.56 元/m	10
4-14-373	跷板暗开关 单联单控	个	6.84	0.80	0	8.00 元/个	2
4-14-376	跷板暗开关 双联单控	个	6.84	0.80	0	10.00 元/个	2
4-14-405	单相带接地暗插座≤15A	个	8.16	0.80	0	10.00 元/个	2
4-14-401	单相带接地紧闭暗插座≤15A	个	8.16	0.80	0	20.00 元/个	2
4-14-2	吸顶灯具安装 灯罩周长≤1100mm	套	16.56	1.90	0	80.00 元/套	1
4-14-80	普通壁灯	套	15.60	1.90	0	120.00 元/套	1
4-14-220	防水防尘灯安装 吸顶式	套	23.04	2.20	0	220.00 元/套	1

注：表内费用均不含增值税可抵扣进项税。

3. 该工程的管理费和利润分别按人工费的45%和15%计算。

4. 相关分部分项工程量清单项目编码及项目名称见表3-160。

工程量清单项目编码及项目名称 表3-160

项目编码	项目名称	项目编码	项目名称
030404017	配电箱	030412002	工厂灯
030404034	照明开关	030412005	荧光灯
030404035	插座	030411001	配管
030412001	普通灯具	030411004	配线

5. 答题时不考虑配电箱的进线管和电缆，不考虑开关盒、灯头盒和接线盒。

【问题】

1. 按照背景资料1~5和图3-62、图3-63所示，根据《建设工程工程量清单计价规范》GB 50500和《通用安装工程工程量计算规范》GB 50856的规定，计算WL1~WL3配管配线的工程量。

2. 假定PC20工程量为60m、PC25工程量为25m、BV2.5mm^2工程量为130m、BV4mm^2工程量为70m，其他工程量根据给定图纸计算，编制分部分项工程量清单，计算各分部分项工程的综合单价与合价，完成表3-161。（计算过程和结果数据均保留两位小数）

分部分项工程和单价措施项目清单与计价表 表 3-161

序号	项目编号	项目名称	项目特征描述	计量单位	工程量	综合单价	合价
1							
2							
3							
4							
5							
6							
7							
8							
9							
10							
11							
12							
合计							

3. 假定该工程分部分项工程费为 30000.00 元；单价措施项目费为 1000.00 元；总价措施项目仅考虑安全文明施工费，安全文明施工费按分部分项工程费的 2%计取；计日工 10 个，单价 300.00 元/工日（不含管理费和利润）；人工费占分部分项工程费和措施项目费的 10%，规费按人工费的 20%计取，其他未提及项目不考虑；增值税率按 9%计取。按《建设工程工程量清单计价规范》GB 50500 的要求，编制完成表 3-162。

单位工程招标控制价汇总表 表 3-162

序号	汇总内容	计算公式	金额
1	分部分项工程费		
2	措施项目费		
2.1	其中：单价措施项目费		
2.2	其中：安全文明施工费		
3	其他项目费		
3.1	其中：计日工费		
4	规费		
5	税金		
招标控制价合计			

（本题中各项费用均不包含增值税可抵扣进项税额，计算过程和结果均保留两位小数）

【参考答案】

1. WL1

PC20（2 线）：1.3+2.2+2.7+2.4+2.4+1.8+1.8+0.6+2.7+3.5+3.8+3.5+(3.3+0.1−1.5−0.8)+(3.3+0.1−2.5)×2+(3.3+0.1−1.3)×2=35.80（m）

PC20（3线）：1.5+1.8+1.8+1.8+(3.3+0.1−1.3)×4＝15.30（m）

PC20合计：35.80+15.30＝51.10（m）

BV2.5mm^2：(0.8+0.6)×2+35.80×2+15.30×3＝120.30（m）

WL2

PC25：(1.5+0.1)+0.9+1+2+(0.3+0.1)×5＝7.50（m）

BV4mm^2：[(0.8+0.6)+7.50]×3＝26.70（m）

WL3

PC25：(1.5+0.1)+3+2.3+(1.4+0.1)×3＝11.40（m）

BV4mm^2：[(0.8+0.6)+11.4]×3＝38.40（m）

PC25合计：7.5+11.4＝18.90（m）

BV4mm^{2}合计：26.7+38.4＝65.10（m）

2. 见表3-163。

分部分项工程和单价措施项目清单与计价表 表3-163

序号	项目编号	项目名称	项目特征描述	计量单位	工程量	综合单价（元）	合价（元）
1	030404017001	配电箱	照明配电箱ZAL下沿距地1.5m 嵌入式安装800×600×200（高×宽×厚） 无端子外部接线2.5mm^2 2个 无端子外部接线4mm^2 6个	台	1	4826.09	4826.09
2	030411001001	配管	砖、混凝土结构暗配刚性阻燃管PC20	m	60.00	13.01	780.60
3	030411001002	配管	砖、混凝土结构暗配刚性阻燃管PC25	m	25.00	13.98	349.50
4	030411004001	配线	管内穿照明线 铜芯 导线截面面积≤2.5mm^2	m	130.00	3.56	462.80
5	030411004002	配线	管内穿照明线 铜芯 导线截面面积≤4mm^2	m	70.00	4.00	280.00
6	030404034001	照明开关	单联开关 K86F9951－10A 暗装 距地1.3m	个	2	19.90	39.80
7	030404034002	照明开关	双联开关 K86F9952－10A 暗装 距地1.3m	个	4	21.94	87.76
8	030404035001	插座	单相二、三极安全插座10A 暗装 距地0.3m	个	3	24.06	72.18
9	030404035002	插座	单相二、三极安全密闭型插座10A 暗装 距地1.4m	个	2	34.26	68.52
10	030412001001	普通灯具	吸顶灯 节能灯23W ϕ300 吸顶安装	套	4	109.20	436.80
11	030412001002	普通灯具	壁灯 节能灯23W 壁装 距地2.5m	套	2	148.06	296.12
12	030412002001	工厂灯	防水防尘灯 节能灯23W 吸顶安装	套	4	261.26	1045.04
合计							8745.21

3. 见表 3-164。

单位工程招标控制价汇总表 表 3-164

序号	汇总内容	计算公式	金额（元）
1	分部分项工程费		30000.00
2	措施项目费	1000.00+600.00	1600.00
2.1	其中：单价措施项目费		1000.00
2.2	其中：安全文明施工费	30000.00×2%	600.00
3	其他项目费		4800.00
3.1	其中：计日工费	10×300.00×(1+45%+15%)	4800.00
4	规费	[(30000.00+1600.00)×10%+10×300]×20%	1232.00
5	税金	(30000.00+1600.00+4800.00+1232.00)×9%	3386.88
招标控制价合计		30000.00+1600.00+4800.00+1232.00+3386.88	41018.88

试题七（照明插座防雷接地图计量计价）

工程背景资料如下：

1. 图 3-64 为配电间电气安装工程平面图、图 3-65 为防雷接地安装工程平面图、图 3-66 为配电箱系统接线图及设备材料表，该建筑物为单层平屋面砖、混凝土结构，建筑物室内净高为 4.40m。

图中括号内数字表示线路水平长度，配管进入地面或顶板内深度均按 0.05m；穿管规格：2~3 根 BV2.5mm^2 穿 SC15，4~6 根 BV2.5mm^2 穿 SC20，其余按系统接线图。

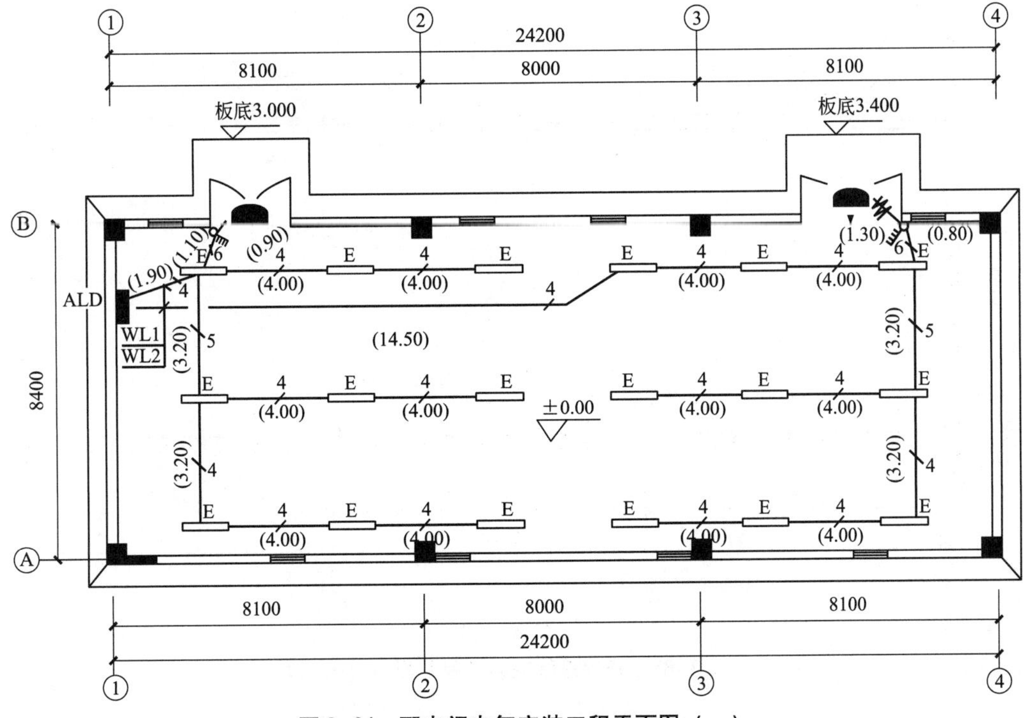

图 3-64 配电间电气安装工程平面图（一）

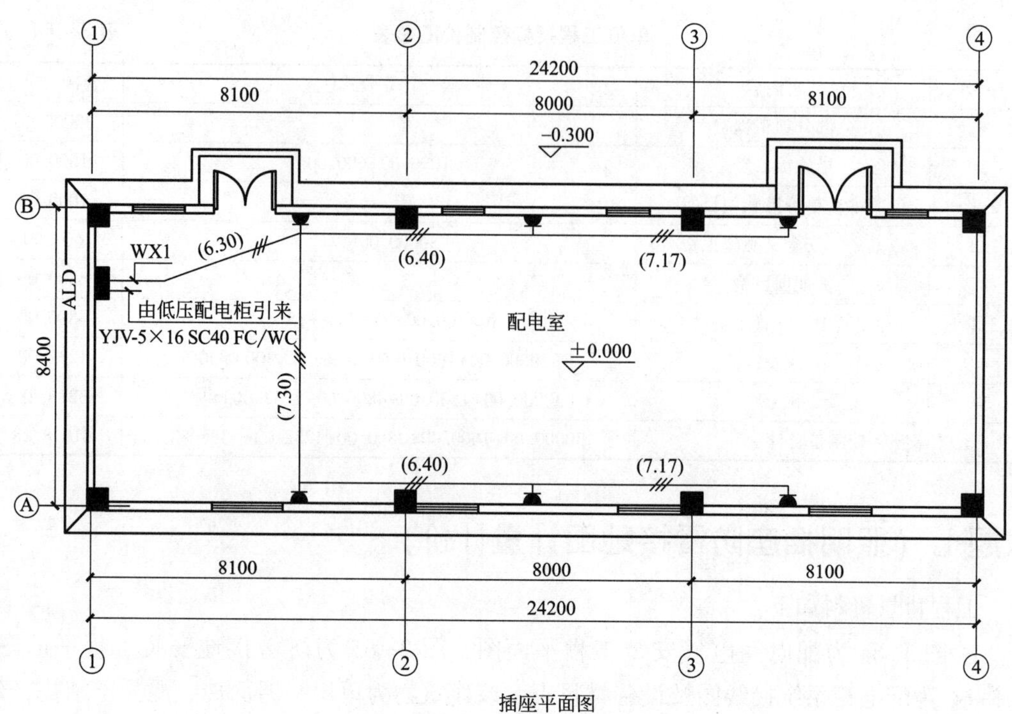

插座平面图

图 3-64　配电间电气安装工程平面图（二）

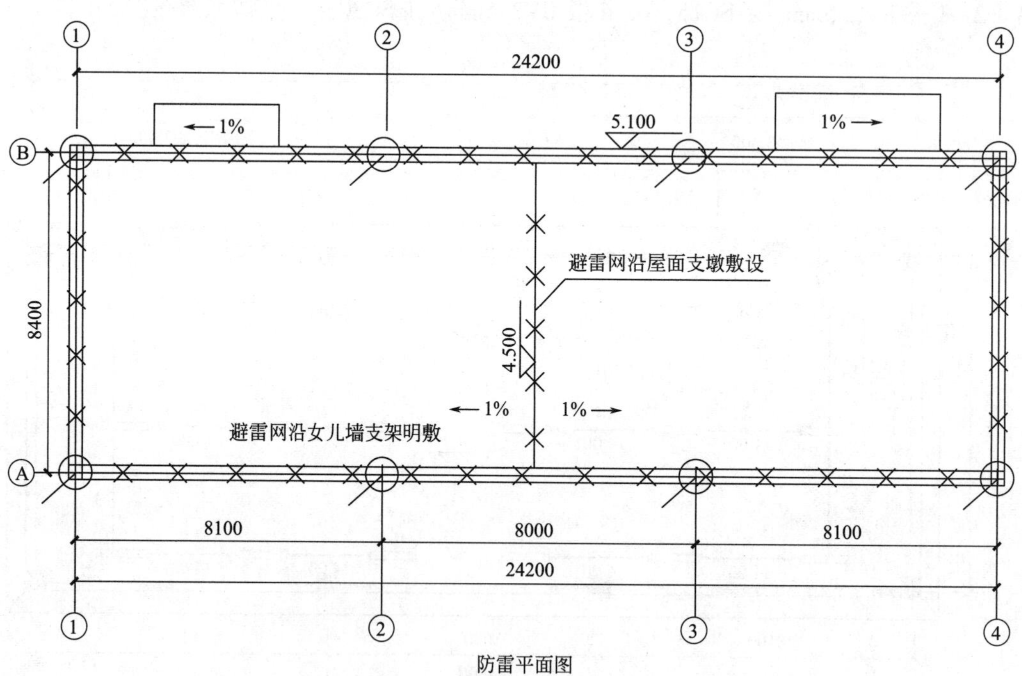

防雷平面图

图 3-65　防雷接地安装工程平面图（一）

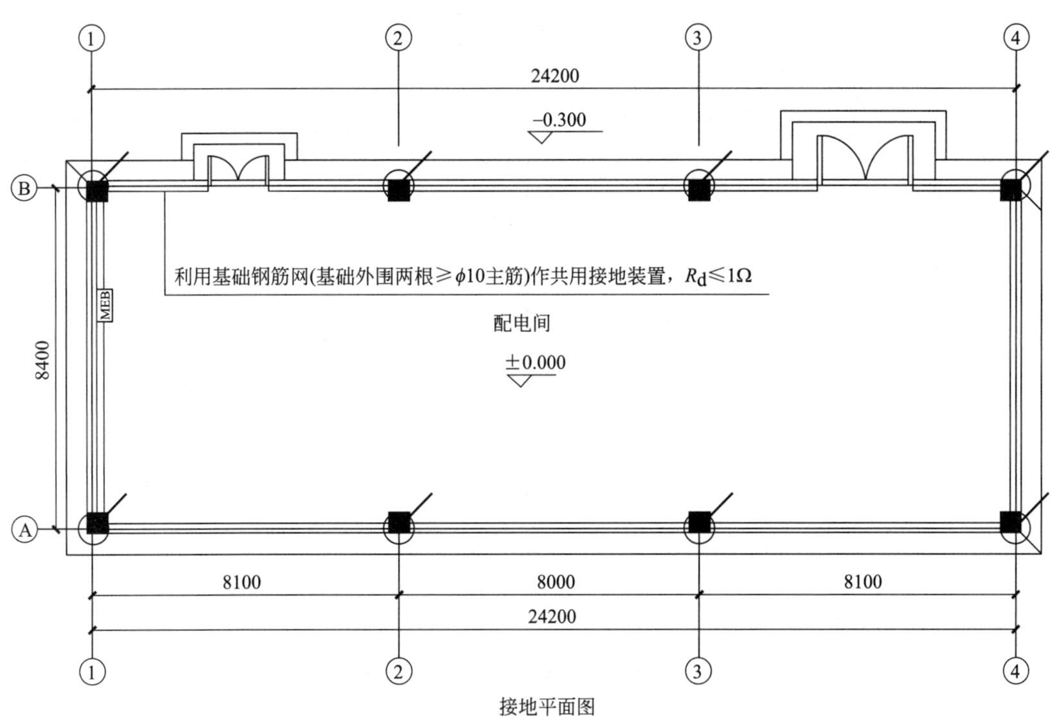

图 3-65 防雷接地安装工程平面图（二）

说明：

1. 接闪带采用镀锌圆钢 ϕ10 沿女儿墙支架明敷，支架水平间距 1.0m，转弯处为 0.5m；屋面上镀锌圆钢混凝土支墩明敷，支墩间距 1.0m。

2. 利用建筑物柱内主筋（≥ϕ16mm）作引下线，要求作引下线的两根主筋从下至上采用电焊接联通方式，共 8 处。

3. 柱子（墙外侧）离室外地平面上面 0.5m 处预埋一支接线盒作接地电阻测量点，共 4 处。

4. 柱子（墙外侧）离室外地平面下面 0.8m 处预埋一块钢板作增加人工接地体用，共 4 处。

设备材料表

序号	符号	设备名称	型号规格	单位	安装方式	备注
1		配电箱	ALD PZ30R-45	台	底边距地1.5m 嵌入式	
2	E	双管荧光灯	2×28W	个	吸顶E为带应急装置	应急时间180min
3		吸顶灯	节能灯22W ϕ350	个	吸顶	300(宽)×450(高)×120(深)
4		暗装四极开关	S6K41-10	个	距地1.3m	
5		单相二、三极暗插座	S6Z223-10	个	距地0.3m	

图 3-66 配电箱系统接线图及设备材料表（一）

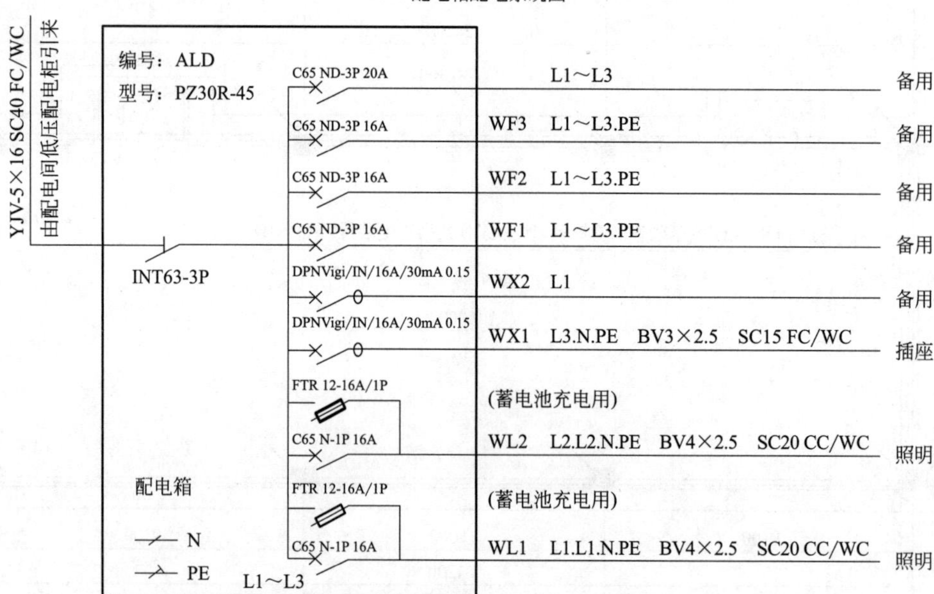

图 3-66 配电箱系统接线图及设备材料表（二）

2. 该工程的相关定额、主材单价及损耗率见表 3-165。

相关定额、主材单价及损耗率 表 3-165

定额编号	项目名称	定额单位	安装基价（元）			主材	
			人工费	材料费	机械费	单价	损耗率（%）
4-2-76	成套配电箱安装 嵌入式 半周长≤1.0m	台	102.30	34.40	0	1500.00 元/台	
4-4-14	无端子外部接线 导线截面面积≤2.5mm^2	个	1.20	1.44	0		
4-12-34	砖、混凝土结构暗配 钢管 SC15	10m	46.80	33.00	0	5.30 元/m	3
4-12-35	砖、混凝土结构暗配 钢管 SC20	10m	46.80	41.00	0	6.90 元/m	3
4-13-5	管内穿照明线 铜芯 导线截面面积≤2.5mm^2	10m	8.10	1.50	0	1.60 元/m	16
4-14-2	吸顶灯具安装 灯罩周长≤1100mm	套	13.80	1.90	0	80.00 元/套	1
4-14-205	荧光灯具安装 吸顶式 双管	套	17.50	1.50	0	120 元/套	1
4-14-380	四联单控暗开关安装	个	7.00	0.80	0	15.00 元/个	2
4-14-401	单相带接地暗插座≤15A	个	6.80	0.80	0	10.00 元/个	2

续表

定额编号	项目名称	定额单位	安装基价（元）			主材	
			人工费	材料费	机械费	单价	损耗率（%）
4-10-44	避雷网沿混凝土块敷设镀锌圆钢 φ10	m	8.20	1.55	0.24	3.70 元/m	5
4-10-45	避雷网沿折板支架敷设镀锌圆钢 φ10	m	16.20	3.50	0.48	3.70 元/m	5
4-10-46	均压环敷设 利用圈梁钢筋	m	2.40	0.80	0.32		

注：1. 表内费用均不包含增值税可抵扣进项税额。

2. 该工程的人工费单价（普工、一般技工和高级技工）综合为 100 元/工日，管理费和利润分别按人工费的 45%和 15%计算。

3. 相关分部分项工程量清单项目编码及项目名称见表 3-166。

相关分部分项工程量清单项目编码及项目名称　　　表 3-166

项目编码	项目名称	项目编码	项目名称
030404017	配电箱	030411001	配管
030404034	照明开关	030411004	配线
030404035	插座	030412001	普通灯具
030409004	均压环	030412005	荧光灯
030409005	避雷网		

【问题】

1. 按照背景资料 1~4 和图 3-64~图 3-66 所示内容，根据《建设工程工程量清单计价规范》GB 50500 和《通用安装工程工程量计算规范》GB 50856 的规定，计算各分部分项工程量，并将配管（SC15、SC20）、配线（BV2.5mm^2）、避雷网及均压环的工程量计算式与结果填写在指定位置；计算各分部分项工程的综合单价与合价，编制完成表 3-167。（答题时不考虑配电箱的进线管道和电缆，不考虑开关盒和灯头盒，防雷接地不考虑除避雷网、均压环以外的部分。）

分部分项工程和单价措施项目清单与计价表　　　表 3-167

序号	项目编码	项目名称	项目特征描述	计量单位	工程量	金额（元）		
						综合单价	合价	其中：暂估价
1								
2								
3								
4								

续表

序号	项目编码	项目名称	项目特征描述	计量单位	工程量	金额（元）		
						综合单价	合价	其中：暂估价
5								
6								
7								
8								
9								
10								
11								
合计								

2. 假定该工程“沿女儿墙敷设的避雷网”清单工程量为80m，其余条件均不变，根据背景资料2中的相关数据，编制完成表3-168。

综合单价分析表 **表3-168**

项目编码		项目名称		计量单位		工程量					
清单综合单价组成明细											
定额编号	定额名称	定额单位	数量	单价（元）				合价（元）			
				人工费	材料费	机械费	管理费和利润	人工费	材料费	机械费	管理费和利润
人工单价		小计									
100元/工日		未计价材料费									
清单项目综合单价											
材料费明细	主要材料名称、规格、型号		单位		数量		单价（元）		合价（元）		
	其他材料费										
	材料费小计										

（计算结果保留两位小数）

【参考答案】

1.（1）照明回路 WL1：

1）钢管 SC20 工程量计算：

(4.4−1.5−0.45+0.05)+1.9+(4+4)×3+3.2(5 根)+3.2+1.10(6 根)+(4.4−1.3+0.05)(6 根)=39.05（m）

上式中未标注的管内穿 4 根线。

2）钢管 SC15（穿 3 根）工程量计算：0.9+(3−1.3+0.05)=2.65（m）

3）管内穿 BV2.5mm^2 线：

(0.3+0.45)×4+[(4.4−1.5−0.45+0.05)+1.9+(4+4)×3+3.2]×4+3.2×5+[1.10+(4.4−1.3+0.05)]×6+[0.9+(3−1.3+0.05)]×3=3+126.4+16+25.5+7.95=178.85（m）

（2）照明回路 WL2：

1）钢管 SC20 工程量计算：

(4.4−1.5−0.45+0.05)+14.5+(4+4)×3+3.2(5 根)+3.2+0.8(6 根)+(4.4−1.3+0.05)(6 根)=51.35（m）

上式中未标注的管内穿 4 根线。

2）钢管 SC15（穿 3 根）工程量计算：1.3+（3.4−1.3+0.05）=3.45（m）

3）管内穿 BV2.5mm^2 线：

(0.3+0.45)×4+[(4.4−1.5−0.45+0.05)+14.5+(4+4)×3+3.2]×4+3.2×5+[0.8+(4.4−1.3+0.05)]×6+[1.3+(3.4−1.3+0.05)]×3=3+176.8+816+23.7+10.35=229.85（m）

（3）插座回路 WX1：

1）钢管 SC15 工程量计算：

(1.5+0.05)+6.3+(0.05+0.3)×3+6.4+(0.05+0.3)×2+7.17+(0.05+0.3)+7.3+(0.05+0.3)×2+6.4+(0.05+0.3)×2+7.17+(0.05+0.3)=46.14（m）

或者(1.5+0.05)+6.3+7.3+(6.4+7.17)×2+(0.05+0.3)×11=46.14（m）

2）管内穿 BV2.5mm^2 线：

(0.3+0.45)×3+[(1.5+0.05)+6.3+7.3+(6.4+7.17)×2+(0.05+0.3)×11]×3=2.25+138.24=140.67（m）

照明和插座回路的钢管 SC20 合计：39.05+51.35=90.40（m）

照明和插座回路的钢管 SC15 合计：2.65+3.45+46.14=52.24（m）

管内穿线 BV2.5mm^2 合计：178.85+229.85+140.67=549.37（m）

（4）避雷网工程量：

沿支架明敷[24.2×2+8.4×2+(5.1−4.5)×2]×(1+3.9%)=68.99（m）

沿混凝土支墩明敷 8.4×(1+3.9%)=8.73（m）

（5）均压环工程量：

24.2×2+8.4×2=65.20（m）

分部分项工程和单价措施项目清单与计价表 表 3-169

序号	项目编码	项目名称	项目特征描述	计量单位	工程量	金额（元）		
						综合单价	合价	其中：暂估价
1	030404017001	配电箱	照明配电箱 ALD PZ30 R-45 嵌入式安装距地 1.5m；箱体尺寸：300（宽）×450（高）×120（深）（距地 1.3m）；无线端子外部接线 $2.5mm^2$ 11 个	台	1	1735.04	1735.04	
2	030404034001	照明开关	暗装四极开关 86K41－10；距地 1.3m	个	2	27.30	54.60	
3	030404035001	插座	单相二、三极暗插座 86Z223－10；距地 0.3m	个	6	21.88	131.28	
4	030409004001	均压环	利用基础钢筋网（基础外圈两根 ≥ϕ10 钢筋）作共用接地装置，R_d ≤1Ω	m	65.20	4.96	323.392	
5	030409005001	避雷网	镀锌圆钢 ϕ10 沿支架明敷	m	68.99	33.79	2331.17	
6	030409005002	避雷网	镀锌圆钢 ϕ10 沿混凝土支墩明敷		8.73	18.8	164.12	
7	030411001001	配管	SC20 钢管，沿砖、混凝土结构暗配	m	90.40	18.70	1690.48	
8	030411001002	配管	SC15 钢管，沿砖、混凝土结构暗配	m	52.24	16.25	848.90	
9	030411004001	配线	管内穿线 BV$2.5mm^2$	m	549.37	3.30	1812.92	
10	030412001001	普通灯具	节能灯 22W ϕ350，吸顶安装	套	2	104.78	209.56	
11	030412005002	荧光灯	双管荧光灯，吸顶安装 2×28W	套	18	150.70	2712.60	
合计							12014.06	

2. 见表 3-170。

综合单价分析表 表 3-170

项目编码	030409005001	项目名称		沿女儿墙支架敷设的避雷网		计量单位		m	工程量	80
清单综合单价组成明细										
定额编号	定额名称	定额单位	数量	单价（元）				合价（元）			
				人工费	材料费	机械费	管理费和利润	人工费	材料费	机械费	管理费和利润
4-10-45	避雷网沿折板支架敷设 镀锌圆钢 ϕ10	m	1	16.20	3.50	0.48	9.72	16.20	3.50	0.48	9.72

续表

定额编号	定额名称	定额单位	数量	单价（元）				合价（元）			
				人工费	材料费	机械费	管理费和利润	人工费	材料费	机械费	管理费和利润
人工单价		小计						16.20	3.50	0.48	9.72
100元/工日		未计价材料费（元）						3.89			
清单项目综合单价（元/m）								33.79			
材料费明细	主要材料名称、规格、型号			单位		数量		单价（元）		合价（元）	
	镀锌圆钢 $\phi10$			m		1.05		3.70		3.89	
	其他材料费									3.50	
	材料费小计									7.39	

第四章　工程招标投标

本章考试大纲要求

1. 工程招标方式与程序；
2. 工程招标文件的编制；
3. 工程评标与定标；
4. 工程投标策略与方法。

本章核心考点解析

序号	核心考点	考核要点
1	招标投标工作程序及内容	招标投标工作程序挑错
2	招标阶段工作相关规定	招标阶段相关法规挑错
3	评标工作相关规定	评标阶段相关法规挑错和评标计算
4	投标报价技巧的选择与运用	不平衡报价法、多方案报价法、增加建议法、突然降价法、无利润报价法

核心考点一　招标投标工作程序及内容

见表4-1。

招标投标工作程序及内容　　表4-1

阶段	主要工作步骤	工作内容	
		招标人	投标人
招标准备	申请审批、核准招标	将招标范围、招标方式、招标组织形式报项目审批、核准部门审批、核准	组成投标小组 市场调查 准备投标资料 研究投标策略
	组建招标组织	自行建立招标组织或委托招标代理	
	策划招标方案	划分施工招标标段、确定合同类型	
	发布招标公告或投标邀请书	发布招标公告（资格预审公告）或投标邀请书	
	编制标底或确定招标控制价	编制标底或确定招标控制价格	
	准备招标文件	编制资格预审文件和招标文件	
资格审查与投标	发售资格预审文件	发售资格预审文件	购买、填报资格预审文件
	进行资格预审	分析评价资格预审材料 确定资格审查合格者 通知资格预审结果	回函收到资格预审结果

续表

阶段	主要工作步骤	工作内容	
		招标人	投标人
资格审查与投标	发售招标文件	发售招标文件	购买招标文件
	现场踏勘、标前会议	组织现场踏勘和标前会议 进行招标文件澄清和补遗	参加现场踏勘和标前会议，质疑
	投标文件编制、递交和接收	接收投标文件	编制、递交投标文件
开标评标与授标	开标	组织开标会议	参加开标会议
	评标	投标文件初审、要求投标人递交澄清资料并（必要时）接收评标报告	递交澄清资料（必要时）
	授标	确定中标人、发中标通知书、合同谈判与签订	合同谈判、递交履约保函、签订

核心考点二　招标阶段工作相关规定

1. 招标范围与标准及招标方式的选择（表 4-2）

招标范围与标准及招标方式的选择　　表 4-2

招标范围	在中华人民共和国境内进行的下列工程项目必须招标： ①大型基础设施、公用事业等关系社会公共利益、公共安全的项目； ②全部或者部分使用国有资金投资或国家融资的项目； ③使用国际组织或者外国政府贷款、援助资金的项目。 国家发展改革委《必须招标的工程项目规定》规定：全部或者部分使用国有资金投资或者国家融资的项目包括： （1）使用预算资金 200 万元人民币以上，并且该资金占投资额 10%以上的项目； （2）使用国有企业事业单位资金，并且该资金占控股或者主导地位的项目。 使用国际组织或者外国政府贷款、援助资金的项目包括： （1）使用世界银行、亚洲开发银行等国际组织贷款、援助资金的项目； （2）使用外国政府及其机构贷款、援助资金的项目
标准	上述所规定范围内的项目，其勘察、设计、施工、监理以及与工程建设有关的重要设备、材料等的采购达到下列标准之一的，必须招标： （1）施工单项合同估算价在 400 万元人民币以上； （2）重要设备、材料等货物的采购，单项合同估算价在 200 万元人民币以上； （3）勘察、设计、监理等服务的采购，单项合同估算价在 100 万元人民币以上。 同一项目中可以合并进行的勘察、设计、施工、监理以及与工程建设有关的重要设备、材料等的采购，合同估算价合计达到前款规定标准的，必须招标
招标方式的选择	国有资金占控股或者主导地位的依法必须进行招标的项目，应当公开招标。但有下列情形之一的，可以邀请招标： （1）技术复杂、有特殊要求或者受自然环境限制，只有少量潜在投标人可供选择； （2）采用公开招标方式的费用占项目合同金额的比例过大。 注意：（2）由项目审批、核准部门在审批、核准项目时作出认定；其他项目由招标人申请有关行政监督部门作出认定

续表

可以不招标项目	（1）要采用不可替代的专利或者专有技术； （2）采购人依法能够自行建设、生产或者提供； （3）通过招标方式选定的特许经营项目投资人依法能够自行建设、生产或者提供； （4）要向原中标人采购工程、货物或者服务，否则将影响施工或者功能配套要求； （5）国家规定的其他特殊情形
两阶段招标	对技术复杂或者无法精确拟定技术规格的项目，招标人可以分两阶段进行招标
	第一阶段，投标人按照招标公告或者投标邀请书的要求提交不带报价的技术建议，招标人根据投标人提交的技术建议确定技术标准和要求，编制招标文件
	第二阶段，招标人向在第一阶段提交技术建议的投标人提供招标文件，投标人按照招标文件的要求提交包括最终技术方案和投标报价的投标文件。如招标人要求投标人提交投标保证金，应当在第二阶段提出
总承包招标	招标人可以依法对工程以及与工程建设有关的货物、服务全部或者部分实行总承包招标。以暂估价（指总承包招标时不能确定价格而由招标人在招标文件中暂时估定的工程、货物、服务的金额）形式包括在总承包范围内的工程、货物、服务属于依法必须进行招标的项目范围且达到国家规定规模标准的，应当依法进行招标

2. 建设工程施工招标方式和条件（表4-3）

建设工程施工招标方式和条件　　表4-3

方式	概念	优点	缺点
公开招标	也称无限竞争性招标，是指招标人以招标公告的方式邀请不特定的法人或者其他组织投标。招标人采用公开招标方式的，应当发布招标公告。依法必须进行招标的项目的招标公告，应当通过国家指定的报刊、信息网络或者其他媒介发布	招标人可以在较广的范围内选择承包商，投标竞争激烈，择优率更高，有利于招标人将工程项目交予可靠的承包商实施，并获得有竞争性的商业报价，同时，也可在较大程度上避免招标过程中的贿标行为	准备招标、对投标申请者进行资格预审和评标的工作量大，招标时间长、费用高。同时，参加竞争的投标者越多，中标的机会就越小；投标风险越大，损失的费用也就越多，而这种费用的损失必然会反映在标价中，最终会由招标人承担，故这种方式在一些国家较少采用
邀请招标	也称有限竞争性招标，是指招标人以投标邀请书的方式邀请特定的法人或者其他组织投标。招标人采用邀请招标方式的，应当向3个以上具备承担招标项目的能力、资信良好的特定的法人或者其他组织发出投标邀请书	邀请招标方式的优点是不发布招标公告，不进行资格预审，简化了招标程序，因而节约了招标费用、缩短了招标时间。而且由于招标人比较了解投标人以往的业绩和履约能力，从而减少了合同履行过程中承包商违约的风险	由于投标竞争的激烈程度较差，有可能会提高中标合同价；也有可能排除某些在技术上或报价上有竞争力的承包商参与投标
施工招标条件	应当具备下列条件才能进行施工招标： （1）招标人已经依法成立； （2）初步设计及概算应当履行审批手续的，已经批准； （3）有相应资金或资金来源已经落实； （4）有招标所需的设计图纸及技术资料		

3. 建设工程施工招标投标其他相关法规内容（表 4-4）

建设工程施工招标投标其他相关法规内容　　　　表 4-4

审批、核准	按照国家有关规定需要履行项目审批、核准手续的依法必须进行招标的项目，其招标范围、招标方式、招标组织形式应当报项目审批、核准部门审批、核准
招标文件资格（预审文件）	如公开招标，招标公告、资格预审公告应当在国务院发展改革部门依法指定的媒介发布
	招标公告或者投标邀请书应当至少载明下列内容： （1）招标人的名称和地址； （2）招标项目的内容、规模、资金来源； （3）招标项目的实施地点和工期； （4）获取招标文件或者资格预审文件的地点和时间； （5）对招标文件或者资格预审文件收取的费用； （6）对投标人的资质等级的要求
	招标文件应当包括招标项目的技术要求、对投标人资格审查的标准、投标报价要求和评标标准等所有实质性要求和条件以及拟签订合同的主要条款。招标文件不得要求或者标明特定的生产供应者以及含有倾向或者排斥潜在投标人的其他内容。招标人不得向他人透露已获取招标文件的潜在投标人的名称、数量及可能影响公平竞争的有关招标投标的其他情况
	招标人有下列行为之一的，属于以不合理条件限制、排斥潜在投标人或者投标人： （1）就同一招标项目向潜在投标人或者投标人提供有差别的项目信息； （2）设定的资格、技术、商务条件与招标项目的具体特点和实际需要不相适应或者与合同履行无关； （3）依法必须进行招标的项目以特定行政区域或者特定行业的业绩、奖项作为加分条件或者中标条件； （4）对潜在投标人或者投标人采取不同的资格审查或者评标标准； （5）限定或者指定特定的专利、商标、品牌、原产地或者供应商； （6）依法必须进行招标的项目非法限定潜在投标人或者投标人的所有制形式或者组织形式； （7）以其他不合理条件限制、排斥潜在投标人或者投标人
	时间规定：依法必须进行招标的项目，自招标文件开始发出之日起至投标人提交投标文件截止之日止，最短不得少于 20 日。资格预审文件或者招标文件的发售期不得少于 5 日。招标人可以对已发出的资格预审文件或者招标文件进行必要的澄清或者修改。如澄清或者修改的内容可能影响资格预审申请文件或者投标文件编制，招标人应当在提交资格预审申请文件截止时间至少 3 日前，或者投标截止时间至少 15 日前，以书面形式通知所有获取资格预审文件或者招标文件的潜在投标人；不足 3 日或者 15 日的，招标人应当顺延。 提交资格预审申请文件或者投标文件的截止时间。如潜在投标人或者其他利害关系人对资格预审文件有异议，应当在提交资格预审申请文件截止时间 2 日前提出；如对招标文件有异议，应当在投标截止时间 10 日前提出。招标人应当自收到异议之日起 3 日内作出答复；作出答复前，应当暂停招标投标活动
不合理的条件限制、排斥	（1）就同一招标项目向潜在投标人或者投标人提供有差别的项目信息； （2）设定的资格、技术、商务条件与招标项目的具体特点和实际需要不相适应或者与合同履行无关； （3）依法必须进行招标的项目以特定行政区域或者特定行业的业绩、奖项作为加分条件或者中标条件； （4）对潜在投标人或者投标人采取不同的资格审查或者评标标准； （5）限定或者指定特定的专利、商标、品牌、原产地或者供应商； （6）依法必须进行招标的项目非法限定潜在投标人或者投标人的所有制形式或者组织形式； （7）以其他不合理条件限制、排斥潜在投标人或者投标人

续表

招标标底	建设项目招标可以分为有标底招标和无标底招标。 标底可自行编制或委托相关机构编制，一个工程只能编制一个标底。标底在开标前应严格保密
最高投标限价	国有资金为投资主体的项目，招标人应编制最高投标限价，并在招标文件中公布最高投标限价或者最高投标限价的计算方法。工程造价咨询人不得同时接受招标人和投标人对同一工程最高投标限价与投标报价的编制。使用的计价标准、计价政策应符合国家或省级行业建设主管部门的计价定额和相关政策规定。招标人不得规定最低投标限价

4. 资格审查（表 4–5）

资格审查 表 4–5

资格预审	指在投标前对潜在投标人进行的资格审查，资格预审应当按照资格预审文件载明的标准和方法进行。国有资金占控股或者主导地位的依法必须进行招标的项目，招标人应当组建资格审查委员会审查资格预审申请文件
	资格预审结束后，招标人应当及时向资格预审申请人发出资格预审结果通知书。未通过资格预审的申请人不具有投标资格。通过资格预审的申请人少于 3 个的，应当重新招标
资格后审	如招标人采用资格后审办法对投标人进行资格审查，应当在开标后由评标委员会按照招标文件规定的标准和方法对投标人的资格进行审查
内容	（1）具有独立订立合同的权利； （2）具有履行合同的能力，包括专业、技术资格、能力、资金、设备和其他物资设施状况、管理能力、经验、信誉和相应的从业人员； （3）没有处于被责令停业，投标资格被取消，财产被接管、冻结，破产状态； （4）在最近三年内没有骗取中标和严重违约，或涉及重大工程质量问题； （5）法律、行政法规规定的其他资格条件。 资格审查时，招标人不得以不合理的条件限制、排斥潜在投标人或者投标人，不得对潜在投标人或者投标人实行歧视待遇。任何单位和个人不得以行政手段或者其他不合理方式限制投标人的数量
审查办法	（1）合格制审查办法。投标申请人凡符合初步审查标准和详细审查标准的，均可通过资格预审。无论是初步审查，还是详细审查，其中有一项因素不符合审查标准的，均不能通过资格预审。 （2）有限数量制审查办法。审查委员会依据规定的审查标准和程序，对通过初步审查和详细审查的资格预审申请文件进行量化打分，按得分由高到低的顺序确定通过资格预审的申请人

5. 现场踏勘与投标预备会（表 4–6）

现场踏勘与投标预备会 表 4–6

现场踏勘	法律规定：招标人不得组织单个或者部分潜在投标人踏勘项目现场
	现场勘察一般安排在投标预备会之前，投标人在现场勘察中如有疑问，应在投标预备会前以书面形式向招标人提出，但应给招标人留有解答时间
	招标人按招标文件中规定的时间、地点组织投标人踏勘项目现场；投标人踏勘现场发生的费用自理；除招标人原因外，投标人自行负责在踏勘现场所发生的人员伤亡和财产损失；招标人在踏勘现场介绍的工程场地和相关的周边环境情况，供投标人在编制投标文件时参考，招标人不对投标人据此做出的判断和决策负责

续表

投标预备会	(1) 投标预备会的目的在于澄清招标文件中的疑问，解答投标人对招标文件和现场勘察中提出的疑问问题。 (2) 投标预备会由招标人组织并主持召开，在预备会上对招标文件和现场情况做介绍或解释，并解答投标人提出的问题，包括书面提出的和口头提出的询问。 (3) 在投标预备会上还应对图纸进行交底和解释。 (4) 投标预备会结束后，由招标人整理会议记录和解答内容，报招标管理机构核准同意后，尽快以书面形式将问题及解答同时发送到所有获得招标文件的投标人。 (5) 所有参加投标预备会的投标人应签到登记，以证明出席投标预备会。注意这时招标人不得泄露潜在投标人数量及名称等有关信息。 (6) 不论是招标人以书面形式向投标人发放的任何资料文件，还是投标人以书面形式提出的问题，均应采用书面形式并应按照招标文件的规定向对方确认收到

6. 投标文件、投标有效期和投标保证金规定（表 4-7）

投标文件、投标有效期和投标保证金规定 表 4-7

投标文件	内容：包括投标函及投标函附录，法定代表人身份证明或附有法定代表人身份证明的授权委托书（原件），联合体协议书，投标保证金，已标价工程量清单，施工组织设计，项目管理机构，拟分包项目情况表，资格审查资料，投标人须知前附表规定的其他资料
	相关规定：投标文件应尽量避免涂改、行间插字或删除。如果出现上述情况，改动之处应加盖单位章或由投标人的法定代表人或其授权的代理人签字确认。逾期送达或未送达指定地点的投标文件，招标人不予受理。投标截止期前，允许投标人对已递交的投标文件修改、撤回，但应以书面形式通知招标人，修改的内容为投标文件的组成部分。投标截止期后投标人对投标文件内容进行的修改无效
	投标报价由投标人自主确定，但不得低于成本，不得高于招标控制价
	投标人应当在招标文件规定的提交投标文件的截止时间前，将投标文件密封送达投标地点。招标人收到投标文件后，应当向投标人出具标明签收人和签收时间的凭证，在开标前任何单位和个人不得开启投标文件。在招标文件要求提交投标文件的截止时间后送达或未送达指定地点的投标文件，为无效的投标文件，招标人不予受理
投标保证金	投标保证金除现金外，可以是银行出具的银行保函、保兑支票、银行汇票或现金支票。投标保证金一般不得超过招标项目估算价的 2%，投标保证金有效期应当与投标有效期一致。投标人不按招标文件要求提交投标保证金的，该投标文件将被拒绝。依法必须进行招标的项目的境内投标单位，以现金或者支票形式提交的投标保证金应当从其基本账户转出。招标人不得挪用投标保证金
投标有效期	法律规定从投标截止时间开始算。一般项目为 60~90 天，具体由招标文件规定
	出现特殊情况需要延长投标有效期的，招标人以书面形式通知所有投标人延长投标有效期。投标人同意延长的，应相应延长其投标保证金的有效期，但不得要求或被允许修改或撤销其投标文件；投标人拒绝延长的，其投标失效，但投标人有权收回其投标保证金
	在投标文件的截止时间前，投标人可以补充、修改、替代或者撤回已提交的投标文件，并书面通知招标人。补充、修改的内容为投标文件的组成部分。在提交投标文件截止时间后到招标文件规定的投标有效期终止之前，投标人不得补充、修改、替代或者撤回其投标文件。投标人补充、修改、替代投标文件的，招标人不予接受；投标人撤回投标文件的，其投标保证金将被没收

7. 评标委员会（表4-8）

评标委员会　　表4-8

评标委员会	评标委员会由招标人负责组建，负责评标活动，向招标人推荐中标候选人或者根据招标人的授权直接确定中标人。成员名单应于开标前确定，并在中标结果确定前保密
	评标委员会由招标人或其委托的招标代理机构熟悉相关业务的代表，以及有关技术、经济等方面的专家组成，成员人数为5人以上的单数，其中技术、经济等方面的专家不得少于成员总数的2/3。评标委员会设负责人的，负责人由评标委员会成员推举产生或者由招标人确定，评标委员会负责人与评标委员会的其他成员有同等的表决权
	依法必须进行招标的项目，其评标委员会的专家成员应当从评标专家库内相关专业的专家名单中以随机抽取方式确定。任何单位和个人不得以明示、暗示等任何方式指定或者变相指定参加评标委员会的专家成员。依法必须进行招标的项目的招标人非因《招标投标法》及其条例规定的事由，不得更换依法确定的评标委员会成员。对技术复杂、专业性强或者国家有特殊要求，采取随机抽取方式确定的专家难以保证胜任评标工作的招标项目，可以由招标人直接确定技术、经济等方面的评标专家
	行政监督部门的工作人员不得担任本部门负责监督项目的评标委员会成员。评标委员会成员与投标人有利害关系的，应当主动回避

8. 开标相关规定（表4-9）

开标相关规定　　表4-9

开标相关规定	开标应当在招标文件确定的提交投标文件截止时间的同一时间公开进行；开标地点应当为招标文件中确定的地点。开标由招标人主持，邀请所有投标人参加
	如投标人少于3个，不得开标；招标人应当重新招标。如投标人对开标有异议，应当在开标现场提出，招标人应当当场作出答复，并制作记录
	开标会议开始后，各投标单位代表（公证机关）确认其投标文件的密封完整性，并签字予以确认。当众宣读评标原则、评标办法。由招标单位依据招标文件的要求，核查投标单位提交的证件和资料，并审查投标文件的完整性、文件的签署、投标担保等，但提交合格“撤回通知”和逾期送达的投标文件不予启封。撤标单位只宣读其名
	唱标顺序应按各投标单位送达投标文件的先后时间顺序进行。开标过程应有书面记录备查

9. 清单招标相关规定（表4-10）

清单招标相关规定　　表4-10

分部分项工程综合单价确定	(1) 确定依据。确定分部分项工程量清单项目综合单价的最重要依据之一是该清单项目的特征描述，投标人投标报价时应依据招标文件中分部分项工程量清单项目的特征描述确定清单项目的综合单价。在招标投标过程中，当出现招标文件中分部分项工程量清单特征描述与设计图纸不符时，投标人应以分部分项工程量清单的项目特征描述为准，确定投标报价的综合单价。当施工中施工图纸或设计变更与工程量清单项目特征描述不一致时，发、承包双方应按实际施工的项目特征，依据合同约定重新确定综合单价

续表

分部分项工程综合单价确定	(2) 材料暂估价。招标文件中提供了暂估单价的材料，按暂估的单价计入综合单价。 (3) 风险费用。招标文件中要求投标人承担的风险费用，投标人应考虑计入综合单价。 在施工过程中，当出现的风险内容及其范围（幅度）在招标文件规定的范围（幅度）内时，综合单价不得变动，工程价款不作调整
措施项目费计算	(1) 措施项目的内容应依据招标人提供的措施项目清单和投标人投标时拟定的施工组织设计或施工方案。 (2) 措施项目费的计价方式应根据招标文件的规定，可以计算工程费的措施清单项目采用综合单价方式报价，其余的措施清单项目采用以“项”为计量单位的方式报价。 (3) 措施项目费由投标人自主确定，但其中安全文明施工费应按国家或省级行业建设主管部门的规定确定
其他项目费计算	(1) 暂列金额应按照其他项目清单中列出的金额填写，不得变动。 (2) 暂估价不得变动和更改。暂估价中的材料必须按照暂估单价计入综合单价，专业工程暂估价必须按照其他项目清单中列出的金额填写。 (3) 计日工应按照其他项目清单列出的项目和估算的数量，自主确定各项综合单价并计算费用。 (4) 总承包服务费应依据招标人在招标文件中列出的分包专业工程内容和供应材料、设备情况，按照招标人提出的协调、配合与服务要求和施工现场管理需要自主确定
其他	规费、税金报价按照国家、省级行业建设主管部门规定计算。各组成部分金额合计应与投标报价总价一致
报价	投标报价=分部分项工程量清单报价总和+措施项目报价总和+其他项目报价总和+规费+税金 注意：报价优惠要体现在组成报价的项目中，而不能只在总报价中下浮
最高投标限价的编制与计算	最高投标限价计算要求： (1) 分部分项工程费计价依据招标文件中的工程量清单中的工程量，其单价应包括人工费、材料费、施工机具使用费、企业管理费、利润以及一定范围内的风险费用（招标文件提供了暂估单价的材料，应按暂估的单价计入综合单价）。 (2) 措施项目清单计价应根据拟建工程为完成工程项目施工发生于该工程施工准备和施工过程中的非工程实体项目的相关费用，可以计算工程量的应采用综合单价计价；其余的措施项目可以“项”为单位计价，应包括除规费、税金外的全部费用：其中的安全文明施工费应按国家或省级行业建设主管部门的规定计价，不得作为竞争性费用。 (3) 其他项目费中的暂列金额一般可按分部分项工程费的10%~15%作为参考。 材料暂估单价应按工程造价管理机构发布的工程造价信息中的材料单价计算，未发布材料单价的材料，其价格应按市场调查确定的单价计算。专业工程暂估价应区分不同的专业估算。 计日工包括：计日工人工、材料和施工机械费用。 总承包服务费计算时，若招标人仅要求对分包的专业工程进行总承包管理和协调时，按分包的专业工程估算造价的1.5%计算；若除总承包管理、协调外，同时要求提供配合服务时，按分包的专业工程估算造价的3%~5%计算。招标人自行供应材料的，按招标人供应材料价值的1%计算。 (4) 规费和税金按国家或省级行业建设主管部门规定的标准计算

10. 有关编制依据内容（表 4-11）

有关编制依据内容 表 4-11

施工招标文件的编制内容	①招标公告（或投标邀请书）；②投标人须知；③评标办法；④合同条款及格式；⑤工程量清单；⑥图纸；⑦技术标准和要求；⑧投标文件格式；⑨规定的其他材料
招标工程量清单的编制依据	(1)《建设工程工程量清单计价规范》GB 50500 以及各专业工程量计算规范等。 (2) 国家或省级行业建设主管部门颁发的计价定额和办法。 (3) 建设工程设计文件及相关资料。 (4) 与建设工程有关的标准、规范、技术资料。 (5) 拟定的招标文件。 (6) 施工现场情况、地勘水文资料、工程特点及常规施工方案。 (7) 其他相关资料
最高投标限价的编制依据	(1) 现行国家标准《建设工程工程量清单计价规范》GB 50500 与各专业工程量计算规范。 (2) 国家或省级行业建设主管部门颁发的计价定额和计价办法。 (3) 建设工程设计文件及相关资料。 (4) 拟定的招标文件及招标工程量清单。 (5) 与建设项目相关的标准、规范、技术资料。 (6) 施工现场情况、工程特点及常规施工方案。 (7) 工程造价管理机构发布的工程造价信息，工程造价信息没有发布的，参照市场价。 (8) 其他相关资料
投标报价的编制依据	(1)《建设工程工程量清单计价规范》GB 50500 与各专业工程量计算规范。 (2) 国家或省级行业建设主管部门颁发的计价办法。 (3) 企业定额，国家或省级行业建设主管部门颁发的计价定额。 (4) 招标文件、工程量清单及其补充通知、答疑纪要。 (5) 建设工程设计文件及相关资料。 (6) 施工现场情况、工程特点及投标时拟定的施工组织设计或施工方案。 (7) 与建设项目相关的标准、规范等技术资料。 (8) 市场价格信息或工程造价管理机构发布的工程造价信息。 (9) 其他的相关资料
投标文件的内容	(1) 投标函及投标函附录。 (2) 法定代表人身份证明或附有法定代表人身份证明的授权委托书。 (3) 联合体协议书（如工程允许采用联合体投标）。 (4) 投标保证金。 (5) 已标价工程量清单。 (6) 施工组织设计。 (7) 项目管理机构。 (8) 拟分包项目情况表。 (9) 资格审查资料。 (10) 规定的其他材料

核心考点三 评标工作相关规定

1. 评标委员会应当否决投标的情况（表 4-12）

评标委员会应当否决投标的情况 表 4-12

否决投标	（1）投标文件未经投标单位盖章和单位负责人签字； （2）投标联合体没有提交共同投标协议； （3）投标人不符合国家或者招标文件规定的资格条件； （4）同一投标人提交两个以上不同的投标文件或者投标报价，但招标文件要求提交备选投标的除外； （5）投标报价低于成本或者高于招标文件设定的最高投标限价； （6）投标文件没有对招标文件的实质性要求和条件作出响应； （7）投标人有串通投标、弄虚作假、行贿等违法行为

2. 评标相关规定（表 4-13）

评标相关规定 表 4-13

评标相关规定	招标人应当根据项目规模和技术复杂程度等因素合理确定评标时间。超过 1/3 的评标委员会成员认为评标时间不够，招标人应当适当延长
	评标委员会成员应当按照招标文件规定的评标标准和方法，客观、公正地对投标文件提出评审意见。招标文件没有规定的评标标准和方法不得作为评标的依据。如招标项目设有标底，招标人应当在开标时公布。标底只能作为评标的参考，不得以投标报价是否接近标底作为中标条件，也不得以投标报价超过标底上下浮动范围作为否决投标的条件
	评标委员会成员不得私下接触投标人，不得收受投标人给予的财物或者其他好处，不得向招标人征询确定中标人的意向，不得接受任何单位或者个人明示或者暗示提出的倾向或者排斥特定投标人的要求，不得有其他不客观、不公正履行职务的行为
	投标文件中有含义不明确的内容、明显文字或者计算错误，评标委员会认为需要投标人作出必要澄清、说明的，应当书面通知该投标人。投标人的澄清、说明应当采用书面形式，并不得超出投标文件的范围或者改变投标文件的实质性内容
	评标委员会不得暗示或者诱导投标人作出澄清、说明，不得接受投标人主动提出的澄清、说明
	投标报价有算术错误的，评标委员会按以下原则对投标报价进行修正，修正的价格经投标人书面确认后具有约束力。投标人不接受修正价格的，其投标作废标处理。 （1）投标文件中的大写金额与小写金额不一致的，以大写金额为准； （2）总价金额与依据单价计算出的结果不一致的，以单价金额为准修正总价，但单价金额小数点有明显错误的除外
	评标委员会发现投标人的报价明显低于其他投标报价，或者在设有标底时明显低于标底，使得其投标报价可能低于其个别成本的，应当要求该投标人作出书面说明并提供相应的证明材料。投标人不能合理说明或者不能提供相应证明材料的，由评标委员会认定该投标人以低于成本报价竞标，其投标作废标处理
	评标委员会应当书面要求存在细微偏差的投标人在评标结束前予以补正。拒不补正的，在详细评审时可以对细微偏差作不利于该投标人的量化，量化标准应当在招标文件中明确规定

3. 确定中标人及签订合同（表 4-14）

确定中标人及签订合同 表 4-14

确定中标人	评标完成后，评标委员会应当向招标人提交书面评标报告和中标候选人名单。中标候选人应当不超过 3 个，并标明排序
	中标人的投标应当符合下列条件之一： （1）能够最大限度满足招标文件中规定的各项综合评价标准； （2）能够满足招标文件的实质性要求，并且经评审的投标价格最低；但是投标价格低于成本的除外
	评标报告应当由评标委员会全体成员签字。对评标结果有不同意见的评标委员会成员应当以书面形式说明其不同意见和理由，评标报告应当注明该不同意见。评标委员会成员拒绝在评标报告上签字又不书面说明其不同意见和理由的，视为同意评标结果
	依法必须进行招标的项目，招标人应当自收到评标报告之日起 3 日内公示中标候选人，公示期不得少于 3 日。如投标人或者其他利害关系人对依法必须进行招标的项目的评标结果有异议，应当在中标候选人公示期间提出。招标人应当自收到异议之日起 3 日内作出答复；作出答复前，应当暂停招标投标活动
	依法必须进行招标的项目，招标人应当自确定中标人之日起 15 日内，向有关行政监督部门提交招标投标情况的书面报告
	招标人应当向中标人发出中标通知书，并同时将中标结果通知所有未中标的投标人。中标通知书对招标人和中标人具有法律效力
签订合同	自中标通知书发出之日起 30 日内完成
	合同的标的、价款、质量、履行期限等主要条款应当与招标文件和中标人的投标文件的内容一致，招标人和中标人不得再行订立背离合同实质性内容的其他协议
	招标人最迟应当在书面合同签订后 5 日内向中标人和未中标的投标人退还投标保证金及银行同期存款利息。招标文件要求中标人提交履约保证金的，中标人应当按照招标文件的要求提交。履约保证金不得超过中标合同金额的 10%
	中标人按照合同约定或者经招标人同意，可以将中标项目的部分非主体、非关键性工作分包给他人完成。接受分包的人应当具备相应的资格条件，并不得再次分包。中标人应当就分包项目向招标人负责，接受分包的人就分包项目承担连带责任

4. 评标程序及评审标准（表 4-15）

评标程序及评审标准 表 4-15

清标内容	（1）对招标文件的实质性响应； （2）错漏项分析； （3）分部分项工程项目清单综合单价的合理性分析； （4）措施项目清单的完整性和合理性分析，以及其中不可竞争性费用正确分析； （5）其他项目清单完整性和合理性分析； （6）不平衡报价分析； （7）暂列金额、暂估价正确性复核； （8）总价与合价的算术性复核及修正建议； （9）其他应分析和澄清的问题

续表

初步评审	形式评审标准；资格评审标准；响应性评审标准；项目管理机构和施工组织设计评审标准
经评审的最低投标价法	经评审的最低投标价法是指评标委员会对满足招标文件实质要求的投标文件，根据详细评审标准规定的量化因素及量化标准进行价格折算，按照经评审的投标价由低到高的顺序推荐中标候选人，或根据招标人授权直接确定中标人，但投标报价低于其成本的除外。经评审的投标价相等时，投标报价低的优先；投标报价也相等的，由招标人自行确定
	适用范围：经评审的最低投标价法一般适用于具有通用技术、性能标准或者招标人对其技术、性能没有特殊要求的招标项目。这种评标方法应当是一般项目的首选评标方法
	评标要求：采用经评审的最低投标价法的，评标委员会应当根据招标文件中规定的评标价格调整方法，对所有投标人的投标报价以及投标文件的商务部分作必要的价格调整
	中标人的投标应当符合招标文件规定的技术要求和标准，但评标委员会无须对投标文件的技术部分进行价格折算
综合评估法	不宜采用经评审的最低投标价法的招标项目，一般应当采取综合评估法进行评审。综合评估法是指评标委员会对满足招标文件实质性要求的投标文件，按照规定的评分标准进行打分，并按得分由高到低顺序推荐中标候选人，或根据招标人授权直接确定中标人，但投标报价低于其成本的除外。综合评分相等时，以投标报价低的优先；投标报价也相等的，由招标人自行确定
	评标要求：评标委员会对各个评审因素进行量化时，应当将量化指标建立在同一基础或者同一标准上，使各投标文件具有可比性
	对技术部分和商务部分进行量化后，评标委员会应当对这两部分的量化结果进行加权，计算出每一投标的综合评估价或者综合评估分。根据综合评估法完成评标后，评标委员会应当拟定一份“综合评估比较表”，连同书面评标报告提交招标人

核心考点四 投标报价技巧的选择与运用

见表 4-16。

投标报价技巧的选择与运用 **表 4-16**

不平衡报价法	不平衡报价法是指在不影响工程总报价的前提下，通过调整内部各个项目的报价，以达到既不提高总报价、不影响中标，又能在结算时得到更理想的经济效益的报价方法
多方案报价法	多方案报价法是指在投标文件中报两个价：一个是按招标文件的条件报一个价；另一个是加注解的报价，即：如果某条款做某些改动，报价可降低多少。这样，可降低总报价，吸引招标人。 多方案报价法适用于招标文件中的工程范围不很明确，条款不很清楚或很不公正，或技术规范要求过于苛刻的工程。采用多方案报价法，可降低投标风险，但投标工作量较大
增加建议法	招标文件中有时规定，可提一个建议方案，即可以修改原设计方案，提出投标单位的方案。对原招标方案一定也要报价。建议方案不要写得太具体，要保留方案的技术关键，防止招标单位将此方案交给其他投标单位。同时要强调的是，建议方案一定要比较成熟，具有较强的可操作性
突然降价法	投标人在充分了解投标信息的前提下，通过优化施工组织设计、加强内部管理、降低费用消耗的可能性分析，提出降低报价方案，并在投标截止日规定时间之前提出，有利于中标
无利润报价法	投标人在可能中标的情况下拟采取将部分工程转包给报价低的分包商；或对于分期投标的工程采取前段中标后段得利；或为了开拓建筑市场扭转企业长期无标的困境时采取的策略

典型案例母题

试题一（招标投标相关法规挑错）

某国有资金投资办公楼建设项目，业主委托某具有相应招标代理和造价咨询资质的招标代理机构编制该项目的招标控制价，并采用公开招标方式进行项目施工招标，招标投标过程中发生以下事件：

事件1，招标代理人确定自招标文件出售之日起至停止出售之日止的时间为10个工作日，投标有效期自开始发售招标文件之日起计算，招标文件确定的投标有效期为30天。

事件2，为了加大竞争，以减少可能的围标而导致竞争不足，招标人（业主）要求招标代理人对已根据计价规范、行业建设主管部门颁发的计价定额、工程量清单、工程造价管理机构发布的造价信息或市场造价信息等资料编排好的招标控制价再下浮10%，并仅公布了招标控制价总价。

事件3，招标人（业主）要求招标代理人在编制招标文件中的合同条款时在合同履行期间，综合单价在任何市场波动和政策变化下均不得调整。

事件4，应潜在投标人的要求，招标人组织最具竞争力的一个潜在招标人勘察项目现场，并在现场口头解答了该潜在投标人提出的质疑。

事件5，在评标中评标委员会发现某投标人的报价明显低于其他投标人的报价。

【问题】

1. 指出事件1中的不妥之处，说明理由。
2. 指出事件2中招标人行为的不妥之处，说明理由。
3. 指出事件3中招标人行为做法有何不妥，说明理由
4. 指出事件4中招标人行为做法有何不妥，说明理由。
5. 针对事件5，评标委员会应如何处理？

【参考答案】

1. 不妥之处：投标有效期自开始发售招标文件之日起计算，招标文件确定的投标有效期为30天。

正确做法：投标有效期应从投标截止时间开始计算，一般项目的投标有效期为60~90天。

2. 不妥之处1：招标控制价再下浮10%。理由：招标控制价应该在招标文件中公布，不应上调和下浮，招标人应将招标控制价及有关资料报送工程所在地工程造价管理机构备案。

不妥之处2：仅公布了招标控制价总价。理由：招标人在招标文件中公布招标控制价时，应公布招标控制价格各组成部分的详细内容，不得只公布招标控制价总价。

3. 不妥之处：国家法律、法规、政策等变动影响合同价款的风险，应在合同中约定，当由发包人承担时，应当约定综合单价调整因素及幅度，还有调整办法。

4. 不妥之处1：组织最具竞争力的一个潜在投标人勘察项目现场。

理由：招标人不得单独组织或者分别组织任何一个投标人进行现场踏勘。

不妥之处 2：现场口头解答该潜在投标人提出的质疑。

理由：招标人收到提出的疑问后，应以书面形式进行解答，并将解答同时送到所有获得招标文件的投标人。

5. 应该要求该投标人作出书面说明并提供相关证明材料。投标人不能合理说明或者不能提供相关材料的，评标委员会应认定该投标人以低于成本报价竞标，其投标应作为废标处理。

试题二（招标投标相关法规挑错）

某国有资金投资的大型建设项目，建设单位采用工程量清单公开招标方式进行施工招标。建设单位委托具有相应资质的招标代理机构编制了招标文件，招标文件包括如下规定：

（1）招标人设有最高投标限价和最低投标限价，高于最高投标限价或低于最低投标限价的投标人报价均按废标处理。

（2）投标人应对工程量清单进行复核，招标人不对工程量清单的准确性和完整性负责。

（3）投标有效期按发售招标文件截止日后的 90 日内计算。

投标和评标过程中发生如下事件：

事件 1：投标人 A 对工程量清单中某分项工程工程量的准确性有异议，并于投标截止时间 15 日前向投标人书面提出了澄清申请。

事件 2：投标人 B 在投标截止前 10 分钟以书面形式通知招标人撤回已递交的投标文件，并要求招标人 5 日内退还已经递交的投标保证金。

事件 3：在评标过程中，投标人 D 主动对自己的投标文件向投标委员会提出书面澄清、说明。

事件 4：在评标过程中，评标委员会发现投标人 E 和投标人 F 的招标文件中载明的项目管理成员中有一人为同一人。

【问题】

1. 招标文件中，除了投标人须知、图纸、技术标准和要求、投标文件格式外，还包括哪些内容？

2. 分析招标代理机构编制的招标文件中（1）~（3）项规定是否妥当，并说明理由。

3. 针对事件 1 和事件 2，招标人应如何处理？

4. 针对事件 3 和事件 4，评标委员会应如何处理？

【参考答案】

1. 施工招标文件应包括以下内容：招标公告（或投标邀请书）、投标人须知、评标办法、合同条款及格式、工程量清单、图纸、技术标准和要求、投标文件格式、规定的其他材料。

2.（1）设有最低投标限价并规定低于投标限价作为废标处理不妥。《招标投标法实施条例》规定，招标人不得规定最低投标限价。

（2）招标人不对工程量清单的正确性和准确性负责不妥。招标人应该对其编制的工程量清单的正确性和准确性负责。

（3）投标有效期按发售招标文件截止日后的90日内计算不妥，投标有效期从投标截止日开始计算，一般项目为60~90日。

3. 针对事件1，招标人应对有异议的清单进行复核，如有错误，应当暂停招标投标活动，招标人统一修改，并把修改情况通知所有投标人。

针对事件2，招标人应同意投标人的要求，在5日内退还投标保证金。

根据《招标投标法实施条例》第三十五条投标人撤回已提交的投标文件，应当在投标截止时间前书面通知招标人，招标人已收取投标保证金的，应当自收到投标人书面撤回之日起5日内退还。

投标截止后投标人撤销投标文件的，招标人可以不退还投标保证金。

4. 针对事件3，评标委员会不接受投标人主动提出的澄清、说明和补正，仍然按照原投标文件进行评标。

针对事件4，评标委员会可认为投标人E、F串通投标，投标文件视为废标。

试题三（招标投标相关法规挑错和决策树投标计算）

某开发区国有资金投资办公楼建设项目，业主委托具有相应招标代理和造价咨询资质的机构编制了招标文件和招标控制价，并采用公开招标方式进行项目施工招标。

该项目招标公告和招标文件中的部分规定如下：

（1）招标人不接受联合体投标。

（2）投标人必须是国有企业或进入开发区合格承包商信息库的企业。

（3）投标人报价高于最高投标限价和低于最低投标限价的，均按废标处理。

（4）投标保证金的有效期应当超出投标有效期30天。

在项目投标及评标过程中发生了以下事件：

事件1：投标人A在对设计图纸和工程量清单复核时发现分部分项工程量清单中某分项工程的特征描述与设计图纸不符。

事件2：投标人B采用不平衡报价的策略，对前期工程和工程量可能减少的工程适度提高了报价；对暂估价材料采用了与招标控制价中相同材料的单价计入综合单价。

事件3：投标人C结合自身情况，并根据过去类似工程投标经验数据，认为该工程投高标的中标概率为0.3，投低标的中标概率为0.6；投高标中标后，经营效果可分为好、中、差三种可能，其概率分别为0.3、0.6、0.1，对应的损益值分别为500万元、400万元、250万元；投低标中标后，经营效果同样可分为好、中、差三种可能，其概率分别为0.2、0.6、0.2，对应的损益值分别为300万元、200万元、100万元。编制投标文件以及参加投标的相关费用为3万元。经过评估，投标人C最终选择了投低标。

事件4：评标中评标委员会成员普遍认为招标人规定的评标时间不够。

【问题】

1. 根据《招标投标法》及其实施条例，逐一分析项目招标公告和招标文件中（1）~

(4) 项规定是否妥当，并分别说明理由。

2. 事件 1 中，投标人 A 应当如何处理？

3. 事件 2 中，投标人 B 的做法是否妥当？并说明理由。

4. 事件 3 中，投标人 C 选择投低标是否合理？并通过计算说明理由。

5. 针对事件 4，招标人应当如何处理？并说明理由。

【参考答案】

1. (1) 妥当，我国相关法规对此没有限制；

(2) 不妥当，招标人不得以任何理由歧视潜在的投标人；

(3) 投标人报价高于最高限价按照废标处理妥当，投标人报价低于最低限价按照废标处理不妥，相关法规规定招标人不得规定最低限价。

(4) 不妥，相关法规规定投标保证金有效期应与投标有效期一致。

2. 事件 1 中，投标人应按照招标工程量清单项目特征报价，结算时按实际调整。

3. 事件 2 中，投标人 B 对前期工程报高价妥当，对工程量可能减少的工程报高价不妥，应当报低价；对材料暂估价按照招标控制价中的相同单价计入综合单价不妥，应当按照招标文件中规定的单价计入综合单价。

4. 不合理，因为

投高标收益期望值 $=0.3\times(0.3\times500+0.6\times400+0.1\times250)-(0.7+0.3)\times3=121.5$ (万元)

投低标收益期望值 $=0.6\times(0.2\times300+0.6\times200+0.2\times100)-(0.4+0.6)\times3=117.0$ (万元)

投高标收益期望值大，所以应当投高标。

5. 招标人应当延长评标时间，根据相关法规，超过 1/3 评标委员会人员认为评标时间不够，招标人应当延长评标时间。

试题四 (招标投标相关法规挑错)

某高校投资一建筑面积 30000㎡教学楼，拟采用工程量清单以公开招标方式进行施工招标。业主委托有相应招标和造价咨询资质的咨询企业编制招标文件和最高投标限价(最高限价 5000 万元)。咨询企业在编制招标文件和最高投标限价时，发生以下事件。

事件 1：为响应业主对潜在投标人择优高要求，咨询企业项目经理在招标文件中设定：

(1) 投标人资格条件之一是近 5 年必须承担过高校教学楼工程；

(2) 投标人近 5 年获得过鲁班奖、本省省级质量奖等奖项作为加分条件；

(3) 项目投标保证金为 75 万元，且必须从投标企业基本账户转出；

(4) 中标人履约保证金为最高投标限价 10%。

事件 2：项目经理认为招标文件的合同条款是粗略条款，只需将政府有关部门的施工合同示范文本添加项目基本信息后，附在招标文件中即可。

事件 3：招标文件编制人员研究评标办法时，项目经理认为本咨询企业以往招标项目常用综合评估法，要求编制人员也采用此法。

事件4：咨询企业技术负责人在审核项目成果文件时发现工程量清单中有漏项，要求修改。项目经理认为第二天需要向委托人提交且合同条款中已有漏项处理约定，故不用修改。

事件5：咨询企业负责人认为最高投标限价不用保密，因此接受了某拟投标人委托，为其提供报价咨询。

事件6：为控制投标报价水平，咨询企业和业主商定，以代表省内先进水平的A施工企业定额为依据，编制最高投标限价。

【问题】

1. 针对事件1，指出（1）~（4）内容是否妥当，说明理由。

2. 针对事件2~6，分别指出相关行为、观点是否妥当，说明理由。

【参考答案】

1.（1）不妥当。

理由：普通教学楼工程不属于技术复杂、有特殊要求的工程，要求特定行业的业绩（要求有高校教学楼工程业绩）作为资格条件属于以不合理条件限制、排斥潜在投标人。

（2）不妥当。

理由：以本省省级质量奖项作为加分条件属于不合理条件限制或排斥投标人。依法必须进行招标的项目，其招标投标活动不受地区或者部门的限制。任何单位和个人不得违法限制或者排斥本地区、本系统以外的法人或者其他组织参加投标，不得以任何方式非法干涉招标投标活动。

（3）妥当。

理由：根据《招标投标法实施条例》的相关规定，招标人在招标文件中要求投标人提交投标保证金，投标保证金不得超过招标项目估算价的2%，且投标保证金必须从投标人的基本账户转出。投标保证金有效期应当与投标有效期一致。

（4）不妥当。

理由：根据《招标投标法实施条例》的相关规定，招标文件要求中标人提交履约保证金的，中标人应当按照招标文件的要求提交，履约保证金不得超过中标合同价的10%。

2.（1）事件2中项目经理的观点不正确。

理由：合同条款是投标人报价的依据，咨询机构应参照示范文本并结合该项目特点、业主要求、实际情况编制项目合同条款，招标文件应附完整的合同条款。

（2）事件3中项目经理的观点不正确。

理由：普通教学楼属于通用项目，宜采用经评审的最低投标价法进行评标。经评审的最低投标价法一般适用于具有通用技术、性能标准或者招标人对其技术、性能没有特殊要求的招标项目。

（3）事件4中企业技术负责人的观点正确。

理由：根据《招标投标法》的相关规定，工程量清单中存在纰漏，应及时作出修改。

（4）事件4中项目经理的观点不正确。

理由：根据《招标投标法》的相关规定，工程量清单作为投标人编制投标文件的依据，如存在漏项，应及时作出修改。招标工程量清单必须作为招标文件的组成部分，其准确性和完整性由招标人负责。因此，招标工程量清单是否准确和完整，其责任应当由提供工程量清单的发包人负责，作为投标人的承包人不应承担因工程量清单的缺项、漏项以及计算错误带来的风险与损失。

（5）事件 5 中企业技术负责人的行为不正确。

理由：根据《招标投标法》的相关规定，同一项目，咨询企业不得既接受招标人的委托，又接受投标人的委托。同时接受招标人和投标人或两个以上投标人对同一工程项目的工程造价咨询业务属于违法违规行为。

（6）事件 6 中咨询企业和业主的行为不正确。

理由：根据《招标投标法实施条例》的相关规定，编制最高投标限价应依据国家或省级行业建设主管部门颁发的计价定额和计价办法，而不应当根据 A 施工企业定额编制。

试题五（招标投标相关法规挑错）

某国有资金建设项目，采用公开招标方式进行施工招标，业主委托具有相应招标代理和造价咨询的中介机构编制了招标文件和招标控制价。

该项目招标文件包括如下规定：

（1）招标人不组织项目现场踏勘活动。

（2）投标人对招标文件有异议的，应当在投标截止时间 10 日前提出，否则招标人拒绝回复。

（3）投标人报价时必须采用当地建设行政管理部门造价管理机构发布的计价定额中分部分项工程人工、材料、机械台班消耗量标准。

（4）招标人将聘请第三方造价咨询机构在开标后评标前开展清标活动。

（5）投标人报价低于招标控制价幅度超过 30% 的，投标人在评标时须向评标委员会说明报价较低的理由，并提供证据；投标人不能说明理由、提供证据的，将认定为废标。

在项目的投标及评标过程中发生以下事件：

事件 1：投标人 A 为外地企业，对项目所在区域不熟悉，向招标人申请希望招标人安排一名工作人员陪同勘查现场。招标人同意安排一位普通工作人员陪同投标。

事件 2：清标发现，投标人 A 和投标人 B 的总价和所有分部分项工程综合单价相差相同的比例。

事件 3：通过市场调查，工程量清单中某材料暂估单价与市场调查价格有较大偏差，为规避风险，投标人 C 在投标报价计算相关分部分项工程项目综合单价时采用了该材料市场调查的实际价格。

事件 4：评标委员会某成员认为投标人 D 与招标人曾经在多个项目上合作过，从有利于招标人的角度，建议优先选择投标人 D 为中标候选人。

【问题】

1. 请逐一分析项目招标文件包括的（1）～（5）项规定是否妥当，并分别说明理由。

2. 事件1中，招标人的做法是否妥当？并说明理由。

3. 针对事件2，评标委员会应该如何处理？并说明理由。

4. 事件3中，投标人C的做法是否妥当？并说明理由。

5. 事件4中，该评标委员会成员的做法是否妥当？并说明理由。

【参考答案】

1.（1）妥当；《招标投标法》第二十一条，招标人根据招标项目的具体情况，可以组织潜在投标人踏勘项目现场，组织踏勘现场不是强制性规定，因此招标人可以根据项目具体情况组织或不组织项目现场踏勘。

（2）妥当；《招标投标法实施条例》第二十二条，潜在投标人或者其他利害关系人对资格预审文件有异议的，应当在提交资格预审申请文件截止时间2日前提出；对招标文件有异议的，应当在投标截止时间10日前提出。招标人应当自收到异议之日起3日内作出答复；作出答复前，应当暂停招标投标活动。

（3）不妥当，投标报价由投标人自主确定，招标人不能要求投标人采用指定的人、材、机消耗量标准。

（4）妥当，清标工作组应该由招标人选派或者邀请熟悉招标工程项目情况和招标投标程序、专业水平和职业素质较高的专业人员组成，招标人也可以委托工程招标代理单位、工程造价咨询单位或者监理单位组织具备相应条件的人员组成清标工作组。清标工作组人员的具体数量应该视工作量的大小确定，一般建议应该在3人以上。

（5）不妥当，不能将因为低于招标控制价一定比例且不能说明理由作为废标的条件。《评标委员会和评标方法暂行规定》第二十一条规定：在评标过程中，评标委员会发现投标人的报价明显低于其他投标报价或者在设有标底时明显低于标底的，使得其投标报价可能低于其个别成本的，应当要求该投标人作出书面说明，并提供相关证明材料。投标人不能合理说明或者不能提供相关证明材料的，由评标委员会认定该投标人以低于成本报价竞标，其投标应作为废标处理。

2. 事件1中，招标人的做法不妥当。根据《招标投标法实施条例》第二十八条规定，招标人不得组织单人或部分潜在投标人踏勘项目现场，因此招标人不能安排一名工作人员陪同勘查现场。

3. 评标委员会应该把投标人A和B的投标文件作为废标处理。有下列情形之一的，视为投标人相互串通投标：（1）不同投标人的投标文件由同一单位或者个人编制；（2）不同投标人委托同一单位或者个人办理投标事宜；（3）不同投标人的投标文件载明的项目管理成员为同一人；（4）不同投标人的投标文件异常一致或者投标报价呈规律性差异；（5）不同投标人的投标文件相互混装；（6）不同投标人的投标保证金从同一单位或者个人的账户转出。

4. 不妥当，暂估价不能变动和更改。当招标人提供的其他项目清单中列示了材料暂估价时，应根据招标人提供的价格计算材料费，并在分部分项工程量清单与计价表中表现出来。

5. 不妥当，根据《招标投标法实施条例》第四十九条，评标委员会成员应当依照

《招标投标法》和本条例的规定，按照招标文件规定的评标标准和方法，客观、公正地对投标文件提出评审意见。招标文件没有规定的评标标准和方法不得作为评标的依据。评标委员会成员不得私下接触投标人，不得收受投标人给予的财物或者其他好处，不得向招标人征询确定中标人的意向，不得接受任何单位或者个人明示或者暗示提出的倾向或者排斥特定投标人的要求，不得有其他不客观、不公正履行职务的行为。

试题六（招标投标相关法规挑错和基准价计算）

国有资金投资依法必须公开招标的某建设项目，采用工程量清单计价方式进行施工招标，招标控制价为3568万元，其中暂列金额280万元。招标文件中规定：

（1）投标有效期90天，投标保证金有效期与其一致。

（2）投标报价不得低于企业平均成本。

（3）近三年施工完成或在建的合同价超过2000万元的类似工程项目不少于3个。

（4）合同履行期间，综合单价在任何市场波动和政策变化下均不得调整。

（5）缺陷责任期为3年，期满后退还预留的质量保证金。

投标过程中，投标人F在开标前1小时口头告知招标人，撤回了已提交的投标文件，要求招标人3日内退还其投标保证金。

除投标人F外还有A、B、C、D、E五位投标人参加了投标，其总报价分别为：3489万元、3470万元、3358万元、3209万元、3542万元。评标过程中，评标委员会发现投标人B的暂列金额按260万元计取，且对招标清单中的材料暂估单价均下调5%后计入报价；发现投标人E报价中混凝土梁的综合单价为700元/m^3，招标清单工程量为520m^3，合价为36400元。其他投标人的投标文件均符合要求。

招标文件中规定的评分标准如下：商务标中的总报价评分60分，有效报价的算术平均数为评标基准价，报价等于评标基准价者得满分（60分），在此基础上，报价比评标基准价每下降1%，扣1分；每上升1%，扣2分。

【问题】

1. 请逐一分析招标文件中规定的（1）~（5）项内容是否妥当，并对不妥之处分别说明理由。

2. 请指出投标人F行为的不妥之处，并说明理由。

3. 针对投标人B、投标人E的报价，评标委员会应分别如何处理？并说明理由。

4. 计算各有效报价投标人的总报价得分。（计算结果保留两位小数）

【参考答案】

1.（1）妥当。

（2）不妥，投标报价不得低于企业个别成本。

（3）妥当。

（4）不妥；应当约定综合单价调整因素及幅度，还有调整办法，进行合理分摊，因国家法律、法规、规章和政策发生变化影响合同价款的风险，发承包双方应当在合同中约定由发包人承担，承包人不承担此类风险。

（5）不妥；缺陷责任期最长不超过 24 个月。

2. 口头告知招标人，撤回了已提交的投标文件不妥，要求招标人 3 日内退还其投标保证金不妥。撤回了已提交的投标文件应当采用书面形式，招标人 5 日内退还其投标保证金。

3. 将 B 投标人按照废标处理，暂列金额应按 280 万元计取，材料暂估价应当按照招标清单中的材料暂估单价计入综合单价。

将 E 投标人按照废标处理，E 报价中混凝土梁的综合单价为 700 元/m^3 合理，招标清单，合价为 36400 元计算错误，应当以单价为准修改总价。

混凝土梁的总价为 700×520＝364000（元），364000－36400＝327600（元）＝32.76（万元），修正后 E 投标人报价为 3542＋32.76＝3574.76（万元），超过了招标控制价 3568（万元），按照废标处理。

4. 评标基准价＝(3489＋3358＋3209)÷3＝3352（万元）

A 投标人：3489÷3352＝104.09%，得分 60－(104.09－100)×2＝51.82。

C 投标人：3358÷3352＝100.18%，得分 60－(100.18－100)×2＝59.64。

D 投标人：3209÷3352＝95.73%，得分 60－(100－95.73)×1＝55.73。

试题七（招标投标相关法规挑错和计日工投标挑错）

某依法必须公开招标的国有资产投资建设项目，采用工程量清单计价方式进行施工招标，业主委托具有相应资质的某咨询企业编制了招标文件和最高投标限价。

招标文件部分规定或内容如下：

（1）投标有效期自投标人递交投标文件时开始计算。

（2）评标方法采用经评审的最低投标价法：招标人将在开标后公布可接受的项目最低投标报价或最低投标报价测算方法。

（3）投标人应当对招标人提供的工程量清单进行复核。

（4）招标工程量清单中给出的“计日工表”，见表 4-17。

计日工表 表 4-17

工程名称：××× 标段：××× 第×页 共×页

编号	项目名称	单位	暂定数量	实际数量	综合单价（元）	合价（元）	
						暂定	实际
一	人工						
1	建筑与装饰工程普工	工日	1		120		
2	混凝土工、抹灰工、砌筑工	工日	1		160		
3	木工、模板工	工日	1		180		
4	钢筋工、架子工	工日	1		170		
人工小计							

在编制最高投标限价时，由于某分项工程使用了一种新型材料，定额及造价信息均无该材料消耗和价格的信息。编制人员按照理论计算法计算了材料净用量，并以此净用

量乘以向材料生产厂家询价确认的材料出厂价格，得到该分项工程综合单价中新型材料的材料费。

在投标和评标过程中，发生了下列事件：

事件1：投标人A发现分部分项工程量清单中某分项工程特征描述和图纸不符。

事件2：投标人B的投标文件中，有一工程量较大的分部分项工程清单项目未填写单价与合价。

【问题】

1. 分别指出招标文件中（1）~（4）项的规定或内容是否妥当？并说明理由。

2. 编制最高投标限价时，编制人员确定综合单价中新型材料费的方法是否正确？并说明理由。

3. 针对事件1，投标人A应如何处理？

4. 针对事件2，评标委员会是否可否决投标人B的投标，并说明理由。

【参考答案】

1.（1）“投标有效期自投标人递交投标文件时开始计算”不妥。

理由：投标有效期从提交投标文件的截止之日起算。

（2）“招标人将在开标后公布可接受的项目最低投标报价或最低投标报价测算方法”不妥。

理由：招标人设有最高投标限价的，应当在招标文件中明确最高投标限价或者最高投标限价的计算方法，招标人不得规定最低投标限价。

（3）“投标人应当对招标人提供的工程量清单进行复核”妥当。工程量清单作为招标文件的组成部分，是由招标人提供的。工程量的大小是投标报价最直接的依据。复核工程量的准确程度，将影响承包商的经营行为。

（4）计日工表格中综合单价由招标人填写，不妥；暂定数量为1不妥。

理由：计日工表的项目名称、暂定数量由招标人填写，编制招标控制价时单价是由招标人按有关计价规定确定，但是，投标时，单价由投标人自主报价。暂定数量由招标人填写，需要根据经验，尽可能估算一个比较贴近实际的数量，不宜全部为1。

2. 编制人员采用理论计算法确定材料的净用量是正确的，但用净用量乘以询价不正确，应该用材料消耗量乘以材料单价确定材料费，所以还应该确定材料损耗量，材料净用量加上材料损耗量得到材料消耗量，用材料消耗量乘以材料单价得到材料费。向材料生产厂家询价确认的材料出厂价格还应该确定其运杂费、运输损耗费及采购保管费。

3. 事件1：在招标投标过程中，当出现招标工程量清单特征描述与设计图纸不符时，投标人A可以向招标人书面提出质疑，要求招标人澄清。若没有澄清，投标人A可以招标工程量清单的项目特征描述为准，确定投标报价的综合单价。

4. 事件2：评标委员会不可直接确定投标人B为无效标，认为已经报到其他项目的综合单价中，评标委员会也可以书面方式要求投标人对投标文件中含意不明确的内容作必要的澄清、说明或补正，但是澄清、说明或补正不得超出投标文件的范围或者改变投标文件的实质性内容。

试题八（招标投标相关法规挑错和决策树投标）

某工程，业主采用公开招标方式选择施工单位，委托具有工程造价咨询资质的机构编制了该项目的招标文件和最高投标限价（最高投标限价 600 万元，其中暂列金额为 50 万元）。该招标文件规定，评标采用经评审的最低投标价法。A、B、C、D、E、F、G 共 7 家企业通过了资格预审（其中 D 企业为 D、D1 企业组成的联合体），且均在投标截止日前提交了投标文件。

A 企业结合自身情况和投标经验，认为该工程项目投高价标的中标概率为 40%，投低价标的中标概率为 60%；投高价标中标后，收益效果好、中、差三种可能性的概率分别为 30%、60%、10%，计入投标费用后的净损益值分别为 40 万元、35 万元、30 万元；投低价标中标后，收益效果好、中、差三种可能性的概率分别为 15%、60%、25%，计入投标费用后的净损益值分别为 30 万元、25 万元、20 万元；投标发生的相关费用为 5 万元。A 企业经测算评估后，最终选择了投低价标，投标价为 500 万元。

在该工程项目开标评标合同签订与执行过程中发生了以下事件。

事件 1：B 企业的投标报价为 560 万元，其中暂列金额为 60 万元。

事件 2：C 企业的投标报价为 550 万元，其中对招标工程量清单中的“照明开关”项目未填报单价和合价。

事件 3：D 企业的投标报价为 530 万元，为增加竞争实力，投标时联合体成员变更为由 D、D1、D2 企业组成。

事件 4：评标委员会按招标文件评标办法对投标企业的投标文件进行了价格评审，A 企业经评审的投标价最低，最终被推荐为中标单位。合同签订前，业主与 A 企业进行了合同谈判，要求在合同中增加一项原招标文件中未包括的零星工程，合同额相应增加 15 万元。

事件 5：A 企业与业主签订合同后，又在外地中标了大型工程项目，遂选择将本项目全部工作转让给了 B 企业，B 企业又将其中 1/3 工程量分包给了 C 企业。

【问题】

1. 绘制 A 企业投标决策树，列式计算并说明 A 企业选择投低价标是否合理？

2. 根据现行《招标投标法》《招标投标法实施条例》和《建设工程工程量清单计价规范》，逐一分析事件 1~3 中各企业的投标文件是否有效，分别说明理由。

3. 事件 4，业主的做法是否妥当？如果与 A 企业签订施工合同，合同价应为多少？请分别判断，说明理由。

4. 分别说明事件 5 中 A、B 企业做法是否正确。

【参考答案】

1. 如图 4-1 所示。

机会点③期望利润 = 40×30%+35×60%+30×10% = 36（万元）

④ 30×15%+25×60%+20×25% = 24.5（万元）

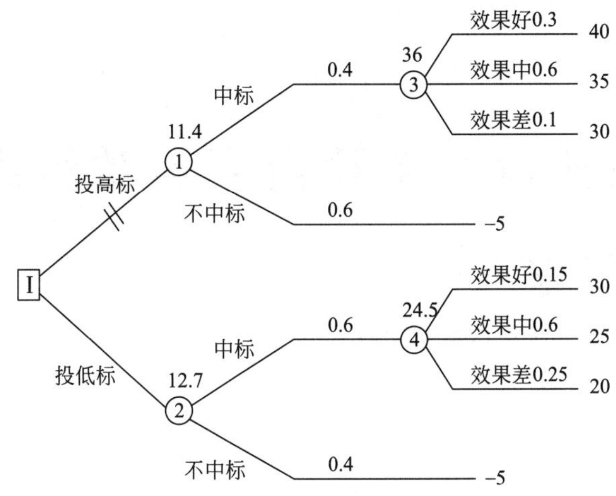

图 4-1　A 企业投标决策树图

① 36×40%−5×60% = 11.4（万元）

② 24.5×60%−5×40% = 12.7（万元）

由于投低标期望利润 12.7 万元>投高标期望利润 11.4 万元，所以投低标合理。

2. B 投标单位废标，原因是 B 企业投标报价中暂列金为 60 万元，没有按照招标文件中的 50 万元报价，B 企业没有响应招标文件的实质性要求，不符合《建设工程工程量清单计价规范》要求。

C 投标单位有效，未对“照明开关”填写单价和合价，认为已经报到其他项目综合单价中了。

D 企业投标人废标，通过联合体资格预审后联合体成员不得变动。

3.（1）业主的做法不妥，业主应当与 A 企业依据中标人的投标文件和招标文件签订合同，合同的标的、价款、质量、履行期限等主要条款应当与招标文件和中标人的投标文件的内容一致。招标人和中标人不得再行订立背离合同实质性内容的其他协议。

（2）如果与 A 企业签订合同，合同价应为 500 万元。

理由：合同签订前，业主与 A 企业进行了合同谈判，要求在合同中增加一项原招标文件中未包括的零星工程，不能作为合同价的内容，零星工程可以在施工中以现场签证的形式计取。

4. A 企业做法不正确，本项目全部工作转让给 B 企业，属于违法转包；B 企业做法不正确，B 企业又将 1/3 工程分包给 C 企业属于违法分包。

第五章　工程合同价款管理

本章考试大纲要求

1. 工程合同价的类型及其适用条件；
2. 工程变更的处理；
3. 工程索赔的计算与审核；
4. 工程合同争议的处理。

本章核心考点解析

序号	核心考点	考核要点
1	施工合同相关内容	承发包责任义务、隐蔽工程检查、不利物质条件、异常恶劣的气候条件、化石、文物、不可抗力等责任承担
2	工程变更及合同价款调价	变更的范围和合同价款调价
3	工程索赔计算	工期和费用索赔处理原则
4	流水施工	无节奏流水工期计算和横道图绘制
5	普通双代号网络计划的索赔	双代号网络关键线路和时差计算
6	时标网络计划的索赔	时标网络计划关键线路和时差计算

核心考点一　施工合同相关内容

1. 合同按照计价方式分为三类（表5-1）

三类合同的使用范围　　**表5-1**

类型	适用
总价合同	工程量不太大且能精确计算，工期较短，技术不太复杂，风险不大，设计图纸准确、详细
单价合同	招标文件已列出分部分项工程量，但合同整体难以工程量界定，由于建设条件限制尚未最后确定时，签订合同采取估算工程量，结算时采用实际工程量结算的方法
成本加酬金合同	需要立即开展工作的项目，新型工程项目；对工程内容、指标未全部确定的项目；风险很大的项目

2. 工程合同文件的组成及解释顺序

合同文件的组成包括：

（1）合同协议书；（2）中标通知书；（3）投标函及投标函附录；（4）专用合同条款；（5）通用合同条款；（6）技术标准和要求；（7）图纸；（8）已标价的工程量清单；（9）其他合同文件——经合同当事人双方确认构成合同的其他文件。

组成合同的各文件中出现含义或内容矛盾时，如果专用条款没有另行约定，以上合同文件序号为优先解释的顺序。

3. 施工合同条款主要内容（表5-2）

施工合同条款主要内容　　表5-2

发包人义务	(1) 发包人应遵守法律，并办理法律规定由其办理的许可、批准或备案。 (2) 按照合同约定提供施工现场、施工条件和基础资料。 (3) 按照合同约定提供资金来源证明及支付担保。 (4) 发包人应按合同约定向承包人及时支付合同价款。 (5) 发包人应按合同约定及时组织竣工验收。 (6) 发包人应与承包人、由发包人直接发包的专业工程的承包人签订施工现场统一管理协议，明确各方的权利义务
承包人义务	(1) 办理法律规定应由承包人办理的许可和批准。 (2) 按法律规定和合同约定完成工程，并在保修期内承担保修义务。 (3) 按法律规定和合同约定采取施工安全和环境保护措施，办理工伤保险，确保工程及人员、材料、设备和设施的安全。 (4) 按合同约定的工作内容和施工进度要求，编制施工组织设计和施工措施计划，并对所有施工作业和施工方法的完备性和安全可靠性负责。 (5) 在进行合同约定的各项工作时，不得侵害发包人与他人使用公用道路、水源、市政管网等公共设施的权利，避免对邻近的公共设施产生干扰。承包人占用或使用他人的施工场地，影响他人作业或生活的，应承担相应责任。 (6) 按照合同约定负责施工场地及其周边环境与生态的保护工作。 (7) 按照合同约定采取施工安全措施，确保工程及其人员、材料、设备和设施的安全，防止因工程施工造成的人身伤害和财产损失。 (8) 将发包人按合同约定支付的各项价款专用于合同工程，且应及时支付其雇用人员工资，并及时向分包人支付合同价款。 (9) 按照法律规定和合同约定编制竣工资料，完成竣工资料立卷及归档，并按专用合同条款约定的竣工资料的内容、时间等要求移交发包人
质量	(1) 因发包人原因造成工程质量未达到合同约定标准的，由发包人承担由此增加的费用和（或）延误的工期，并支付承包人合理的利润。 (2) 因承包人原因造成工程质量未达到合同约定标准的，发包人有权要求承包人返工直至工程质量达到合同约定的标准为止，并由承包人承担由此增加的费用和（或）延误的工期
监理人的质量检查和检验	(1) 监理人的检查和检验不应影响施工正常进行。监理人的检查和检验影响施工正常进行的，且经检查检验不合格的，影响正常施工的费用由承包人承担，工期不予顺延；经检查检验合格的，由此增加的费用和（或）延误的工期由发包人承担。 (2) 承包人覆盖工程隐蔽部位后，发包人或监理人对质量有疑问的，可要求承包人对已覆盖的部位进行钻孔探测或揭开重新检查，承包人应遵照执行，并在检查后重新覆盖恢复原状。经检查证明工程质量符合合同要求的，由发包人承担由此增加的费用和（或）延误的工期，并支付承包人合理的利润；经检查证明工程质量不符合合同要求的，由此增加的费用和（或）延误的工期由承包人承担。 (3) 承包人未通知监理人到场检查，私自将工程隐蔽部位覆盖的，监理人有权指示承包人钻孔探测或揭开检查，无论工程隐蔽部位质量是否合格，由此增加的费用和（或）延误的工期均由承包人承担
不利物质条件	承包人遇到不利物质条件时，应采取适应不利物质条件的合理措施继续施工，并及时通知监理人。监理人应当及时发出指示，指示构成变更的，按合同约定的变更办理。监理人没有发出指示的，承包人因采取合理措施而增加的费用和（或）工期延误，由发包人承担

续表

异常恶劣的气候条件	承包人应采取克服异常恶劣的气候条件的合理措施继续施工，并及时通知发包人和监理人。监理人经发包人同意后应当及时发出指示，指示构成变更的，按约定办理。承包人因采取合理措施而增加的费用和（或）延误的工期由发包人承担
化石、文物	承包人应采取有效合理的保护措施，防止任何人员移动或损坏上述物品，并立即报告当地文物行政部门，同时通知监理人。发包人、监理人和承包人应按文物行政部门要求采取妥善保护措施，由此导致的费用增加和（或）工期延误由发包人承担
不可抗力后果的承担	不可抗力引起的后果及造成的损失由合同当事人按照法律规定及合同约定各自承担。 （1）永久工程、已运至施工现场的材料和工程设备的损坏，以及因工程损坏造成的第三方人员伤亡和财产损失由发包人承担。 （2）承包人施工设备的损坏由承包人承担。 （3）发包人和承包人承担各自人员伤亡和财产的损失。 （4）因不可抗力影响承包人履行合同约定的义务，已经引起或将引起工期延误的，应当顺延工期，由此导致承包人停工的费用损失由发包人和承包人合理分担，停工期间必须支付的工人工资由发包人承担。 （5）因不可抗力引起或将引起工期延误，发包人要求赶工的，由此增加的赶工费用由发包人承担。 （6）承包人在停工期间按照发包人要求照管、清理和修复工程的费用由发包人承担。 不可抗力发生后，合同当事人均应采取措施尽量避免和减少损失的扩大，任何一方当事人没有采取有效措施导致损失扩大的，应对扩大的损失承担责任。 因合同一方迟延履行合同义务，在迟延履行期间遭遇不可抗力的，不免除其违约责任

核心考点二 工程变更及合同价款调价

见表 5-3。

工程变更及合同价款调价　　表 5-3

变更的范围	（1）增加或减少合同中任何工作，或追加额外的工作。 （2）取消合同中任何工作，但转由他人实施的工作除外。 （3）改变合同中任何工作的质量标准或其他特性。 （4）改变工程的基线、标高、位置和尺寸。 （5）改变工程的时间安排或实施顺序
变更估价原则	《建设工程施工合同（示范文本）》GF-2017-0201 （1）已标价工程量清单或预算书中有相同项目的，按照相同项目单价认定； （2）已标价工程量清单或预算书中无相同项目，但有类似项目的，参照类似项目的单价认定； （3）变更导致实际完成的变更工程量与已标价工程量清单或预算书中列明的该项目工程量的变化幅度超过 15% 的，或已标价工程量清单或预算书中无相同项目及类似项目单价的，按照合理的成本与利润构成的原则，由合同当事人商定（或确定）变更工程的单价
合同价款调整	（1）法律法规变化；（2）工程变更；（3）项目特征不符；（4）工程量清单缺项；（5）工程量偏差；（6）计日工；（7）物价变化；（8）暂估价；（9）不可抗力；（10）提前竣工（赶工补偿）；（11）误期赔偿；（12）索赔；（13）现场签证；（14）暂列金额；（15）承发包双方约定的其他调整事项

1. 法律法规变化引起的合同价格调整

招标工程以投标截止日前 28 天，非招标工程以合同签订前 28 天为基准日，其后因国家的法律、法规、规章和政策发生变化引起工程造价增减变化的，发承包双方应当按照省级行业建设主管部门或其授权的工程造价管理机构据此发布的规定调整合同价款。

因承包人原因导致工期延误的，按上述规定的调整时间，在合同工程原定竣工时间之后，合同价款调增的不予调整，合同价款调减的予以调整。

如果承发包双方在商议有关合同价格和工期调整时无法达成一致时，可以在合同中约定由总监理工程师承担商定与确定的组织和实施责任。

2. 项目特征不符引起的合同价格调整

（1）发包人在招标工程量清单中对项目特征的描述，应被认为是准确的和全面的，并且与实际施工要求相符合。

（2）承包人应按照发包人提供的设计图纸实施工程合同，若在合同履行期间出现设计图纸与招标工程量清单任一项目的特征描述不符，且该变化引起项目的工程造价增减变化，应按照实际施工的项目特征，以及规范中工程变更相关条款的规定重新确定相应工程量清单项目的综合单价，并调整合同价款。

3. 工程量清单缺项引起的合同价格调整

合同履行期间，由于招标工程量清单中缺项，新增分部分项工程量清单项目的，应按照规范中工程变更相关条款确定单价，并调整合同价款。

新增分部分项工程量清单项目后，引起措施项目发生变化的，应按照规范中工程变更相关规定，在承包人提交的实施方案被发包人批准后调整合同价款。

由于招标工程量清单中措施项目缺项，承包人应将新增措施项目实施方案提交发包人批准后，按照规范相关规定调整合同价款。

4. 工程量偏差引起的合同价格调整

合同履行期间，当应予计算的实际工程量与招标工程量清单出现偏差，且符合下述两条规定的，应调整合同价款。

对于任一招标工程量清单项目，如果因工程量偏差和工程变更等原因导致工程量偏差超过15%时，可进行调整。当工程量增加15%以上时，增加部分的工程量的综合单价应予调低；当工程量减少15%以上时，减少后剩余部分的工程量的综合单价应予调高。

如果工程量出现超过15%的变化，且该变化引起相关措施项目相应发生变化时，按系数或单一总价方式计价的，工程量增加的措施项目费调增，工程量减少的措施项目费调减。

上述规定中，工程量偏差超过15%时的调整方法，可参照如下公式：

1）当 $Q_1>1.15Q_0$ 时

$$S=1.15Q_0\times P_0+(Q_1-1.15Q_0)\times P_1$$

2）当 $Q_1<0.85Q_0$ 时

$$S=Q_1\times P_1$$

式中，S——调整后的某一分部分项工程费结算价；

Q_1——最终完成的工程量；

Q_0——招标工程量清单列出的工程量；

P_1——按照最终完成工程量重新调整后的综合单价；

P_0——承包人在工程量清单中填报的综合单价。

注意：P_1 单价由承发包协商确定，协商不成时，如果工程量偏差项目出现承包人在工程量清单中填报的综合单价与发包人招标控制价相应清单项目的综合单价偏差超过15%，则工程量偏差项目的综合单价可由发承包双方按照下列规定调整：

① 当 $P_0<P_1\times(1-L)\times(1-15\%)$ 时，该类项目的综合单价按照 $P_1\times(1-L)\times(1-15\%)$ 调整。

② 当 $P_0>P_1\times(1+15\%)$ 时，该类项目的综合单价按照 $P_1\times(1+15\%)$ 调整。

③ 当 $P_0>P_1\times(1-L)\times(1-15\%)$ 或 $P_0<P_1\times(1+15\%)$ 时，可不调整。

另外，《建设工程工程量清单计价规范》规定因工程变更引起已标价工程量清单项目或其工程数量发生变化时，应按照下列规定调整。

(1) 已标价工程量清单中有适用于变更工程项目的，应采用该项目的单价；但当工程变更导致该清单项目的工程数量发生变化，且工程量增加15%以上时，增加部分的工程量的综合单价应予调低；当工程量减少15%以上时，减少后剩余部分的工程量的综合单价应予调高。

(2) 已标价工程量清单中没有适用，但有类似于变更工程项目的，可在合理范围内参照类似项目的单价。

(3) 已标价工程量清单中没有适用也没有类似于变更工程项目的，应由承包人根据变更工程资料、计量规则和计价办法、工程造价管理机构发布的信息价格和承包人报价浮动率提出变更工程项目的单价，并应报发包人确认后调整。承包人报价浮动率可按下列公式计算。

招标工程：

$$承包人报价浮动率\ L=(1-中标价/招标控制价)\times100\%$$

非招标工程：

$$承包人报价浮动率\ L=(1-报价/施工图预算)\times100\%$$

(4) 已标价工程量清单中没有适用也没有类似于变更工程项目，且工程造价管理机构发布的信息价格缺价的，应由承包人根据变更工程资料、计量规则、计价办法和通过市场调查等取得有合法依据的市场价格提出变更工程项目的单价，报发包人确认后调整。

【例1】 某工程招标控制价8413949元，中标价7972282元，施工中增设卷材防水，原清单无此项目。造价站信息卷材单价18元/m²，定额人工费3.78元/m²；除卷材外其他材料费为0.65元/m²；管理费和利润为1.13元/m²；问：承包人报价浮动率是多少？该项目综合单价应为多少？

【参考答案】 1. 报价浮动率 $=(1-7972282/8413949)\times100\%=(1-0.9475)\times100\%=5.25\%$

2. 综合单价 $=(3.78+18+0.65+1.13)\times(1-5.25\%)=22.32$（元）

【例2】 某工程项目招标控制价的综合单价为350元，投标报价的综合单价为287元，该工程投标报价下浮率为6%，综合单价是否调整？

【参考答案】287÷350=82%，偏差为 18%。

按式：350×(1−6%)×(1−15%)=279.65（元）。由于 287 元>279.65 元，所以该项目变更后的综合单价可不予调整。

【例 3】某工程项目招标控制价的综合单价为 350 元，投标报价的综合单价为 406 元，工程变更后的综合单价如何调整？

【参考答案】406÷350=1.16，偏差为 16%。

按式：350×(1+15%)=402.50（元）。

由于 406 元>402.50 元，该项目变更后的综合单价应调整为 402.50 元。

【例 4】某工程项目招标工程量清单数量为 1520m^3，施工中由于设计变更调整为 1824m^3，增加 20%，该项目招标控制综合单价为 350 元，投标报价为 406 元，应如何调整？

【参考答案】350×(1+15%)=402.50（元）<406 元，综合单价 P_1 应调整为 402.50 元；S=1.15×1520×406+(1824−1.15×1520)×402.50=709688+76×402.50=740278（元）。

【例 5】某工程项目招标工程量清单数量为 1520m^3，施工中由于设计变更调整为 1216m^3，减少 20%，该项招标控制综合单价为 350 元，投标报价为 287 元，投标报价下浮率为 6%，应如何调整？

【参考答案】287÷350=82%，偏差为 18%；

按式：350×(1−6%)×(1−15%)=279.65（元）<287 元，综合单价 P_1 可不调整；

S=1216×287=348992（元）。

5. 计日工数量变化引起的合同价格调整

采用计日工计价的任何一项变更工作，在该项变更的实施过程中，承包人应按合同约定提交报表和有关凭证送复核。

任一计日工项目持续进行时，承包人应在该项工作实施结束后的 24 小时内向发包人提交有计日工记录汇总的现场签证报告一式三份。发包人在收到承包人提交现场签证报告后的 2 天内予以确认，并将其中一份返还给承包人，作为计日工计价和支付的依据。发包人逾期未确认也未提出修改意见的，应视为承包人提交的现场签证报告已被发包人认可。

6. 市场价格波动引起的调整

（1）确定合同履行期应予调整的价格规定

合同履行期间，因人工、材料、工程设备、机械台班价格波动影响合同价款时，应根据合同约定的方法（如价格指数调整法或造价信息差额调整法）计算调整合同价款。承包人采购材料和工程设备的，应在合同中约定主要材料、工程设备价格变化的范围或幅度，如没有约定，则材料、工程设备单价变化超过 5%，超过部分的价格应按照价格指数调整法或造价信息差额调整法计算调整材料、工程设备费。

发生合同工程工期延误的，确定合同履行期应予调整的价格应按照下列规定：

① 因非承包人原因导致工期延误的，计划进度日期后续工程的价格，应采用计划进度日期与实际进度日期两者的较高者。

② 因承包人原因导致工期延误的，则计划进度日期后续工程的价格，采用计划进度日期与实际进度日期两者的较低者。

③ 施工机械台班单价或施工机械使用费发生变化超过省级行业建设主管部门或其授权的工程造价管理机构规定的范围时，按其规定调整合同价款。

（2）市场价格波动引起的合同价款调整方法有价格指数调整法和造价信息差额调整法，对此，《建设工程工程量清单计价规范》GB 50500 中有如下规定：

第一种方法：采用价格指数进行价格调整

① 价格调整公式

因人工、材料和工程设备等价格波动影响合同价格时，根据投标函附录中的价格指数和权重表约定的数据，按以下公式计算差额并调整合同价款：

$$\Delta P=P_0\left[A+\left(B_1\times\frac{F_{t1}}{F_{01}}+B_2\times\frac{F_{t2}}{F_{02}}+B_3\times\frac{F_{t3}}{F_{03}}+\cdots+B_n\times\frac{F_{tn}}{F_{0n}}\right)-1\right]$$

② 暂时确定调整差额

在计算调整差额时得不到现行价格指数的，可暂用上一次价格指数计算，并在以后的付款中再按实际价格指数进行调整。

③ 权重的调整

约定的变更导致原定合同中的权重不合理时，由承包人和发包人协商后进行调整。

④ 因承包人原因工期延误后的价格调整

由于承包人原因未在约定的工期内竣工的，则对原约定竣工日期后继续施工的工程，在使用价格调整公式时，应采用原约定竣工日期与实际竣工日期两个价格指数中较低的一个作为现行价格指数。

第二种方法：采用造价信息进行价格调整

合同履行期间，因人工、材料、工程设备和机械台班价格波动影响合同价格时，人工、机械使用费按照国家或省、自治区、直辖市建设行政管理部门、行业建设管理部门或其授权的工程造价管理机构发布的人工、机械使用费系数进行调整；需要进行价格调整的材料，其单价和采购数量应由发包人审批，发包人确认需调整的材料单价及数量，作为调整合同价格的依据。

7. 暂估价变化引起的合同价格调整

发包人在招标工程量清单中给定暂估价的材料、工程设备属于依法必须招标的，由发承包双方以招标的方式选择供应商，确定价格，并以此为依据取代暂估价，调整合同价款。发包人在招标工程量清单中给定暂估价的材料、工程设备不属于依法必须招标的，由承包人按照合同约定采购，经发包人确认后以此为依据取代暂估价，调整合同价款。

发包人在工程量清单中给定暂估价的专业工程不属于依法必须招标的，应按照工程变更价款的确定方法确定专业工程价款。并以此为依据取代专业工程暂估价，调整合同价款。

发包人在招标工程量清单中给定暂估价的专业工程，依法必须招标的，应当由发承包双方依法组织招标选择专业分包人，并接受有管辖权的建设工程招标投标管理机构的监督。并以专业工程发包中标价为依据取代专业工程暂估价，调整合同价款。

暂估材料或工程设备的单价确定后，在综合单价中只应取代原暂估单价，不应再在综合单价中涉及企业管理费或利润等其他费用的变动。

8. 不可抗力引起的合同价格调整

因不可抗力事件导致的人员伤亡、财产损失及其费用增加，发承包双方应根据不可抗力处理原则分别承担并调整合同价款和工期。

9. 提前竣工（赶工补偿）引起的合同价格调整

（1）工程发包时，招标人应当依据相关工程的工期定额合理计算工期，压缩的工期天数不得超过定额工期的20%，将其量化。超过者，应在招标文件中明示增加赶工费用。

（2）工程实施过程中，发包人要求合同工程提前竣工的，应征得承包人同意后与承包人商定采取加快工程进度的措施，并应修订合同工程进度计划。发包人应承担承包人由此增加的提前竣工（赶工补偿）费用。

（3）发承包双方应在合同中约定提前竣工每日历天应补偿额度，此项费用应作为增加合同价款列入竣工结算文件中，应与结算款一并支付。

赶工费用主要包括：①人工费的增加，例如新增加投入人工的报酬，不经济使用人工的补贴等；②材料费的增加；③机械费的增加。

10. 暂列金额变化引起的合同价格调整

暂列金额是指招标人在工程量清单中暂定并包括在合同价款中的一笔款项。用于工程合同签订时尚未确定或者不可预见的所需材料、工程设备、服务的采购，施工中可能发生的工程变更、合同约定调整因素出现时的合同价款调整以及发生的索赔、现场签证确认等的费用。

已签约合同价中的暂列金额由发包人掌握使用。发包人按照合同的规定支付后，如有剩余，则暂列金额余额归发包人所有。

核心考点三 工程索赔计算

1. 索赔知识（表5-4）

索赔知识 表5-4

索赔成立的条件	（1）与合同相比较，已造成了实际的额外费用或工期损失； （2）造成费用增加或工期损失的原因不是由于承包商的过失； （3）造成的费用增加或工期损失不是应由承包商承担的风险； （4）承包商在事件发生后的规定时间内提出了索赔的书面意向通知和索赔报告
索赔依据	招标文件，施工合同，往来信件，会谈纪要，现场资料，检验报告，停水、电、气记录和证明，相关法规文件，会计核算资料、凭证等
索赔文件	索赔文件包括：索赔信（意向通知书）、索赔报告和附件，其中索赔报告包括：总论、根据部分、计算部分、证据部分

续表

<table>
<tr><td>费用索赔</td><td colspan="2">(1) 人工费：包括增加工作内容的人工费、停工损失费和工作效率降低的损失费等累计，应当区分增加用工和窝工计算。
(2) 机械费：可采用机械台班费、机械折旧费、设备租赁费等几种形式，应当区分增加用工和窝工计算。
(3) 材料费：应注意材料费调价计算对索赔的影响。
(4) 管理费：此项又可分为现场管理费和公司管理费两部分。
(5) 利润：一般是在业主原因造成工程量增加、设计变更、施工条件变化，或业主原因合同终止等情况下进行利润索赔。
(6) 保函手续费：应注意此费用随工期延长而增加的要求。
(7) 贷款利息：按照法律规定和合同约定计算。
(8) 保险费：按照合同约定计算。
(9) 分包费用：由于发包人的原因导致分包工程费用增加时，分包人只能向总承包人提出索赔。
(10) 规费、税金：按照规定计算</td></tr>
<tr><td rowspan="4">工期索赔</td><td colspan="2">明确延误原因，在施工过程中，由于非承包商原因造成工期延误从而索赔成立的事项很多，如：(1) 业主未能按时提供施工现场；(2) 特殊恶劣的天气；(3) 工程师或业主在规定的时间内未能提供继续施工所需的图纸或指令；(4) 工程变更等引起的施工进度计划的调整；(5) 工程现场其他承包商的干扰；(6) 工程师或业主要求暂停施工等</td></tr>
<tr><td>网络图计算</td><td>(1) 被延误的工序在关键路线上，也即被延误的是关键工序。由于关键路线决定了总工期，因此关键工序上的延误也就是总工期的延误。
(2) 被延误的工序是非关键工序，且该工序被延误的时间没有超过其总时差。根据网络进度计划，此时该工序的延误并不影响总工期，因此索赔不成立，即没有工期补偿。
(3) 被延误的工序仍然是非关键工序，但其被延误的时间已超过了它的总时差。这种情况比较复杂，还应考虑该工序的紧后工序时间参数等因素。当非关键工序变成关键工序，关键路线发生变化影响了总工期时，如果只要求计算这一个工序对总工期的影响，则可以用该工序被延误的时间减去它的总时差，其差额即为总工期的延误；但如果同时还有其他事项的发生，也即还有其他工序被延误时间，则只能通过重新计算网络图的时间参数来进行</td></tr>
<tr><td>共同延误事件工期索赔</td><td>同一时间范围内共同发生包含不同方责任的延误事件，分析事件发生责任时应采取“横道图”分析方法。应注意：
(1) 首先判别造成工期拖期的“初始延误”责任者，在“初始延误”发生作用期间，其他并发延误者不承担责任（一般采用横道图分析，每种延误责任发生过程单独用一横道线表示）。
(2)“初始延误”者为业主，则在业主造成的延误期内，承包商可得到工期补偿，费用补偿应注意区分增加工程量和窝工两种延误后果的区别。
(3)“初始延误”者为不可抗力因素时，承包商在不可抗力因素发生期只能得到工期补偿</td></tr>
<tr><td>比例计算</td><td>增加工作是否为关键工作，有无总时差。
该工作增加时间为：工程量/工作效率。
将该工作增加时间与总时差作比较</td></tr>
</table>

2. 索赔取费（表 5-5）

索赔取费 表 5-5

<table>
<tr><td rowspan="2">费用名称</td><td>管理费</td><td>利润</td><td>规费</td><td>税金</td><td rowspan="2">支付相应工程款的时候</td></tr>
<tr><td colspan="4">是否包含</td></tr>
<tr><td>增加人工费、材料费、机械费/工料单价</td><td>×</td><td>×</td><td>×</td><td>×</td><td>按照合同约定取管理费、利润、规费、税金</td></tr>
</table>

续表

费用名称	管理费	利润	规费	税金	支付相应工程款的时候
	是否包含				
综合单价	√	√	×	×	按照合同约定取规费、税金
全费用单价	√	√	√	√	不取
工程款/价款结尾的部分	√	√	√	√	不取
分部分项工程费、措施费、其他项目费	√	√	×	×	按照合同约定取规费、税金
计日工综合单价/计日工费	√	√	×	×	按照合同约定取规费、税金
签证工程费	√	√	×	×	按照合同约定取规费、税金
签证工程价款	√	√	√	√	不取
附加措施费	√	√	×	×	注意基数，支付时取规费、税金

3. 承包人工程索赔程序（表 5-6）

承包人工程索赔程序　　表 5-6

意向通知书	承包人应在知道或应当知道索赔事件发生后 28 天内，向监理人递交索赔意向通知书，并说明发生索赔事件的事由；承包人未在前述 28 天内发出索赔意向通知书的，丧失要求追加付款和（或）延长工期的权利
索赔报告	承包人应在发出索赔意向通知书后 28 天内，向监理人正式递交索赔报告；索赔报告应详细说明索赔理由以及要求追加的付款金额和（或）延长的工期，并附必要的记录和证明材料
持续影响	索赔事件具有持续影响的，承包人应按合理时间间隔继续递交延续索赔通知，说明持续影响的实际情况和记录，列出累计的追加付款金额和（或）工期延长天数
事件结束	在索赔事件影响结束后 28 天内，承包人应向监理人递交最终索赔报告，说明最终要求索赔的追加付款金额和（或）延长的工期，并附必要的记录和证明材料
对承包人索赔的处理如下：（1）监理人应在收到索赔报告后 14 天内完成审查并报送发包人。监理人对索赔报告存在异议的，有权要求承包人提交全部原始记录副本。（2）发包人应在监理人收到索赔报告或有关索赔的进一步证明材料后的 28 天内，由监理人向承包人出具经发包人签认的索赔处理结果。发包人逾期答复的，则视为认可承包人的索赔要求。（3）承包人接受索赔处理结果的，索赔款项在当期进度款中支付；承包人不接受索赔处理结果的争议解决约定处理	

核心考点四　流水施工

在流水施工中，由于流水节拍的规律不同，决定了流水步距、流水施工工期的计算方法等也不同，甚至影响到各个施工过程的专业工作队数目。

1. 固定节拍流水施工

（1）所有施工过程在各个施工段上的流水节拍均相等；

（2）相邻施工过程的流水步距相等，且等于流水节拍；

（3）专业工作队数等于施工过程数，即每一个施工过程成立一个专业工作队，由该队完成相应施工过程所有施工段上的任务；

（4）各个专业工作队在各施工段上能够连续作业，施工段之间没有空闲时间。

具体如图 5-1、图 5-2 所示。

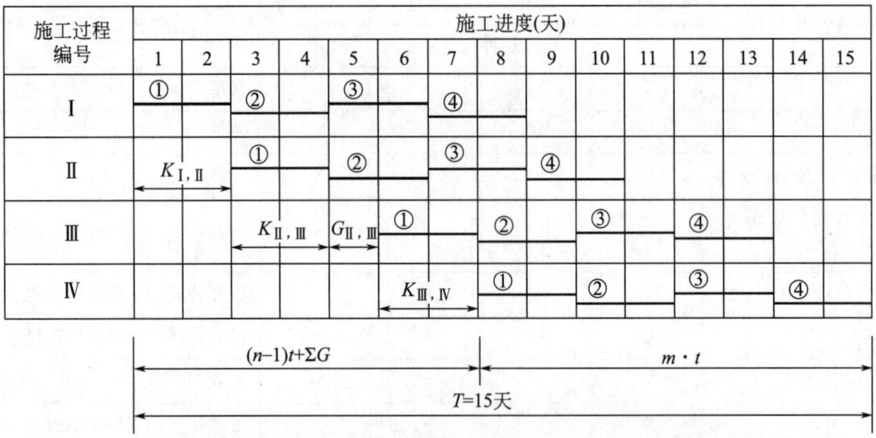

图 5-1　有间歇时间的固定节拍流水施工进度计划

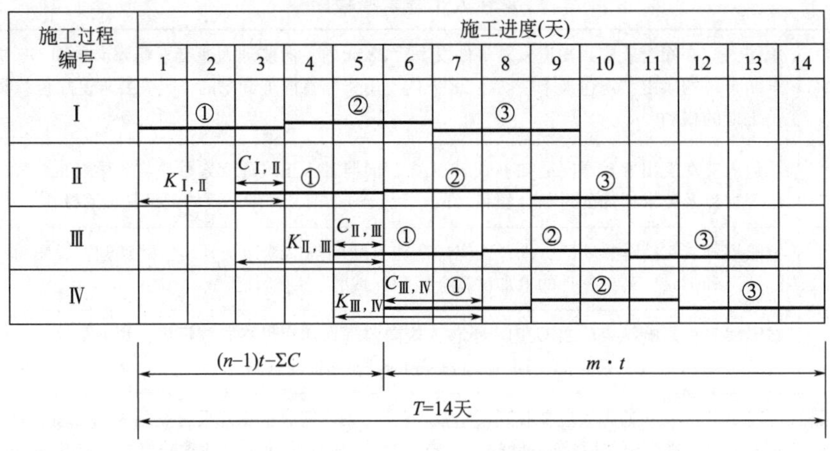

图 5-2　有提前插入时间的固定节拍流水施工进度计划

2. 成倍节拍流水施工

成倍节拍流水施工包括一般的成倍节拍流水施工和加快的成倍节拍流水施工。为了缩短流水施工工期，一般均采用加快的成倍节拍流水施工方式。

加快的成倍节拍流水施工的特点如下：

（1）同一施工过程在其各个施工段上的流水节拍均相等；不同施工过程的流水节拍不等，但其值为倍数关系；

（2）相邻专业工作队的流水步距相等，且等于流水节拍的最大公约数（K）；

（3）专业工作队数大于施工过程数，即有的施工过程只成立一个专业工作队，而对于流水节拍大的施工过程，可按其倍数增加相应专业工作队数目；

（4）各个专业工作队在施工段上能够连续作业，施工段之间没有空闲时间。

具体如图 5-3、图 5-4 所示。

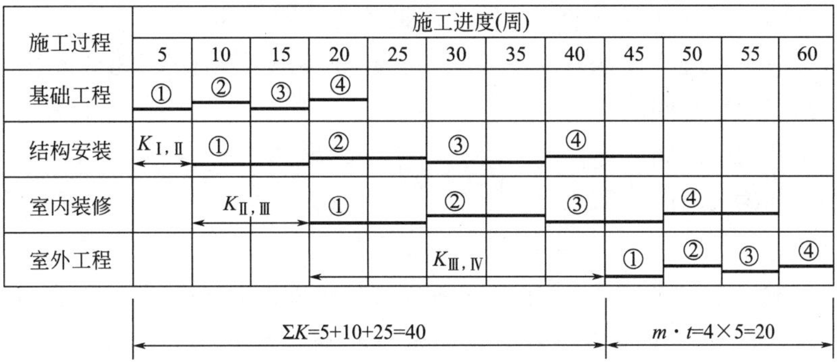

施工过程	施工进度(周)											
	5	10	15	20	25	30	35	40	45	50	55	60
基础工程	①	②	③	④								
结构安装	$K_{\mathrm{I},\mathrm{II}}$	①		②		③		④				
室内装修		$K_{\mathrm{II},\mathrm{III}}$		①		②		③		④		
室外工程						$K_{\mathrm{III},\mathrm{IV}}$			①	②	③	④

$\Sigma K=5+10+25=40$　　$m\cdot t=4\times5=20$

图 5-3　大板结构楼房一般的成倍节拍流水施工计划

施工过程	专业工作队编号	施工进度(周)								
		5	10	15	20	25	30	35	40	45
基础工程	Ⅰ	①	②	③	④					
结构安装	Ⅱ-1	K	①		③					
	Ⅱ-2		K	②		④				
室内装修	Ⅲ-1			K	①		③			
	Ⅲ-2				K	②		④		
室外工程	Ⅳ					K	①	②	③	④

$(n'-1)K=(6-1)\times5$　　$m\cdot K=4\times5$

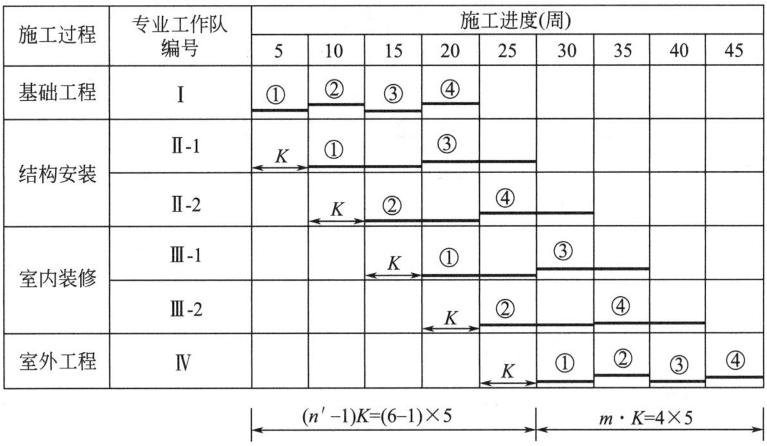

图 5-4　大板结构楼房加快的成倍节拍流水施工计划

3. 非节奏流水施工

非节奏流水施工方式是建设工程流水施工的普遍方式。非节奏流水施工具有以下特点：

(1) 各施工过程在各施工段的流水节拍不全相等；

(2) 相邻施工过程的流水步距不尽相等；

(3) 专业工作队数等于施工过程数；

(4) 各专业工作队能够在施工段上连续作业，但有的施工段之间可能有空闲时间。

在非节奏流水施工中，通常采用累加数列错位相减取大差法计算流水步距。

累加数列错位相减取大差法的基本步骤如下：

(1) 对每一个施工过程在各施工段上的流水节拍依次累加，求得各施工过程流水节拍的累加数列；

(2) 将相邻施工过程流水节拍累加数列中的后者错后一位，相减后求得一个差数列；

(3) 在差数列中取最大值，即这两个相邻施工过程的流水步距。

流水施工工期可按下式计算：

$$T=\sum K+\sum t_n+\sum Z+\sum G-\sum C$$

式中，T——流水施工工期；

$\sum K$——各施工过程（或专业工作队）之间流水步距之和；

$\sum t_n$——最后一个施工过程（或专业工作队）在各施工段流水节拍之和；

$\sum Z$——组织间歇时间之和；

$\sum G$——工艺间歇时间之和；

$\sum C$——提前插入时间之和。

【例】 某拟建工程由甲、乙、丙三个施工过程组成；该工程共划分为四个施工流水段，每个施工过程在各个施工流水段上的流水节拍如表5-7所示。按相关规范规定，施工过程乙完成后其相应施工段至少要养护2天，才能进入下道工序。为了尽早完工，经过技术攻关，实现施工过程乙在施工过程甲完成之前1天提前插入施工。

各施工段的流水节拍 表5-7

施工过程（工序）	流水节拍（天）			
	施工一段	施工二段	施工三段	施工四段
甲	2	4	3	2
乙	3	2	3	3
丙	4	2	1	3

【问题】

1. 该工程应采用何种流水施工模式。
2. 计算各施工过程间的流水步距和总工期。
3. 试编制该工程流水施工计划图。

【参考答案】

1. 根据工程特点，该工程只能组织无节奏流水施工。

2. 求各施工过程之间的流水步距：

(1) 各施工过程流水节拍的累加数列

甲：2 6 9 11

乙：3 5 8 11

丙：4 6 7 10

(2) 错位相减，取大差，得流水步距

$$
\begin{array}{rrrrrr}
K_{甲乙} & 2 & 6 & 9 & 11 & \\
-) & & 3 & 5 & 8 & 11 \\
\hline
 & 2 & 3 & 4 & 3 & -11
\end{array}
$$

所以：$K_{甲乙}=4$

$$
\begin{array}{rrrrrr}
K_{乙丙} & 3 & 5 & 8 & 11 & \\
-) & & 4 & 6 & 7 & 10 \\
\hline
 & 3 & 1 & 2 & 4 & -10
\end{array}
$$

所以：$K_{乙丙}=4$

(3) 总工期

$T=\sum K+\sum t_n+\sum G-\sum C=(4+4)+(4+2+1+3)+2-1=19$ (天)

3. 流水施工计划图如图 5-5 所示。

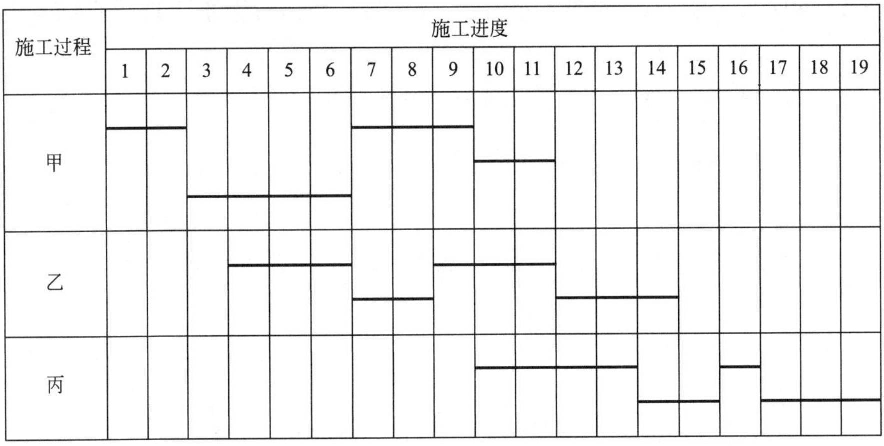

施工过程	施工进度																		
	1	2	3	4	5	6	7	8	9	10	11	12	13	14	15	16	17	18	19
甲																			
乙																			
丙																			

图 5-5　流水施工计划图

核心考点五　普通双代号网络计划的索赔

1. 六个时间参数计算

工作最早开始时间、工作最早结束时间、工作最晚开始时间、工作最晚结束时间、总时差和自由时差计算。

2. 关键线路判断

总时差最小的工作为关键工作。特别地，当网络计划的计划工期等于计算工期时，总时差为零的工作就是关键工作。找出关键工作之后，将这些关键工作首尾相连，便构成从起点节点到终点节点的通路，位于该通路上各项工作的持续时间总和最大时，这条通路就是关键线路。

3. 总时差的分析

工作的总时差是指在不影响总工期的前提下，本工作可以利用的机动时间。工作的总时差等于该工作最迟完成时间与最早完成时间之差，或该工作最迟开始时间与最早开始时间之差。

4. 自由时差的分析

工作的自由时差是指在不影响其紧后工作最早开始时间的前提下，本工作可以利用的机动时间。工作自由时差的计算应按以下两种情况分别考虑：

(1) 对于有紧后工作的工作，其自由时差等于本工作之紧后工作最早开始时间减本工作最早完成时间所得之差的最小值。

(2) 对于无紧后工作的工作，也就是以网络计划终点节点为完成节点的工作，其自由时差等于计划工期与本工作最早完成时间之差。

核心考点六　时标网络计划的索赔

时标网络计划宜按各项工作的最早开始时间编制。为此，在编制时标网络计划时应使每一个节点和每一项工作（包括虚工作）尽量向左靠，直至不出现从右向左的逆向箭线为止。

图 5-6 为普通双代号网络图与其早时标网络图对比。

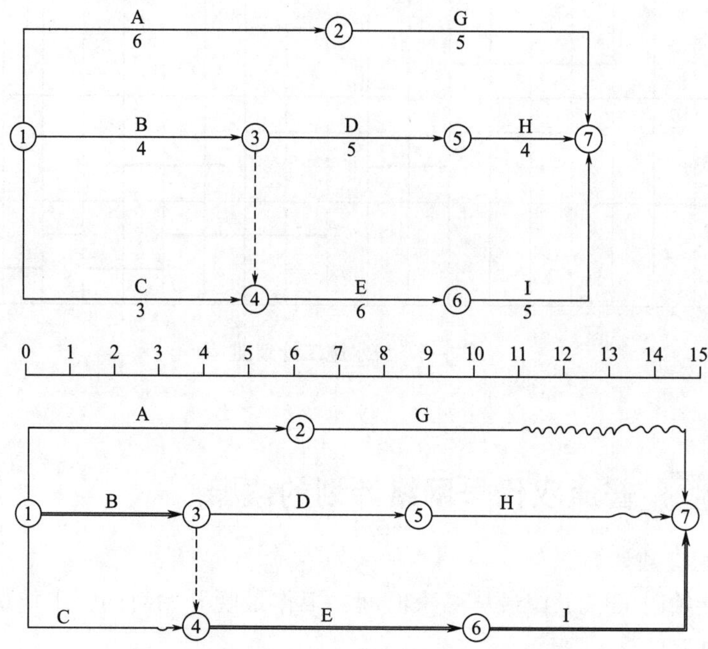

图 5-6　普通双代号网络图与其早时标网络图对比

1. 关键线路和计算工期的判定（表 5-8）

关键线路和计算工期的判定　　表 5-8

关键线路的判定	时标网络计划中的关键线路可从网络计划的终点节点开始，逆着箭线方向进行判定，凡自始至终不出现波形线的线路即为关键线路
计算工期的判定	网络计划的计算工期应等于终点节点所对应的时标值与起点节点所对应的时标值之差

【例】指出图 5-7 中的关键线路。

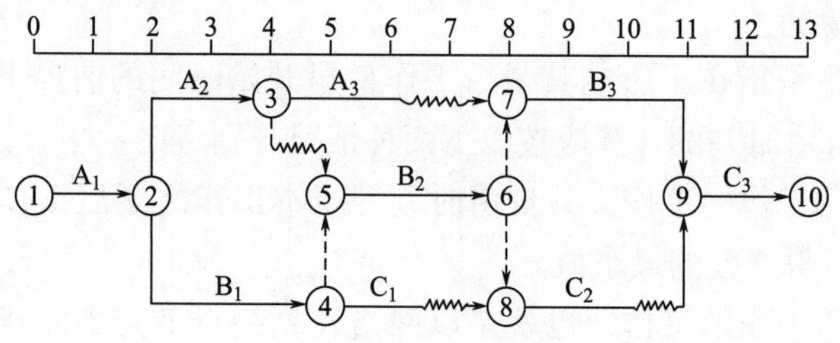

图 5-7　例题图

【参考答案】图中关键线路为 $A_1 \to B_1 \to B_2 \to B_3 \to C_3$。

2. 相邻两项工作之间时间间隔的判定

除以终点节点为完成节点的工作外，工作箭线中波形线的水平投影长度表示工作与其紧后工作之间的时间间隔。

3. 工作六个时间参数的判定（表 5-9）

工作六个时间参数的判定　　**表 5-9**

工作最早开始时间和最早完成时间的判定	工作箭线左端节点中心所对应的时标值为该工作的最早开始时间。当工作箭线中不存在波形线时，其右端节点中心所对应的时标值为该工作的最早完成时间；当工作箭线中存在波形线时，工作箭线实线部分右端点所对应的时标值为该工作的最早完成时间
工作总时差的判定	工作总时差的判定应从网络计划的终点节点开始，逆着箭线方向依次进行。以终点节点为完成节点的工作，其总时差应等于计划工期与本工作最早完成时间之差；其他工作的总时差等于其紧后工作的总时差加本工作与该紧后工作之间的时间间隔所得之和的最小值
工作自由时差的判定	以终点节点为完成节点的工作，其自由时差应等于计划工期与本工作最早完成时间之差；其他工作的自由时差就是该工作箭线中波形线的水平投影长度。但当工作之后只紧接虚工作时，则该工作箭线上一定不存在波形线，而其紧接的虚箭线中波形线水平投影长度的最短者为该工作的自由时差
工作最迟开始时间和最迟完成时间的判定	工作的最迟开始时间等于本工作的最早开始时间与其总时差之和；工作的最迟完成时间等于本工作的最早完成时间与其总时差之和

4. 前锋线比较法

前锋线比较法是通过绘制某检查时刻的工程项目实际进度前锋线，进行工程实际进度与计划进度比较的方法，它主要适用于时标网络计划。

前锋线如图 5-8 所示。

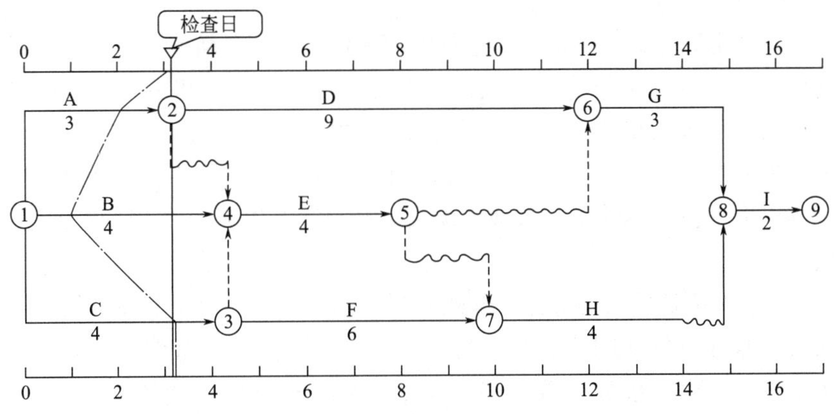

图 5-8　前锋线的画法和讨论

其实际进度与计划进度之间的关系可能存在以下三种情况：

（1）工作实际进展位置点落在检查日期的左侧，表明该工作实际进度拖后，拖后的时间为二者之差；

（2）工作实际进展位置点与检查日期重合，表明该工作实际进度与计划进度一致；

（3）工作实际进展位置点落在检查日期的右侧，表明该工作实际进度超前，超前的时间为二者之差。

典型案例母题

试题一（普通双代号网络图索赔）

某工程项目，发包人和承包人按工程量清单计价方式和《建设工程施工合同（示范文本）》GF-2017-0201签订了施工合同，合同工期180天。合同约定：措施费按分部分项工程费的25%计取；管理费和利润为人材机费用之和的16%，规费和税金为人材机费用、管理费与利润之和的13%。

开工前，承包人编制并经项目监理机构批准的施工网络进度计划如图5-9所示。

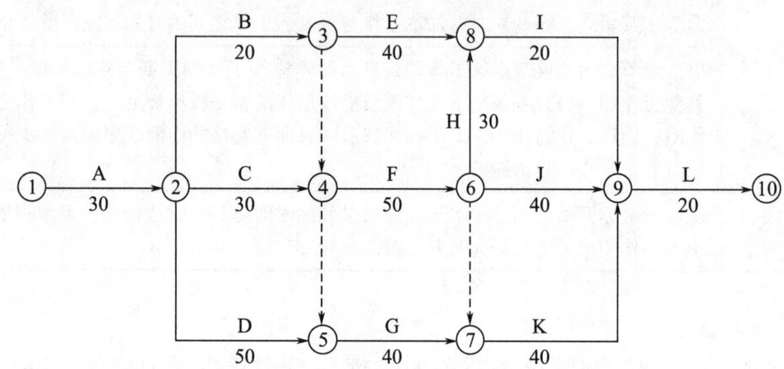

图5-9 施工网络进度计划（单位：天）

施工过程中发生了如下事件：

事件1：基坑开挖（A工作）施工过程中，承包人发现基坑开挖部位有一处地勘资料中未标出的地下砖砌废井构筑物，经发包人与有关单位确认，该井内没有任何杂物，已经废弃。发包人、承包人和监理单位共同确认，废井外围尺寸为：长×宽×深=3m×2.1m×12m，井壁厚度为0.49m，无底、无盖，井口简易覆盖（不计覆盖物工程量）。该构筑物位于基底标高以上部位，拆除不会对地基构成影响，三方签署了《现场签证单》。基坑开挖工期延长5天。

事件2：发包人负责采购的部分装配式混凝土构件提前一个月运抵合同约定的施工现场，承包人会同监理单位共同清点验收后存放施工现场。为了节约施工场地，承包人将上述构件集中堆放，由于堆放层数过多，致使下层部分构件产生裂缝。两个月后，发包人在承包人准备安装该批构件时知悉此事，遂要求承包人对构件进行检测并赔偿构件损坏的损失。承包人提出，部分构件损坏是由于发包人提前运抵现场占用施工场地所致，不同意进行检测和承担损失，而要求发包人额外增加支付两个月的构件保管费用。发包人仅同意额外增加支付一个月的保管费用。

事件3：原设计J工作分项估算工程量为400m³，由于发包人提出新的使用功能要求，进行了设计变更。该变更增加了该分项工程量200m³。已知J工作人料机费用为360元/m³，合同约定超过原估算工程量 15%以上部分综合单价调整系数为 0.9；变更前后 J 工作的施工方法和施工效率保持不变。

【问题】

1. 事件 1 中，若基坑开挖土方的综合单价为 28 元/m^3，砖砌废井拆除人材机单价 169 元/m^3（包括拆除、控制现场扬尘、清理、弃渣场内外运输，不含措施费），其他计价原则按原合同约定执行。计算承包人可向发包人主张的工程索赔款。

2. 事件 2 中，分别指出承包人不同意进行检测和承担损失的做法是否正确，并说明理由。发包人仅同意额外增加支付一个月的构件保管费是否正确？并说明理由。

3. 事件 3 中，计算承包人可以索赔的工程款为多少元。

4. 承包人可以得到的工期索赔合计为多少天（写出分析过程）？

（计算结果保留两位小数）

【参考答案】

1. 因废井减少开挖土方体积 = 3×2. 1×12 = 75. 60（m^3）

废井拆除体积 = 75. 60 −（3−0. 49×2）×（2. 1−0. 49×2）×12 = 48. 45（m^3）

工程索赔款 = [169×48. 45×（1+16%）×（1+13%）−28×75. 6×（1+13%）]×（1+25%）= 10426. 14（元）

注：若砖砌废井拆除人材机单价为 169 元/m^3（含措施费及人材机费），则

工程索赔款 = 169×48. 45×（1+16%）×（1+13%）−28×75. 6×（1+13%）×（1+25%）= 7742. 92（元）

2. （1）承包人不同意进行检测和承担损失的做法不正确。因为双方签订的合同价中包括了检验试验费，承包人应进行检测。由于保管不善导致的损失，应由承包人承担对应的损失。

（2）发包人仅同意额外增加支付一个月的构件保管费，正确。因为发包人负责采购的混凝土构件提前一个月运抵施工现场，仅支付一个月的保管费。

3. 工程量的变动率 = 200/400×100% = 50%>15%，超出部分的综合单价应进行调整。

可以索赔的工程款 = [400×15%×360+（200−400×15%）×360×0. 9]×（1+16%）×（1+13%）×（1+25%）= 109713. 97（元）

4. 事件 1 基坑开挖遇到未标明的构筑物，属于发包人承担的责任，工期延长 5 天，索赔成立。

事件 3 中，原关键线路是 ADGKL，J 工作有 10 天的总时差。

按原合同，J 工作工程量 400m^3，工期是 40 天；变更前后 J 工作的施工方法和施工效率保持不变。则 J 工作增加工程量 200m^3，所需的工期是 20 天，超过了 J 工作的总时差 10 天，则 J 工作可索赔的工期 = 20−10 = 10（天）。

故承包人可以得到的工期索赔合计 = 10+5 = 15（天）。

试题二（普通双代号网络图与流水施工结合）

某工程项目业主通过工程量清单招标确定某施工单位中标并签订了施工合同，工期

为15个月，合同约定：管理费按人材机费用之和的10%计取，利润按人材机费用和管理费之和的6%计取，规费和税金为人材机费用、管理费与利润之和的13%；施工机械台班单价为1500元/台班，施工机械闲置补偿按施工机械台班单价的60%计取，人员窝工补偿为50元/工日，人员窝工补偿、施工待用材料损失补偿、机械闲置补偿不计取管理费和利润；措施费按分部分项工程费的25%计取（各费用项目均不包含增值税可抵扣进项税额）。

施工前，施工单位向项目监理机构提交并经确认的施工网络进度计划，如图5-10所示（每月按30天计）。

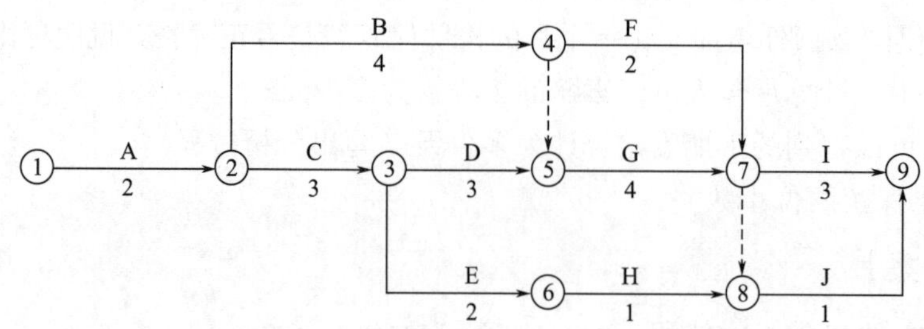

图5-10 施工网络进度计划（单位：月）

该工程施工过程中发生如下事件：

事件1：基坑开挖工作（A工作）施工过程中，遇到了持续10天的季节性大雨，在第11天，大雨引发了附近的山体滑坡和泥石流。受此影响，施工现场的施工机械、施工材料、已开挖的基坑及围护支撑结构、施工办公设施等受损，部分施工人员受伤，经施工单位和项目监理机构共同核实，该事件中，季节性大雨造成施工单位人员窝工180工日，机械闲置60个台班。山体滑坡和泥石流事件使A工作停工30天，造成施工机械损失8万元，施工待用材料损失24万元，基坑及围护支撑结构分部分项工程费损失30万元，施工办公设施损失3万元，施工人员受伤损失2万元。修复工作发生实体工程人材机费用共21万元。灾后，施工单位及时向项目监理机构提出费用索赔和工期延期40天的要求。

事件2：基坑开挖工作（A工作）完成后验槽时，发现基坑底部部分土质与地质勘察报告不符。地勘复查后，设计单位修改了基础工程设计，由此造成施工单位人员窝工150工日，机械闲置20个台班，修改后的基础分部工程增加人材机费用25万元。监理工程师批准A工作增加工期30天。

事件3：E工作施工前，业主变更设计增加了一项K工作，K工作持续时间为2个月。根据施工工艺关系，K工作为E工作的紧后工作，为I、J工作的紧前工作，因K工作与原工程的工作内容和性质均不同，在已标价的工程量清单中没有适用也没有类似的项目，监理工程师编制了K工作的综合单价，经业主确认后，提交给施工单位作为结算的依据。

事件4：考虑到上述事件1~3对工期的影响（施工单位对A工作赶工10天），业主与施工单位约定，工程项目仍按原合同工期15个月完成，实际工期比原合同工期每提前1个月，奖励施工单位30万元（含税费）。施工单位对进度计划进行了调整，将D、G、I

工作的顺序施工组织方式改变为分段流水作业组织方式以缩短施工工期，流水节拍见表5-10。

流水节拍（单位：月）　　表5-10

施工过程	流水段		
	①	②	③
D	1	1	1
G	1	2	1
I	1	1	1

【问题】

1. 针对事件1，确定施工单位和业主在山体滑坡和泥石流事件中各自应承担损失的内容；列式计算施工单位可以获得的费用补偿数额，确定项目监理机构应批准的工期延期天数，并说明理由。

2. 事件2中，应给施工单位的窝工补偿费用为多少万元？修改后的基础分部工程增加的工程造价为多少万元？

3. 针对事件3，绘制批准A工作工期索赔和增加K工作后的施工网络进度计划；指出监理工程师做法的不妥之处，说明理由并写出正确做法。

4. 事件4中，按分段组织D、G、I工作流水施工的工期为多少个月？施工单位可获得的工期提前奖励金额为多少万元？

【参考答案】

1. （1）施工单位应承担的损失有：施工机械损失，施工人员受伤损失，施工办公设施损失。业主应承担的损失有：施工待用材料损失，已开挖基坑及围护支撑结构损失，修复工作费用。

（2）施工单位可获得的费用补偿：

(24+30)×(1+13%)+21×(1+10%)×(1+6%)×(1+25%)×(1+13%)=61.02+34.586=95.61（万元）

（3）应批准工期延期：30天。理由：A为关键工作；持续10天的季节性大雨造成的工期延误风险由施工单位承担，工期不给予补偿；不可抗力造成的30天工期延误，属于业主承担的风险，应给予工期补偿。

2. （1）补偿费用：(150×50+20×1500×60%)×(1+13%)/10000=2.88（万元）

（2）增加造价：25×(1+10%)×(1+6%)×(1+25%)×(1+13%)=41.17（万元）

3. （1）工期索赔和增加K工作后的网络进度计划调整结果，如图5-11所示。

（2）不妥之处：监理工程师编制K工作的结算综合单价。

理由：因K工作为新增工作，已标价的工程量清单中没有适用也没有类似的变更工程项目，不属于由“监理或造价工程师暂定”的“争议解决”项目。

正确做法：由施工单位提出K工作的综合单价，报业主确认后调整。

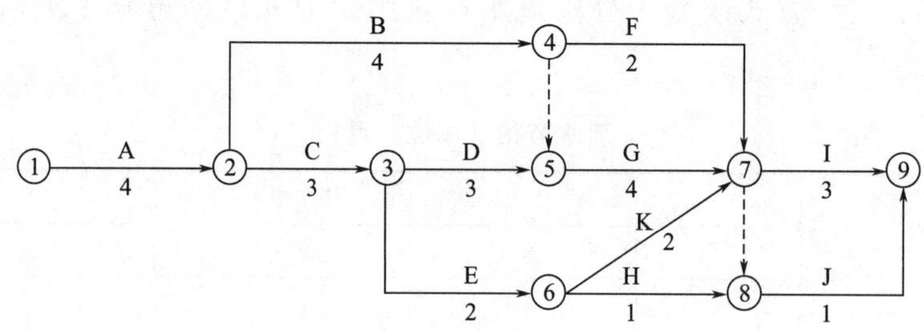

图 5-11 网络进度计划调整结果

4.（1）D、G、I 工作之间的流水步距与工期

① D 与 G 之间：

$$
\begin{array}{rrrr}
1, & 2, & 3 & \\
- & 1, & 3, & 4 \\
\hline
1, & 1, & 0, & -4
\end{array}
$$

流水步距为：max[1，1，0，-4]=1（月）

② G 与 I 之间：

$$
\begin{array}{rrrr}
1, & 3, & 4 & \\
- & 1, & 2, & 3 \\
\hline
1, & 2, & 2, & -3
\end{array}
$$

流水步距为：max[1，2，2，-3]=2（月）

因 K 工作是 I 工作的紧前工作，受 K 工作影响，G 工作与 I 工作之间的流水步距应增加 1 个月。

③ 工期：1+(2+1)+3=7（月）

（2）工期提前奖励

① A、C 工作和流水工期合计为：(2+2)+3+7=14（月）

（或关键线路 A-C-E-K-I 为：14 个月）

② 比原合同工期 15 个月提前 1 个月，故施工单位可获得工期提前奖励 30 万元。

试题三（普通双代号网络图与流水施工结合）

某企业自筹资金新建的工业厂房项目，建设单位采用工程量清单方式招标，并与施工单位按《建设工程施工合同（示范文本）》签订了工程承包合同。合同工期 270 天，施工承包合同约定：管理费和利润按人工费和施工机具使用费之和的 40%计取，规费和税金按人材机费、管理费和利润之和的 11%计取，人工费平均单价按 120 元/工日计，通用机械台班单价按 1100 元/台班计，人员窝工、通用机械闲置补偿按其单价的 60%计取。不计管理费和利润，各分部分项工程施工均发生相应的措施费，措施费按其相应工程费的 30%计取，对工程量清单中采用材料暂估价格确定的综合单价，如果该种材料实际采购价格与暂估价格不符，以直接在该综合单价上增减材料价差的方式调整。

该工程施工过程中发生如下事件：

事件 1：施工前施工单位编制了工程施工进度计划（图 5-12）和相应的设备使用计划，项目监理机构对其审核时得知，该工程的 B、E、J 工作均需使用一台特种设备吊装施工，施工承包合同约定该台特种设备由建设单位租赁，供施工单位无偿使用。在设备使用计划中，施工单位要求建设单位必须将该台特种设备在第 80 日末租赁进场，第 260 日末组织退场。

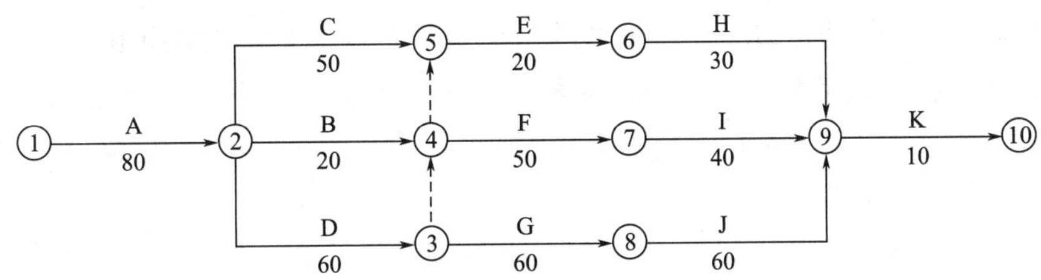

图 5-12　施工进度计划（单位：天）

事件 2：由于建设单位办理变压器增容原因，使施工单位 A 工作实际开工时间比已签发的开工令确定的开工时间推迟了 5 天，并造成施工单位人员窝工 135 工日，通用机械闲置 5 个台班。施工进行 70 天后，建设单位对 A 工作提出设计变更，该变更比原 A 工作增加了人工费 5060 元、材料费 27148 元、施工机具使用费 1792 元；并造成通用机械闲置 10 个台班，工作时间增加 10 天。A 工作完成后，施工单位提出如下索赔：①推迟开工造成人员窝工、通用机械闲置和拖延工期 5 天的补偿；②设计变更造成增加费用、通用机械闲置和拖延工期 10 天的补偿。

事件 3：施工招标时，工程量清单中 ϕ25 规格的带肋钢筋材料单价为暂估价，暂估价为 3500 元/t，数量 260t，施工完成该材料 130t 进行结算时，施工单位按照合同约定组织了招标，以 3600 元/t 的价格购得该批材料并得到建设单位确认，施工完成该材料 130t 进行结算时，施工单位提出：材料实际采购价比暂估材料价格增加了 2.86%，所以该项目的结算综合单价应调增 2.86%，调整内容见表 5-11。已知该规格带肋钢筋主材损耗率为 2%。

分部分项工程项目综合单价调整表　　**表 5-11**

序号	项目编号	项目名称	已标价清单综合单价（元）					调整后综合单价（元）				
			综合单价	其中				综合单价	其中			
				人工费	材料费	机械费	管理费和利润		人工费	材料费	施工机具使用费	管理费和利润
1	××	带肋钢筋 ϕ25	4210.27	346.52	3639.52	61.16	163.07	4330.68	356.43	3743.61	62.91	167.73

事件 4：根据施工承包合同的约定，合同工期每提前 1 天奖励 1 万元（含税），施工单位计划将 D、G、J 工作按流水节拍 30 天组织等节奏流水施工，以缩短工期获取奖励。

除特殊说明外，以上费用均为不含税价格。

【问题】

1. 事件1中，在图5-12所示施工进度计划中，受特种设备资源条件的约束，应如何完善进度计划才能反映B、E、J工作的施工顺序？为节约特种设备租赁费用，该特种设备最迟第几日末必须租赁进场？说明理由。此时，该特种设备在现场的闲置时间为多少天？

2. 事件2中，依据施工承包合同，分别指出施工单位提出的两项索赔是否成立，说明理由。可索赔费用数额是多少？可批准的工期索赔为多少天？说明理由。

3. 事件3中，由施工单位自行招标采购暂估价材料是否合理？说明理由。施工单位提出综合单价调整表（表5-11）的调整方法是否正确？说明理由。该清单项目结算综合单价应是多少？核定结算款应为多少？

4. 事件4中，画出组织D、G、J三项工作等节奏流水施工的横道图；并结合考虑事件1和事件2的影响，指出组织流水施工后网络计划的关键线路和实际施工工期。依据施工承包合同，施工单位可获得的工期提前奖励为多少万元？此时，该特种设备在现场的闲置时间为多少天？

【参考答案】

1. 完善后施工进度计划如图5-13所示。

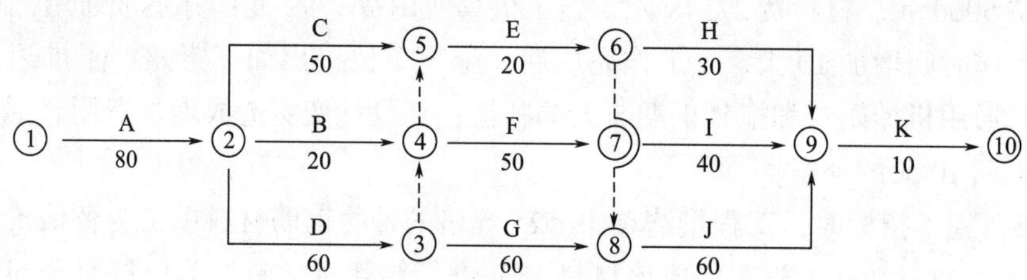

图5-13 完善后施工进度计划（单位：天）

B、E、J工作的顺序为B→E→J，该特种设备最迟第150日末必须租赁进场，此时B工作将其总时差都用完了，再晚开始将影响工期，且该设备在现场的闲置时间为10天。

2.（1）迟开工造成人员窝工、通用机械闲置和拖延工期5天的补偿超过了索赔时限28天，不能提出索赔。

（2）设计变更造成增加费用、通用机械闲置和拖延工期10天的补偿可以，因为设计变更是建设单位责任造成的，且A工作是关键工作，给施工单位导致的增加用工和窝工费用由建设单位承担。

可索赔费用 = {[(5060+1792)×(1+40%)+27148]×(1+30%)+10×1100×60%}×(1+11%) = 60342.97（元）

（3）可批准的工期索赔为10天。

3.（1）由施工单位自行招标采购暂估价材料不合理，根据相关规范要求，招标人在工程量清单中提供了暂估价的材料和专业工程属于依法必须招标的，由承包人和发包人通过招标确定材料单价与专业工程中标价。

（2）施工单位提出综合单价调整表的调整方法不正确，材料暂估价的差价直接在该综合单价上增减材料价差调整，不应当调整综合单价中的人工费、机械费、管理费和利润。

该清单项目结算综合单价=4210.27+(3600−3500)×(1+2%)=4312.27（元）

核定分项工程结算款=4312.27×130×(1+11%)=622260.561（元）（不含措施项目工程款）

核定结算款=4312.27×130××(1+30%)(1+11%)=808938.729（元）（含措施项目工程款）

4. D、G、J 三项工作等节奏流水施工的横道图如图 5−14 所示。

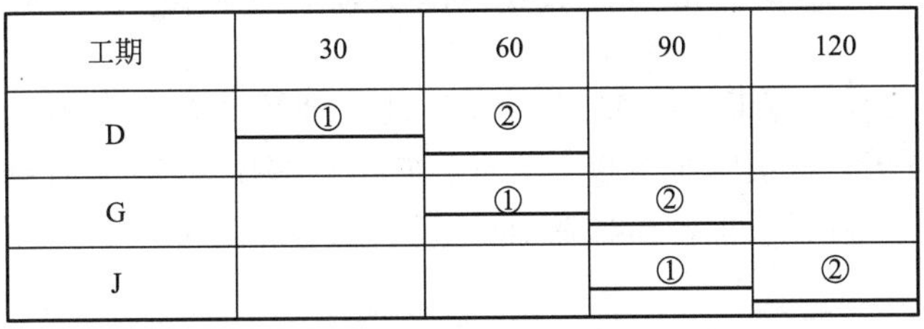

工期	30	60	90	120
D	①	②		
G		①	②	
J			①	②

图 5−14 D、G、J 三项工作等节奏流水施工的横道图

考虑事件 1 的横道图如图 5−15 所示。

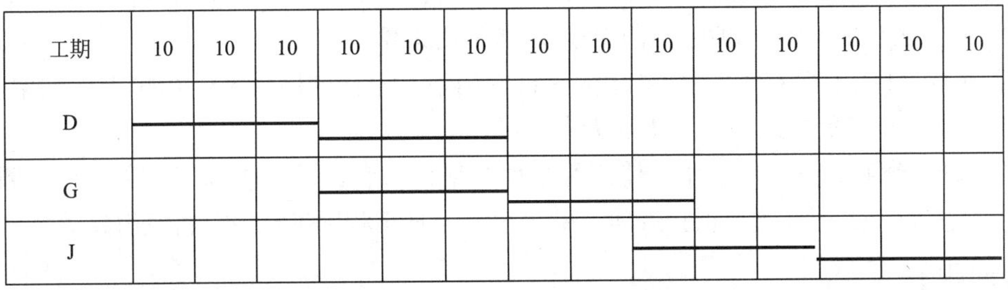

工期	10	10	10	10	10	10	10	10	10	10	10	10	10	10
D														
G														
J														

图 5−15 考虑事件 1 的横道图

考虑事件 1 和事件 2 的影响，指出组织流水施工后网络计划的关键线路为 A→D→F→I→K，实际施工工期为 240+5+10=255（天）；可获得的工期提前奖励为=[(270+10)−255]×1=25（万元）。

试题四（双代号时标网络图索赔）

某环保工程项目发承包双方签订了工程施工合同，合同约定：工期 270 天；管理费和利润按人材机费用之和的 20%计取；规费和增值税税金按人材机费、管理费和利润之和的 13%计取。人工单价按 150 元/工日计、人员窝工补偿按其单价的 60%计、施工机械台班单价按 1200 元/台班计、施工机械闲置补偿按其台班单价的 70%计。人员窝工和施工机械闲置补偿均不计取管理费和利润；各分部分项工程的措施费按其相应工程费的 25%计取（无特别说明的，费用计算时均按不含税价格考虑）。承包人编制的施工进度计划获得了监理工程师批准，如图 5−16 所示。

该工程项目施工过程中发生了如下事件：

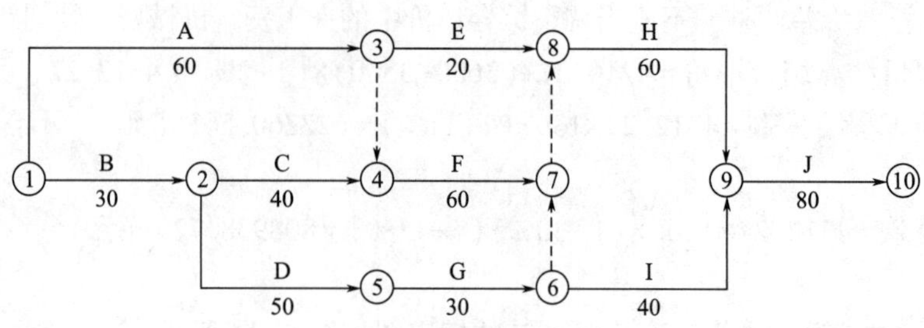

图 5-16　承包人施工进度计划（单位：天）

事件 1：分项工程 A 施工至第 15 天时发现地下埋藏文物，由相关部门进行了处置，造成承包人停工 10 天，人员窝工 110 个工日、施工机械闲置 20 个台班。配合文物处置，承包人发生人工费 3000 元、保护措施费 1600 元。承包人及时向发包人提出工期延期和费用索赔。

事件 2：文物处置工作完成后，①发包人提出了地基夯实设计变更，致使分项工程 A 延长 5 天工作时间，承包人增加用工 50 个工日、增加施工机械 5 个台班、增加材料费 35000 元；②为了确保工程质量，承包人将地基夯实处理设计变更的范围扩大了 20%，由此增加了 5 天工作时间，增加人工费 2000 元、材料费 3500 元、施工机械使用费 2000 元。承包人针对①②两项内容及时提出工期延期和费用索赔。

事件 3：分项工程 C、G、H 共用同一台专用施工机械顺序施工，承包人计划第 30 天末租赁该专用施工机械进场，第 190 天末退场。

事件 4：分项工程 H 施工中，使用的某种暂估价材料的价格上涨了 30%，该材料的暂估单价为 392.4 元/m^2（含可抵扣进项税率 9%），监理工程师确认该材料使用数量为 800m^2。

【问题】

1. 事件 1 中，承包人提出的工期延期和费用索赔是否成立？说明理由。如果不成立，承包人应获得的工期延期为多少天？费用索赔额为多少元？

2. 事件 2 中，分别指出承包人针对①②两项内容所提出的工期延期和费用索赔是否成立？说明理由。承包人应获得的工期延期为多少天？说明理由。费用索赔为多少元？

3. 根据图 5-16，在时标图表上（表 5-12）绘制继事件 1、2 发生后承包人的早时标网络施工进度计划。实际工期为多少天？事件 3 中专用施工机械最迟须第几天末进厂？在此情况下，该机械在施工现场的闲置时间最短为多少天？

时标图表　　　表 5-12

20	40	60	80	100	120	140	160	180	200	220	240	260	280	300

4. 事件 4 中，分项工程 H 的工程价款增加金额为多少元？

【参考答案】

1.（1）工期索赔不成立。理由：A 工作为非关键工作，其总时差为 10 天，停工 10

天未超过其总时差，对总工期无影响。所以工期索赔不成立。

（2）费用索赔成立。理由：因事件 1 发现地下埋藏文物属于发包人应该承担的责任。可以进行费用的索赔。

（3）事件 1 后，工期仍为 270 天，承包人应获得的工期延期为 0。

（4）费用索赔额 =（110×150×60%+20×1200×70%）×（1+13%）+3000×（1+20%）×（1+13%）+1600×（1+13%）= 36047（元）

2.（1）①工期索赔成立。理由：发包人提出地基夯实设计变更属于发包人应该承担的责任。事件 1 发生后 A 工作变为关键工作，所以 A 工作延长 5 天影响总工期推后 5 天。费用索赔成立。理由：发包人提出地基夯实设计变更属于发包人应该承担的责任。应给予承包人合理费用。②工期和费用索赔均不成立。理由：承包人扩大夯实处理范围是为了确保工程质量的施工措施，属于承包人应该承担的责任。

（2）承包人应获得的工期延期为 5 天。理由：事件 1、2 发生后，关键线路为：A-F-H-J，业主同意的工期为 275 天，所以 A 工作延长 5 天应当索赔。

（3）费用索赔额 =（50×150+5×1200+35000）×（1+20%）×（1+25%）×（1+13%）= 82207.5（元）

3.（1）时标网络图，如图 5-17 所示。

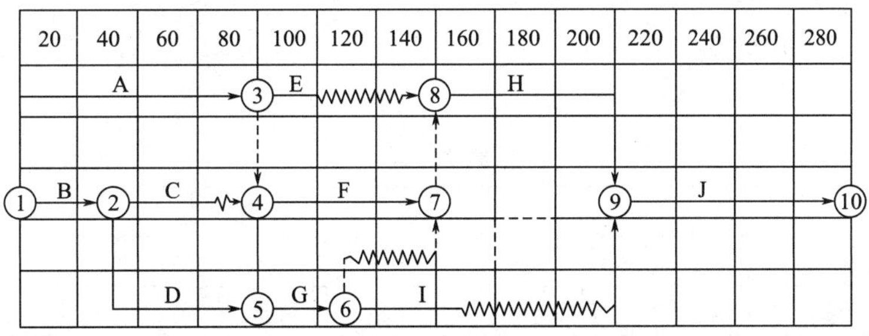

图 5-17　时标网络图

（2）实际工期 = 280（天）。

（3）事件 3 中专用施工机械最迟须第 40 天末进场。

（4）在此情况下，该机械在场时间 = 200-40 = 160（天），机械的工作时间 = 40+30+60 = 130（天），机械的闲置时间最短为 = 160-130 = 30（天）。

4. 不含税暂估单价 = 392.4/（1+9%）= 360（元）

分项工程 H 的分项工程工程价款增加金额 = 360×30%×800×（1+20%）×（1+13%）= 117158.4（元），分项工程 H 的工程价款增加金额 = 117158.4×（1+25%）= 146448（元）。

试题五（双代号时标网络图与流水施工结合）

某工程项目，建设单位与施工单位按照《建设工程施工合同（示范文本）》签订施工合同，工期 36 个月。施工进度计划如图 5-18 所示。

施工过程中发生如下事件：

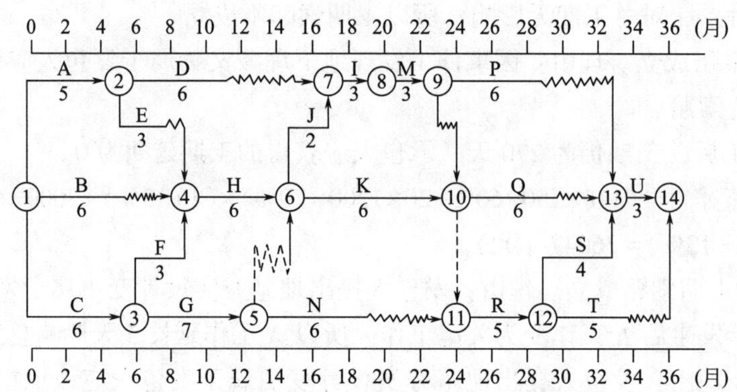

图 5-18 施工进度计划

事件 1：第 2 个月，施工中遇到勘察报告未提及的地下障碍物，需要补充勘察并修改设计，A 工作延误 1 个月，B 工作延误 2.5 个月，施工的机械设备闲置 15 万元，人员窝工损失 12 万元，施工单位提出工期顺延 2.5 个月，费用补偿 27 万元。

事件 2：施工至第 19 个月末，进度检查发现，L 工作拖后 3 个月，K 工作正常，N 工作拖后 4 个月。

事件 3：第 20 个月初，建设单位要求施工单位按期完成工程，施工单位计划将 R 工作和 S 工作组织流水施工，R 工作和 S 工作均分为 3 个施工段，流水节拍如表 5-13 所示。

流水节拍 表 5-13

工作	流水节拍		
	①	②	③
R	2	2	1
S	1	1	2

【问题】

1. 针对事件 1，项目监理机构应批准的工期索赔和费用索赔各为多少？说明理由。

2. 事件 1 发生之后，请指出关键线路，计算 D 工作和 G 工作的总时差和自由时差。

3. 针对事件 2，请指出 L、K、N 工作拖后对总工期的影响，说明理由。

4. 针对事件 3，计算 R 工作和 S 工作的流水步距、流水工期，以及该工程项目的最终完工时间，说明理由。

【参考答案】

1.（1）工期索赔不成立。理由：A 工作有 1 个月总时差，延误 1 个月未超过其总时差，故不影响工期；B 工作有 3 个月总时差，延误 2.5 个月，未超过其总时差，故不影响工期。

（2）费用索赔成立。理由：施工中遇到勘察报告未提及的地下障碍物属于建设单位应承担的责任，损失应由建设单位承担。

2. (1) 发生事件 1 后，关键线路有 2 条：C→F→H→K→R→S→U；A→E→H→K→R→S→U。

(2) D 工作，总时差 6 个月，自由时差 5 个月；G 工作，总时差 2 个月，自由时差 0。

3. (1) L 工作，总时差 1 个月，拖后 3 个月，超过总时差 2 个月，故对总工期影响 2 个月。

(2) K 工作正常，对总工期没有影响。

(3) N 工作，总时差 5 个月，拖后 4 个月，未超出其总时差，故对总工期没有影响。

4. (1) 采用错位相减取大差法计算 R、S 工作的流水步距：

$$\begin{array}{rrrrr} & 2, & 4, & 5 & \\ - & & 1, & 2, & 4 \\ \hline & 2, & 3, & 3, & -4 \end{array}$$

K_{RS} = 3 (月)

(2) 流水工期 = $\sum K+T_n$ = 3+(1+1+2) = 7 (月)

(3) 考虑事件 2 时延误的 2 个月工期，R、S 工作，原计划工期 9 个月，现在组织流水施工后调整为 7 个月，缩短 2 个月，U 工作可以早开始 2 个月，综合考虑 P、Q 和 T 工作的总时差，工期可以缩短 2 个月，再考虑前期延误的 2 个月工期，最终完工时间仍为 36 个月。

试题六（双代号时标网络图索赔）

某工程，建设单位与施工单位签订了施工合同，合同工期为 35 个月。经总监理工程师批准的施工总进度计划如图 5-19 所示，各项工作均按最早开始时间安排且匀速施工。

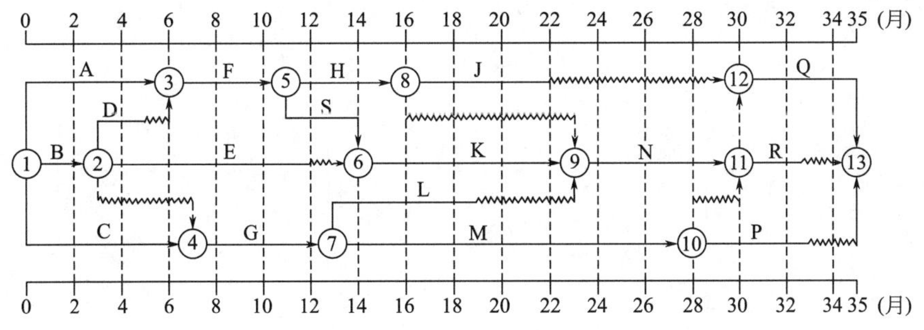

图 5-19　施工总进度计划

事件 1：工程施工过程中，由于建设单位采购的设备未及时运抵现场，致使工作 E 停工 2 个月，产生施工机械闲置费 23 万元、施工人员窝工费 15 万元。施工单位提出工程延期和费用索赔申请，总监理工程师代表审查索赔资料后签署了索赔意见。

事件 2：工作 H、L 和 N 需要使用同一台施工机械顺序作业，为使该施工机械在现场闲置的时间最少，施工单位调整了相关工作进度安排。

问题：

1. 指出图 5-19 所示施工总进度计划的关键线路及工作 C 的总时差、工作 J 的自由时差、工作 G 的最迟开始时间和工作 H 的最迟完成时间。

2. 事件 1 中，监理机构应该批准的费用索赔和工期延期为多少，并说明理由。

3. 事件 2 中，修改了施工进度计划，设备闲置时间最短为多少？此时，工作 H 和工作 L 的开始时间是多少？

【参考答案】

1.（1）关键线路：①-③-⑤-⑥-⑨-⑪-⑫-⑬（或：A-F-S-K-N-Q）；

（2）工作 C 的总时差为 2 个月；

（3）工作 J 的自由时差为 8 个月；

（4）工作 G 的最迟开始时间为第 9 月（或第 10 月初）；

（5）工作 H 的最迟完成时间为第 23 月（或第 24 月初）。

2.（1）不批准工程延期；

理由：因工作 E 停工 2 个月未超过其总时差，不影响总工期。

（2）应批准费用补偿 38 万元；

理由：因该索赔事件是由建设单位采购的设备未及时运抵现场造成。

3.（1）施工机械在现场的最小闲置时间是 0；

（2）工作 H 的开始时间：第 12 月；

（3）工作 L 的开始时间：第 17 月。

第六章　工程价款结算与竣工决算

本章考试大纲要求

1. 工程价款结算与支付；
2. 投资偏差、进度偏差分析；
3. 竣工决算的编制。

本章核心考点解析

序号	核心考点	考核要点
1	工程价款结算与支付	签约合同价、材料预付款、措施项目预付款、进度款、结算款等计算
2	施工阶段投资偏差分析	注意：公式、累计值、取费
3	施工阶段增值税的计算	销项税、进项税、应纳增值税等概念

核心考点一　工程价款结算与支付

1. 预付款

工程预付款是建设工程施工合同订立后由发包人按照合同约定，在正式开工前预先支付给承包人的工程款。工程实行预付款的，发包人应按照合同约定支付工程预付款，承包人应将预付款专用于合同工程。支付的工程预付款，按照合同约定在工程进度款中抵扣。

（1）材料预付款的支付

预付款的额度：包工包料工程的预付款的支付比例不得低于签约合同价（扣除暂列金额）的 10%，不宜高于签约合同价（扣除暂列金额）的 30%。对重大工程项目，按年度工程计划逐年预付。

注意：扣暂列金额时要将其分摊的规费和税金扣除。

预付款的支付时间：承包人应在签订合同或向发包人提供与预付款等额的预付款保函后向发包人提交预付款支付申请。发包人在收到支付申请的 7 天内进行核实后向承包人发出预付款支付证书，并在签发支付证书后的 7 天内向承包人支付预付款。

（2）材料预付款的扣回

预付款应从每一个支付期应支付给承包人的工程进度款中扣回，直到扣回的金额达到合同约定的预付款金额为止。承包人预付款保函的担保金额根据预付款扣回的数额相应递减，但在预付款全部扣回之前一直保持有效。发包人应在预付款扣完后的 14 天内将预付款保函退还给承包人。

常用的预付款扣回方式有：

（1）在承包人完成金额累计达到合同总价一定比例（双方合同约定）后，采用等比率或等额扣款的方式分期抵扣。

（2）从未完施工工程尚需的主要材料及构件的价值相当于工程预付款数额时起扣，从每次中间结算工程价款中，按材料及构件比重抵扣工程预付款，至竣工之前全部扣清。

预付款=(工程价款总额-起扣点)×主要材料比重

起扣点=工程价款总额-预付款/材料比重

【例】某项工程合同价100万元，预付备料款数额为20万元，主要材料、构件所占比重80%，问：起扣点为多少万元？若1月完成50万元，2月完成30万元，3月完成20万元工程款，每月应扣多少材料预付款。

T=工程价款总额-预付款/材料比重=100-20/80%=75（万元）；

1月由于累计完成50万元<75万元，所以不扣除；

2月累计完成80万元>75万元，扣材料预付款（80-75）×80%=4（万元）；

3月扣材料预付款20×80%=16（万元），累计扣除20万元。

2. 安全文明施工费

发包人应在工程开工后的28天内预付不低于当年施工进度计划的安全文明施工费总额的60%，其余部分按照提前安排的原则进行分解，与进度款同期支付。发包人没有按时支付安全文明施工费的，承包人可催告发包人支付；发包人在付款期满后的7天内仍未支付的，若发生安全事故，发包人应承担相应责任。

承包人对安全文明施工费应专款专用，在财务账目中单独列项备查。

提前支付措施项目工程款=措施项目费用×(1+规费费率)×(1+税金税率)×合同约定的预付款比例×工程款支付比例（按照合同约定）

说明：措施费是工程款的一部分，后期不扣回。

【例】某工程项目业主通过招标确定某施工单位为中标人，并与其签订了施工承包合同，工期6个月。已知该施工单位的投标报价构成如下：分部分项工程费为16100.00万元，措施项目费为1800.00万元，安全文明施工费为322.00万元，其他项目费为1200.00万元，暂列金额为1000.00万元，管理费10%（以不含税的人工费、材料费、机械费为基数），利润5%（以不含税的人工费、材料费、机械费和管理费为基数），规费费率为6%（以不含税的人工费、材料费、机械费、管理费和利润为基数），税金税率为9%。

合同约定：

（1）材料预付款为合同价（扣除暂列金额）的20%，在开工前7天拨付，在最后两个月均匀扣回。

（2）措施项目费为开工前和开工后第2个月末分两次平均支付。

（3）业主按每次承包商应得工程款的90%支付。剩余部分在竣工结算扣除质量保证金后再支付。

【问题】

1. 该工程签约合同价为多少？材料预付款是多少？最后2个月平均扣回多少？

2. 首次支付措施项目价款是多少？

说明：计算结果保留两位小数，单位为“万元”。

【参考答案】

1. 签约合同价=(16100.00+1800.00+1200.00)×(1+6%)×(1+9%)=22068.14（万元）

材料预付款=[22068.14-1000×(1+6%)×(1+9%)]×20%=4182.55（万元）

每月扣回=4182.55/2=2091.28（万元）

最后一个月扣回 4182.55-2091.28=2091.27（万元）

2. 首次支付措施项目价款=1800/2×(1+6%)×(1+9%)×90%=935.87（万元）

3. 进度款

承发包双方应按照合同约定的时间、程序和方法，根据工程计量结果，办理期中价款结算，支付进度款。进度款支付周期，应与合同约定的工程计量周期一致。计量和付款周期可采用分段或按月结算的方式：

（1）按月结算与支付。即实行按月支付进度款，竣工后结算的办法。

（2）分段结算与支付。即当年开工、当年不能竣工的工程按照工程形象进度，划分不同阶段，支付工程进度款。

进度款的支付比例按照合同约定，按期中结算价款总额计，不低于 60%，不高于 90%。政府机关、事业单位、国有企业建设工程进度款支付应不低于已完工程价款的 80%。

发包人应在收到承包人进度款支付申请后的 14 天内根据计量结果和合同约定对申请内容予以核实，确认后向承包人出具进度款支付证书。若承发包双方对有的清单项目的计量结果发生争议，发包人应对无争议部分的工程计量结果向承包人出具进度款支付证书。发包人应在签发进度款支付证书后的 14 天内，按照支付证书列明的金额向承包人支付进度款。

4. 质量保证金

发包人应按照合同约定的质量保证金比例从结算款中扣留质量保证金。承包人未按照合同约定履行属于自身责任的工程缺陷修复义务的，发包人有权从质量保证金中扣留用于缺陷修复的各项支出。经查验，工程缺陷属于发包人原因造成的，应由发包人承担查验和缺陷修复的费用。在合同约定的缺陷责任期终止后，发包人应按照合同中最终结清的相关规定，将剩余的质量保证金返还给承包人。

注意：采用工程质量保证担保、工程质量保险等其他方式的，发包人不得再预留质量保证金。

5. 竣工结算

实际造价的确定可采用以下三种方式：

实际总造价=签约合同价±合同价款调整款

实际总造价=开工后各月完成实际工程款之和+开工前完成的措施项目工程款

实际总造价=(实际分部分项工程费+措施费+其他项目费)×(1+规费费率)×(1+税金税率)

竣工结算款按照合同约定计算，一般情况下可按照下式计算：

竣工结算款=实际造价-已支付工程款（不含材料预付款）-材料预付款-质保金

6. 结算取费表（表6-1）

结算取费表 表6-1

费用名称	管理费	利润	规费	税金	支付相应工程款的时候
人工费、材料费、机械费、工料单价	×	×	×	×	按照合同约定取管理费、利润、规费、税金
综合单价	√	√	×	×	按照合同约定取规费、税金
全费用单价	√	√	√	√	不取
工程款/价款结尾的部分	√	√	√	√	不取
分部分项工程费、措施费、其他项目费	√	√	×	×	按照合同约定取规费、税金
计日工综合单价/计日工费	√	√	×	×	注意合同约定取规费、税金
签证工程费	√	√	×	×	按照合同约定取规费、税金
签证工程价款	√	√	√	√	不取
附加措施费	√	√	×	×	注意基数，支付时取规费、税金

【例】某项目采用清单招标，合同中分部分项工程和单价措施项目费1000万元，总价措施项目费200万元，暂列金额150万元，专业工程暂估价100万元（总承包服务费率3%），预应力大跨度梁所需的预应力钢绞线和锚具由业主供应，共计50万元（总承包服务费率2%），计日工费10万元，规费综合费率10%（以不含税的人工费、材料费、机械费、管理费和利润为基数），增值税率9%。

1. 预付款为合同价（扣暂列金额）的15%，开工前支付；

2. 总价措施项目工程款的70%开工前支付；

3. 业主按承包商每次完成工程款的80%支付。

【问题】

1. 计算签约合同价；

2. 计算预付款、开工前支付的总价措施项目工程款。

【参考答案】

1. 合同价 $=(1000+200+150+100+10+100\times3\%+50\times2\%)\times(1+10\%)\times(1+9\%)=1755.336$（万元）

2. 预付款 $=[1755.336-150\times(1+10\%)\times(1+9\%)]\times15\%=236.323$（万元）

总价措施项目工程款 $=200\times(1+10\%)\times(1+9\%)\times70\%\times80\%=134.288$（万元）

核心考点二 施工阶段投资偏差分析

1. 偏差分析的三个参数

（1）拟完工程计划投资

拟完工程计划投资=拟完工程量×计划单价

（2）已完工程实际投资

已完工程实际投资=实际工程量×实际单价

（3）已完工程计划投资

已完工程计划投资是指根据实际进度完成状况，在某一确定时间内已经完成的工程所对应的计划投资额。

已完工程计划投资＝实际工程量×计划单价

2. 投资偏差和进度偏差

（1）投资偏差

投资偏差指投资计划值与投资实际值之间存在的差异，当计算投资偏差时，应剔除进度原因对投资额产生的影响，因此其公式为：

投资偏差＝已完工程计划投资－已完工程实际投资

上式中结果为负值表示投资增加，结果为正值表示投资节余。

（2）进度偏差

与投资偏差密切相关的是进度偏差，如果不加考虑就不能正确反映投资偏差的实际情况。

为了与投资偏差联系起来，进度偏差也可表示为：

进度偏差＝已完工程计划投资－拟完工程计划投资

进度偏差为正值时，表示工期提前；结果为负值时，表示工期拖延。

【注意】偏差分析通常要按照累计值计算。

【例】某工程施工到2007年8月，经统计分析得知，已完工程实际投资为1500万元，拟完工程计划投资为1300万元，已完工程计划投资为1200万元，则该工程此时的进度偏差为多少万元？

【参考答案】进度偏差＝1200－1300＝－100（万元）

进度偏差为负值，表示工期拖延100万元。

3. 常用的偏差分析方法

常用的偏差分析方法有横道图法、时标网络图法、表格法和曲线法。

（1）横道图法

横道图的优点是简单直观，便于了解项目的投资概貌，但这种方法的信息量较少，主要反映累计偏差和局部偏差，因而其应用有一定的局限性。

【例】假设某项目共含有两个子项工程：A子项和B子项，各自的拟完工程计划投资、已完工程实际投资和已完工程计划投资如表6-2所示。

某工程计划与实际进度横道图（单位：万元）　　表6-2

分项工程	进度计划（周）					
	1	2	3	4	5	6
A	8	8 6 5	8 6 5	6 6	6 7	

续表

分项工程	进度计划（周）					
	1	2	3	4	5	6
B		9	9	9	9	
			9	9	9	9
			11	10	8	8

表中：———表示拟完工程计划投资；

┈┈┈表示已完工程计划投资；

- - - - -表示已完工程实际投资。

根据表中数据，按照每周各子项工程拟完工程计划投资、已完工程计划投资、已完工程实际投资的累计值进行统计，可以得到表 6-3 的数据。

投资数据表（单位：万元） **表 6-3**

项　目	投资数据					
	1	2	3	4	5	6
每周拟完工程计划投资	8	17	17	9	9	
拟完工程计划投资累计	8	25	42	51	60	
每周已完工程计划投资		6	15	15	15	9
已完工程计划投资累计		6	21	36	51	60
每周已完工程实际投资		5	16	16	15	8
已完工程实际投资累计		5	21	37	52	60

根据表 6-3 中数据可以求得相应的投资偏差和进度偏差，例如：

第 4 周末投资偏差＝已完工程计划投资累计－已完工程实际投资累计＝36－37＝－1（万元）

即投资增加 1 万元。

第 4 周末进度偏差＝已完工程计划投资累计－拟完工程计划投资累计＝36－51＝－15（万元）

即进度拖后 15 万元。

（2）时标网络图法

时标网络图法具有简单、直观的特点，主要用来反映累计偏差和局部偏差，但实际进度前锋线的绘制有时会遇到一定的困难。

【例】假设某工程的部分时标网络图如图 6-1 所示。

图中第 5 月末用▼标示的虚节线即为实际进度前锋线，其与各工序的交点即为各工序的实际完成进度。因此：

5 月末的已完工程计划投资累计值＝48－5+1＝44（万元）。

则可以计算出投资偏差和进度偏差

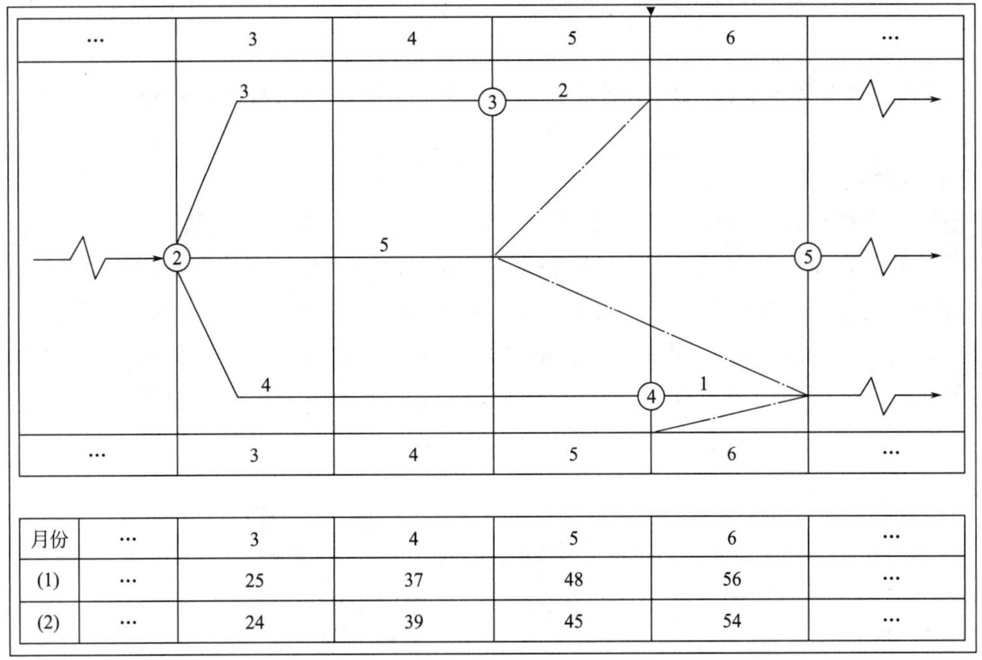

图 6-1 某工程时标网络图（投资数据单位：万元）

注：1. 图中每根箭头线上方数值为该工作每月计划投资。

2. 图下方表内(1) 栏数值为该工程拟完工程计划投资累计值；

(2) 栏数值为该工程已完工程实际投资累计值。

5 月末的投资偏差 = 已完工程计划投资 − 已完工程实际投资 = 44−45 = −1（万元）即投资增加 1 万元。

5 月末的进度偏差 = 已完工程计划投资 − 拟完工程计划投资 = 44−48 = −4（万元）即进度拖延 4 万元。

（3）表格法（表 6-4）

投资数据表（单位：万元） **表 6-4**

项　目	投资数据					
	1（月）	2（月）	3（月）	4（月）	5（月）	6（月）
每周拟完工程计划投资	8	17	17	9	9	
拟完工程计划投资累计	8	25	42	51	60	
每周已完工程计划投资		6	15	15	15	9
已完工程计划投资累计		6	21	36	51	60
每周已完工程实际投资		5	16	16	15	8
已完工程实际投资累计		5	21	37	52	60

4 月份投资偏差=已完工程计划投资累计-已完工程实际投资累计=36-37=-1（万元）；

4 月份进度偏差=已完工程计划投资累计-拟完工程计划投资累计=36-51=-15（万元）。

（4）曲线法

曲线法是用投资时间曲线进行偏差分析的一种方法。在用曲线法进行偏差分析时，通常有三条投资曲线，即已完工程实际投资曲线 a、已完工程计划投资曲线 b 和拟完工程计划投资曲线 p，如图 6-2 所示，图中曲线 a 和 b 的竖向距离表示投资偏差，曲线 p 和 b 的水平距离表示进度偏差。图中所反映的是累计偏差，而且主要是绝对偏差。用曲线法进行偏差分析，具有形象直观的优点，但不能直接用于定量分析，如果能与表格法结合起来，则会取得较好的效果。

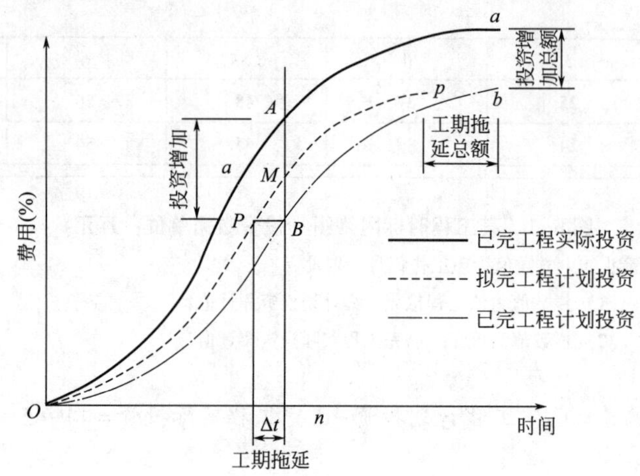

图 6-2　三种投资参数曲线

核心考点三　施工阶段增值税计算

1. 纳税人身份

分为一般纳税人和小规模纳税人。一般纳税人标准为年应征增值税销售额 500 万元以上，小规模纳税人标准为年应征增值税销售额 500 万元及以下。

2. 计税方法

分为简易计税方法和一般计税方法。

在建筑业，下列情况应采取简易计税方法：

（1）小规模纳税人。

（2）一般纳税人实行清包工（工程材料全部由甲方提供，或主要材料由甲方提供，乙方仅自购辅助材料）的劳务分包工程。

（3）一般纳税人为老项目（合同注明在 2016 年 4 月 30 日以前开工）提供建筑服务的工程。

（4）一般纳税人销售自产的部分地坪材料等（需查阅相关规定）。

除上述几种情况外，应采取一般计税方法计算增值税。

3. 免征增值税政策

国家对于销售利用工业废渣、废料自产的某些材料（货物）实行免征增值税政策（需查阅相关规定）。

4. 增值税征收税率

根据纳税人身份、计税方法和应征收税额项目不同，采取不同的增值税率或征收率。对于建筑施工承包服务来讲，采取简易计税方法，增值税征收税率大多为3%（也有5%的情况）；采取一般计税方法，增值税率一般为9%。对于现行五险一金，政策规定必须缴纳的部分免征增值税；管理费根据不同进项内容，增值税率不同。

5. 增值税发票

分为专用发票和普通发票。税务政策规定，能够用于抵扣销项税额的进项费用支出，宜尽量索要专用发票；不能抵扣销项税额的进项费用支出，可以索要普通发票。进项费用支出取得增值税专用发票，并在开具之日起规定时间内（360天）认证后，可以抵扣销项税额。对于有些进项费用支出，虽取得增值税专用发票，但税务政策规定也不可用于抵扣销项税额（如：因非正常损失引起的材料购买等。如果非正常损失的责任方是承包商，业主方是不会额外追加工程款的）。

6. 增值税应缴纳税额计算

（1）简易计税方法

应缴纳税额=不含税销售额×税率

（2）一般计税方法

1）无可抵扣进项税额时，应纳税额=不含税销售额×税率。

2）有可抵扣进项税额时，应纳税额=销项税额-进项税额=不含税销售额×税率-可抵扣进项费用×税率-可抵扣设备投资×税率=含税销售额×税率/(1+税率)-可抵扣进项费用×税率-可抵扣设备投资×税率。

7. 总成本

价格（价值）原理的基本表达式为：价格（价值）=成本+利润+税金。这三部分是相互独立的。但是，从实施“营改增”之后，财务会计领域都是把普票进项税额和不可抵扣专票进项税额合并到成本之中。

典型案例母题

试题一（价款结算与偏差分析结合）

某工程项目发包人与承包人签订了施工合同，工期4个月，工程内容包括A、B两项分项工程，综合单价分别为360.00元/m^3、220.00元/m^3；管理费和利润为人材机费用之和的16%；规费和税金为人材机费用、管理费和利润之和的10%，各分项工程每月计划和实际完成工程量及单价措施项目费用见表6-5。

分项工程每月计划和实际完成工程量及单价措施项目费用　　表 6-5

工程量和费用名称		月份				合计
		1	2	3	4	
A 分项工程（m^3）	计划工程量	200	300	300	200	1000
	实际工程量	200	320	360	300	1180
B 分项工程（m^3）	计划工程量	180	200	200	120	700
	实际工程量	180	210	220	90	700
单价措施项目费用（万元）		2	2	2	1	7

总价措施项目费用 6 万元（其中安全文明施工费 3.6 万元）；暂列金额 15 万元。

合同中有关工程价款结算与支付的约定如下：

1. 开工日 10 天前，发包人应向承包人支付合同价款（扣除暂列金额和安全文明施工费）的 20%作为工程预付款，工程预付款在第 2、3 个月的工程价款中平均扣回。

2. 开工后 10 日内，发包人应向承包人支付安全文明施工费的 60%，剩余部分和其他总价措施项目费用在第 2、3 个月平均支付。

3. 发包人按每月承包人应得工程进度款的 90%支付。

4. 当分项工程工程量增加（或减少）幅度超过 15%时，应调整综合单价，调整系数为 0.9（或 1.1）；措施项目费按无变化考虑。

5. B 分项工程所用的两种材料采用动态结算方法结算，该两种材料在 B 分项工程费用中所占比例分别为 12%和 10%，基期价格指数均为 100。

施工期间，经监理工程师核实及发包人确认的有关事项如下：

1. 第 2 个月发生现场计日工的人工费、材料费、机械费为 6.8 万元；

2. 第 4 个月 B 分项工程动态结算的两种材料价格指数分别为 110 和 120。

【问题】

1. 该工程合同价为多少万元？工程预付款为多少万元？

2. 第 2 个月发包人应支付给承包人的工程价款为多少万元？

3. 到第 3 个月末，B 分项工程的进度偏差为多少万元？

4. 第 4 个月 A、B 两项分项工程的工程价款各为多少万元？发包人在该月应支付给承包人的工程价款为多少万元？（计算结果保留三位小数）

【参考答案】

1. 合同价=[(360×1000+220×700)/10000+7+6+15]×(1+10%)=87.340（万元）

工程预付款=[(360×1000+220×700)/10000+7+6-3.6]×(1+10%)×20%=13.376（万元）

2. 第 2、3 月支付措施费=(6-3.6×60%)/2=1.920（万元）

第 2 月应支付给承包人的工程价款=[(360×320+220×210)/10000+2+1.92+6.8×1.16]×(1+10%)×90%-13.376/2=20.981（万元）

3. 第 3 月末已完工程计划投资=(180+210+220)×220×(1+10%)/10000=14.762（万元）

第 3 月末拟完工程计划投资 = (180+200+200)×220×(1+10%)/10000 = 14.036（万元）

第 3 月末进度偏差 = 已完工程计划投资 − 拟完工程计划投资 = 14.762 − 14.036 = 0.726（万元）

B 工作第 3 月末进度提前 0.726 万元。

4.（1180−1000）/1000 = 18%>15%，需要调价。

1000×(1+15%) = 1150（m^3），超过 15%的工程量为 1180−1150 = 30（m^3）

第 4 月 A 分项工程价款 = [(300−30)×360+30×360×0.9]×(1+10%)/10000 = 11.761（万元）

第 4 月 B 分项工程价款 = 90×220×(1+10%)×(78%+12%×110/100+10%×120/100)/10000 = 2.248（万元）

第 4 月措施费 = 1×(1+10%) = 1.100（万元）

第 4 月应支付工程价款 = (11.761+2.248+1.1)×90% = 13.598（万元）

试题二（进度款结算、竣工结算价款与偏差分析结合）

某工程项目发包人与承包人签订了施工合同，工期 5 个月。分项工程和单价措施项目的造价数据与经批准的施工进度计划如表 6-6 所示；总价措施项目费用 9 万元（其中含安全文明施工费 3 万元）、暂列金额 12 万元。管理费和利润为人材机费用之和的 15%。规费和税金为人材机费用与管理费、利润之和的 10%。

分项工程和单价措施项目的造价数据与施工进度计划　　表 6-6

分项工程和单价措施项目				施工进度计划（单位：月）				
名称	工程量	综合单价	合价（万元）	1	2	3	4	5
A	600m^3	180 元/m^3	10.8					
B	900m^3	360 元/m^3	32.4					
C	1000m^3	280 元/m^3	28.0					
D	600m^3	90 元/m^3	5.4					
合计			76.6	计划与实际施工均为匀速进度				

有关工程价款结算与支付的合同约定如下：

1. 开工前发包人向承包人支付签约合同价（扣除总价措施费与暂列金额）的 20%作为预付款，预付款在第 3、4 个月平均扣回；

2. 安全文明施工费工程款于开工前一次性支付；除安全文明施工费之外的总价措施项目费用工程款在开工后的前 3 个月平均支付；

3. 施工期间除总价措施项目费用外的工程款按实际施工进度逐月结算；

4. 发包人按每次承包人应得的工程款的85%支付；

5. 竣工验收通过后的60天内进行工程竣工结算，竣工结算时扣除工程实际总价的3%作为工程质量保证金，剩余工程款一次性支付；

6. C分项工程所需的甲种材料用量为500m^3，在招标时确定的暂估价为80元/m^3，乙种材料用量为400m^3，投标报价为40元/m^3。工程款逐月结算时，甲种材料按实际购买价格调整，乙种材料当购买价在投标报价的±5%以内变动时，C分项工程的综合单价不予调整，变动超过±5%以上时，超过部分的价格调整至C分项综合单价中。

该工程如期开工，施工中发生了经承发包双方确认的以下事项：

（1）B分项工程的实际施工时间为2~4月；

（2）C分项工程甲种材料实际购买价为85元/m^3，乙种材料的实际购买价是50元/m^3；

（3）第4个月发生现场签证零星工作费用2.4万元。

【问题】

1. 合同价为多少万元？预付款是多少万元？开工前支付的措施项目款为多少万元？

2. 求C分项工程的综合单价是多少元/m^3？3月份完成的分部工程和单价措施费是多少万元？3月份业主应支付的工程款是多少万元？

3. 列式计算第3月末累计分项工程和单价措施项目拟完工程计划费用、已完工程计划费用、已完工程实际费用，并分析进度偏差（投资额表示）与投资偏差（投资额表示）。

4. 除现场签证费用外，若工程实际发生其他项目费用8.7万元，试计算工程实际造价及竣工结算价款。（计算结果均保留三位小数）

【参考答案】

1. 合同价=(76.6+9+12)×(1+10%)=107.360（万元）

预付款=76.6×(1+10%)×20%=16.852（万元）

开工前支付的措施项目款=3×(1+10%)×85%=2.805（万元）

2.（1）甲种材料价格为85元/m^3，甲增加材料款=500×(85−80)×(1+15%)=2875（元）

由于（50−40)/40=25%>5%，乙增加材料款=400×40×20%×(1+15%)=3680（元）

C分项工程的综合单价=280+(2875+3680)/1000=286.555（元/m^3）

（2）3月份完成的分部工程和单价措施费=32.4/3+1000/3×286.555/10000=20.352（万元）

（3）3月份业主应支付的工程款=20.352×(1+10%)×85%+(9−3)/3×(1+10%)×85%−16.852/2=12.473（万元）

3. 第3月末分项工程和单价措施项目

累计拟完工程计划费用=10.8+32.4+28×2/3=61.867（万元）

累计已完工程计划费用=10.8+32.4×2/3+28×2/3=51.067（万元）

累计已完工程实际费用=10.8+32.4×2/3+1000×2/3×286.555/10000=51.504（万元）

进度偏差=累计已完工程计划投资−累计拟完工程计划投资=(51.067−61.867)×1.1=−11.880（万元），实际进度拖后11.88万元。

费用偏差=累计已完工程计划投资-累计已完工程实际投资=(51.067-51.504)×1.1=-0.481（万元），实际费用增加0.481万元。

4. 工程实际造价=(76.6+9+2.4+8.7)×(1+10%)=106.370（万元）

竣工结算价=106.370×(1-3%-85%)=12.764（万元）

试题三（进度款结算、竣工结算价款与增值税计算结合）

某工程项目发承包双方签订了施工合同，工期为4个月。有关工程价款及其支付条款约定如下：

1. 工程价款

（1）分项工程项目费用合计59.2万元，包括分项工程A、B、C三项，清单工程量分别为600m^3、800m^3、900m^3，综合单价分别为300元/m^3、380元/m^3、120元/m^3。

（2）单价措施项目费用6万元，不予调整。

（3）总价措施项目费用8万元，其中，安全文明施工费按分项工程和单价措施项目费用之和的5%计取（随计取基数的变化在第4个月调整），除安全文明施工费之外的其他总价措施项目费用不予调整。

（4）暂列金额5万元。

（5）管理费和利润按人材机费用之和的18%计取，规费按人材机费和管理费、利润之和的5%计取，增值税率为9%。

（6）上述费用均不包含增值税可抵扣进项税额。

2. 工程款支付

（1）开工前，发包人分项工程和单价措施项目工程款的20%支付给承包人作为预付款（在第2~4个月的工程款中平均扣回），同时将安全文明施工费工程款全额支付给承包人。

（2）分项工程价款按完成工程价款的85%逐月支付。

（3）单价措施项目和除安全文明施工费之外的总价措施项目工程款在工期第1~4个月均衡考虑，按85%比例逐月支付。

（4）其他项目工程款的85%在发生当月支付。

（5）第4个月调整安全文明施工费工程款，增（减）额当月全额支付（扣除）。

（6）竣工验收通过后30天内进行工程结算，扣留工程总造价的3%作为质量保证金，其余工程款作为竣工结算最终付款一次性结清。

施工期间分项工程计划和实际进度见表6-7。

施工期间分项工程计划和实际进度　　表6-7

分项工程及工程量		第1月	第2月	第3月	第4月	合计
A	计划工程量（m^3）	300	300			600
	实际工程量（m^3）	200	200	200		600
B	计划工程量（m^3）	200	300	300		800
	实际工程量（m^3）		300	300	300	900

续表

分项工程及工程量		第1月	第2月	第3月	第4月	合计
C	计划工程量（m^3）		300	300	300	900
	实际工程量（m^3）		200	400	300	900

在施工期间第3个月，发生一项新增分项工程D。经发承包双方核实确认，其工程量为300m^2，每平方米所需不含税人工和机械费用为110元，每平方米机械费可抵扣进项税额为10元；每平方米所需甲、乙、丙三种材料不含税费用分别为80元、50元、30元，可抵扣进项税率分别为3%、11%、17%。

【问题】

1. 该工程签约合同价为多少万元？开工前发包人应支付给承包人的预付款和安全文明施工费工程款分别为多少万元？

2. 第2个月，承包人完成合同价款为多少万元？发包人应支付合同价款为多少万元？截至第2个月末，分项工程B的进度偏差为多少万元？

3. 新增分项工程D的综合单价为多少元/m^2？该分项工程费为多少万元？销项税额、可抵扣进项税额、应缴纳增值税额分别为多少万元？

4. 该工程竣工结算合同价增减额为多少万元？如果发包人在施工期间均已按合同约定支付给承包商各项工程款，假定累计已支付合同价款87.099万元（含材料预付款），则竣工结算最终付款为多少万元？（计算过程和结果保留三位小数）

【参考答案】

1. 签约合同价=(59.2+6+8+5)×(1+5%)×(1+9%)=78.2×1.1655=89.500（万元）

发包人应支付给承包人的预付款=(59.2+6)×(1+5%)×(1+9%)×20%=14.924（万元）

发包人应支付给承包人的安全文明施工费工程款=(59.2+6)×5%×(1+5%)×(1+9%)=3.731（万元）

2. 承包人完成合同价款为：

[(200×300+300×380+200×120)/10000+(6+8−65.2×5%)/4]×(1+5%)×(1+9%)=(19.8+2.685)×(1+5%)×(1+9%)=25.734（万元）

发包人应支付合同价款为：

25.734×85%−14.924/3=16.899（万元）

分项工程B的进度偏差为：

已完工程计划投资=300×380×(1+5%)×(1+9%)=13.047（万元）

拟完工程计划投资=(200+300)×380×(1+5%)×(1+9%)=21.746（万元）

进度偏差=已完工程计划投资−拟完工程计划投资=13.047−21.746=−8.699（万元）

进度拖后8.699万元。

3. 分项工程D的综合单价=(110+80+50+30)×(1+18%)=318.600（元/m^2）

D分项工程费=300×318.6/10000=9.558（万元）

销项税额 = 9.558×(1+5%)×9% = 0.903（万元）

可抵扣进项税额 = 300×(10+80×3%+50×11%+30×17%)/10000 = 0.690（万元）

应缴纳增值税额 = 0.903−0.690 = 0.213（万元）

4. 增加分项工程费 = 100×380/10000+9.558 = 13.358（万元）

增加安全文明施工费 = 13.358×5% = 0.668（万元）

合同价增减额 = [13.358×(1+5%)−5]×(1+5%)×(1+9%) = 10.330（万元）

竣工结算最终付款为（89.5+10.33）×(1−3%)−87.099 = 9.736（万元）

试题四（进度款结算、竣工结算价款、增值税计算与偏差分析结合）

某工程项目发承包双方签订了工程施工合同，工期5个月，合同约定的工程内容及其价款包括：分部分项工程项目（含单价措施项目）4项。费用数据与施工进度计划见表6-8；总价措施项目费用10万元（其中含安全文明施工费6万元）；暂列金额费用5万元；管理费和利润为不含税人材机费用之和的12%；规费为不含税人材机费用与管理费、利润之和的6%；增值税率为9%。

分部分项工程项目费用数据与施工进度计划　　表6-8

分部分项工程项目（含单价措施项目）				施工进度计划（单位：月）				
名称	工程量	综合单价	费用（万元）	1	2	3	4	5
A	800m^3	360元/m^3	28.8	——	——			
B	900m^3	420元/m^3	37.8		——	——		
C	1200m^2	280元/m^2	33.6			——	——	——
D	1000m^2	200元/m^2	20.0				——	——
合计			120.2	注：计划和实际施工进度均为匀速进度				

有关工程价款支付条款如下：

1. 开工前，发包人按签约含税合同价（扣除安全文明施工费和暂列金额）的20%作为预付款支付承包人，预付款在施工期间的第2~5个月平均扣回，同时将安全文明施工费的70%作为提前支付的工程款。

2. 分部分项工程项目工程款在施工期间逐月结算支付。

3. 分部分项工程C所需的工程材料C_1用量1250m^2，承包人的投标报价为60元/m^2（不含税）。当工程材料C_1的实际采购价格在投标报价的±5%以内时，分部分项工程C的综合单价不予调整；当变动幅度超过该范围时，按超过的部分调整分部分项工程C的综合单价。

4. 除开工前提前支付的安全文明施工费工程款之外的总价措施项目工程款，在施工期间的第1~4个月平均支付。

5. 发包人按每次承包人应得工程款的90%支付。

6. 竣工验收通过后45天内办理竣工结算，扣除实际工程含税总价款的3%作为工程质量保证金，其余工程款发承包双方一次性结清。

该工程如期开工，施工中发生了经发承包双方确认的下列事项：

1. 分部分项工程 B 的实际施工时间为第 2~4 个月。

2. 分部分项工程 C 所需的工程材料 C_1 实际采购价格为 70 元/m^2（含可抵扣进项税，税率为 3%）。

3. 承包人索赔的含税工程款为 4 万元。

其余工程内容的施工时间和价款均与签约合同相符。

【问题】

1. 该工程签约合同价（含税）为多少万元？开工前发包人应支付给承包人的预付款和安全文明施工费工程款分别为多少万元？

2. 第 2 个月，发包人应支付给承包人的工程款为多少万元？截止到第 2 个月末，分部分项工程的拟完工程计划投资、已完工程计划投资分别为多少万元？工程进度偏差为多少万元？并根据计算结果说明进度快慢情况。

3. 分部分项工程 C 的综合单价应调整为多少元/m^2？如果除工程材料 C_1 外的其他进项税额为 2.8 万元（其中，可抵扣进项税额为 2.1 万元），则分部分项工程 C 的销项税额、可抵扣进项税额和应缴纳增值税额分别为多少万元？

4. 该工程实际总造价（含税）比签约合同价（含税）增加（或减少）多少万元？假定在办理竣工结算前发包人已支付给承包人的工程款（不含预付款）累计为 110 万元，则竣工结算时，发包人应支付给承包人的结算尾款为多少万元？

（注：计算结果以“元”为单位的保留两位小数，以“万元”为单位的保留三位小数。）

【参考答案】

1. ① 签约合同价=(120.2+10+5)×(1+6%)×(1+9%)=156.210（万元）

② 预付款=(120.2+4)×(1+6%)×(1+9%)×20%=28.700（万元）

③ 安全文明施工措施费工程款=6×70%×(1+6%)×(1+9%)×90%=4.367（万元）

2. ① 第 2 个月应支付的工程款={[(28.8/2+37.8/3)+(10−6×70%)/4]×(1+6%)×(1+9%)}×90%−28.7/4=(27+1.45)×(1+6%)×(1+9%)×90%−7.175=22.409（万元）

② 拟完工程计划投资：

(28.8+37.8/2)×(1+6%)×(1+9%)=55.113（万元）

已完工程计划投资：

(28.8+37.8/3)×(1+6%)×(1+9%)=47.834（万元）

进度偏差=47.834−55.113=−7.279（万元），进度滞后 7.279 万元。

3. ①C 实际采购价（不含税）=70/1.03=67.96（元/m^2）

(67.96−60)/60=13.27%>5%，综合单价可以调整。

C_1 的材料单价可调整额为：(67.96−60×1.05)×(1+12%)=5.56（元/m^2）

C 的综合单价调整为：280+5.56×1250/1200=285.79（元/m^2）

② 销项税额=285.79×1200/10000×(1+6%)×9%=3.272（万元）

可抵扣的进项税=2.1+67.96×3%×1250/10000=2.355（万元）

应纳增值税额=3.272−2.355=0.917（万元）

4. ① 实际总造价 = (28.8+37.8+1200×285.79/10000+20+10)×(1+6%)×(1+9%)+4 = 155.236（万元）

签约合同价 = 156.210（万元）

155.236−156.210 = −0.974（万元），实际总造价（含税）比签约合同价（含税）减少了 0.974 万元。

②竣工结算尾款 = 155.236×(1−3%)−110−28.7 = 11.879（万元）

试题五（进度款结算、竣工结算价款计算）

某工程项目发承包双方签订了建设工程施工合同，工期 5 个月，有关背景资料如下：

1. 工程价款方面

（1）分项工程项目费用合计 824000 元，包括分项工程 A、B、C 三项，清单工程量分别为 800m^3、1000m^3、1100m^3，综合单价分别为 280 元/m^3、380 元/m^3、200 元/m^3。当分项工程项目工程量增加（或减少）幅度超过 15%时，综合单价调整系数为 0.9（或 1.1）。

（2）单价措施项目费用合计 90000 元，其中与分项工程 B 配套的单价措施项目费用为 36000 元，该费用根据分项工程 B 的工程量变化同比例变化，并在第 5 个月统一调整支付，其他单价措施项目费用不予调整。

（3）总价措施项目费用合计 130000 元，其中安全文明施工费按分项工程和单价措施项目费用之和的 5%计取，该费用根据计取基数变化在第 5 个月统一调整支付，其余总价措施项目费用不予调整。

（4）其他项目费用合计 206000 元，包括暂列金额 80000 元和需分包的专业工程暂估价 120000 元（另计总承包服务费 5%）。

（5）上述工程费用均不包含增值税可抵扣进项税额。

（6）管理费和利润按人材机费用之和的 20%计取，规费按人材机费、管理费、利润之和的 6%计取，增值税率为 9%。

2. 工程款支付方面

（1）开工前，发包人按签约合同价（扣除暂列金额和安全文明施工费）的 20%支付给承包人作为预付款（在施工期间的第 2~4 个月的工程款中平均扣回），同时将安全文明施工费按工程款支付方式提前支付给承包人。

（2）分项工程项目工程款逐月结算。

（3）除安全文明施工费之外的措施项目工程款在施工期间的第 1~4 个月平均支付。

（4）其他项目工程款在发生当月结算。

（5）发包人按每次承包人应得工程款的 90%支付。

（6）发包人在承包人提交竣工结算报告后的 30 天内完成审查工作，承包人向发包人提供所在开户银行出具的工程质量保函（保函额为竣工结算价的 3%），并完成结清支付。

施工期间第 3 个月，经发承包双方共同确认：分包专业工程费用为 105000（不含可抵扣进项税），专业分包人获得的增值税可抵扣进项税额合计为 7600 元。

施工期间各月分项工程计划和实际完成工程量表　　表 6-9

分项工程		施工周期（月）					合计
		1	2	3	4	5	
A	计划工程量（m^3）	400	400				800
	实际工程量（m^3）	300	300	200			800
B	计划工程量（m^3）	300	400	300			1000
	实际工程量（m^3）		400	400	400		1200
C	计划工程量（m^3）			300	400	400	1100
	实际工程量（m^3）			300	450	350	1100

【问题】

1. 该工程的合同价为多少元？安全文明施工费工程款为多少元？开工前发包人应支付给承包人的预付款和安全文明施工费工程款分别为多少元？

2 施工至第 2 个月末，承包人累计完成分项工程合同价款为多少元？发包人累计应支付承包人的工程款（不包括开工前支付的工程款）为多少元？分项工程 A 的进度偏差为多少元？

3. 该工程的分项工程项目、措施项目、分包专业工程项目合同额（含总承包服务费）分别增减多少元？

4. 该工程的竣工结算价为多少元？如果在开工前和施工期间发包人均已按合同约定支付了承包人预付款和各项工程款，则竣工结算时，发包人完成结清支付时，应支付给承包人的结算款为多少元？

（注：计算结果四舍五入取整数）

【参考答案】

1. 签约合同价 =（824000 + 90000 + 130000 + 206000）×（1 + 6%）×（1 + 9%）= 1444250（元）

安全文明施工费工程款 =（824000+90000）×5%×（1+6%）×（1+9%）= 45700（1+6%）×（1+9%）= 52801. 78 = 52802（元）

预付款 = [1444250−（45700+80000）×（1+6%）×（1+9%）]×20% = 259803. 244 = 259803（元）

应支付安全文明施工费工程款 = 45700×（1+6%）×（1+9%）×90% = 47521. 602 = 47522（元）

2. 第 2 月末累计完成分项工程合同价款 =（600×280+400×380）×（1+6%）×（1+9%）= 369728（元）

第 2 月末发包人累计应支付的工程款 = 369728×90%+（90000+130000−45700）×（1+6%）×（1+9%）÷4×2×90%−259803÷3 = 332755. 2+90623. 799−86601 = 336778（元）

A 工作的进度偏差 =（600−800）×280×（1+6%）×（1+9%）= −64702. 4 = −64702（元）

进度拖后 64702 元。

3. 分项工程增加合同额=[50×380×0.9+150×380]×(1+6%)×(1+9%)=74100×(1+6%)×(1+9%)=85615（元）

增加单价措施项目费=36000÷1000×200=7200（元）

措施项目增加合同额=[7200+(74100+7200)×5%]×(1+6%)×(1+9%)=11265×(1+6%)×(1+9%)=13015.581=13015（元）

分包专业工程项目增加合同额（含总承包服务费）=[(105000−120000)×(1+5%)]×(1+6%)×(1+9%)=−18197.55=−18198（元）

4. 竣工结算价=1444250+85615+13015−18198−80000×(1+6%)×(1+9%)=1432250（元）

结算款=1432250(1−90%)=143225（元）

试题六（进度款结算、竣工结算价款、增值税计算）

某施工项目发承包双方签订了工程合同，工期 5 个月。合同约定的工程内容及其价款包括：分项工程（含单价措施）项目 4 项，费用数据与施工进度计划如表 6-10 所示；安全文明施工费为分项工程费用的 6%，其余总价措施项目费用为 8 万元，暂列金额为 12 万元；管理费和利润为不含税人材机费用之和的 12%；规费为人材机费用和管理费、利润之和的 7%；增值税率为 9%。

费用数据与施工进度计划　　表 6-10

分项工程项目				施工进度计划（单位：月）				
名称	工程量	综合单价	费用（万元）	1	2	3	4	5
A	600m³	300 元/m³	18.0					
B	900m³	450 元/m³	40.5					
C	1200m³	320 元/m³	38.4					
D	1000m³	240 元/m³	24.0					
			120.9	每项分项工程计划进度均为匀速进度				

有关工程价款支付约定如下：

1. 开工前，发包人按签约合同价（扣除安全文明施工费和暂列金额）的 20%支付给承包人作为工程预付款（在施工期间第 2~4 月工程款中平均扣回），同时将安全文明施工费按工程款方式提前支付给承包人。

2. 分项工程进度款在施工期间逐月结算支付。

3. 总价措施项目工程款（不包括安全文明施工费工程款）按签约合同价在施工期间第 1~4 月平均支付。

4. 其他项目工程款在发生当月按实结算支付。

5. 发包人按每次承包人应得工程款的 85%支付。

6. 发包人在承包人提交竣工结算报告后 45 日内完成审查工作，并在承包人提供所在开户行出具的工程质量保函（保函额为竣工结算价的 3%）后，支付竣工结算款。

该工程如期开工，施工期间发生了经发承包双方确认的下列事项：

1. 分项工程 B 在第 2、3、4 月分别完成总工程量的 20%、30%、50%。

2. 第 3 月新增分项工程 E，工程量为 300m²，每平方米不含税人工、材料、机械的费用分别为 60 元、150 元、40 元，可抵扣进项增值税综合税率分别为 0、9%、5%。相应的除安全文明施工费之外的其余总价措施项目费用为 4500 元。

3. 第 4 月发生现场签证、索赔等工程款 3. 5 万元。

其余工程内容的施工时间和价款均与原合同约定相符。

【问题】

1. 该工程签约合同价中的安全文明施工费为多少万元？签约合同价为多少万元？开工前发包人应支付给承包人的工程预付款和安全文明施工费工程款分别为多少万元？

2. 施工至第 2 月末，承包人累计完成分项工程的费用为多少万元？发包人累计应支付的工程进度款为多少万元？分项工程进度偏差为多少万元（不考虑总价措施项目费用的影响）？

3. 分项工程 E 的综合单价为多少元/m²？可抵扣增值税进项税额为多少元？工程款为多少万元？

4. 该工程合同价增减额为多少万元？如果开工前和施工期间发包人均按约定支付了各项工程价款，则竣工结算时，发包人应支付给承包人的结算款为多少万元？

（注：计算过程和结果有小数时，以“万元”为单位的保留三位小数，其他单位的保留两位小数）

【参考答案】

1. 安全文明施工费 = 120. 9×6% = 7. 254（万元）

签约合同价 =（120. 9+7. 254+8+12）×（1+7%）×（1+9%）= 172. 792（万元）

工程预付款 =［172. 792−（7. 254+12）×（1+7%）×（1+9%）］×20% = 30. 067（万元）

预付安全文明施工费工程款 = 7. 254×（1+7%）×（1+9%）×85% = 7. 191（万元）

2. 第 2~4 月，每月扣回的预付款 = 30. 067/3 = 10. 022（万元）

累计完成分项工程费用 = 18+40. 5×20%+38. 4/3 = 38. 900（万元）

累计应支付的工程进度款 =（38. 900+8/4×2）×（1+7%）×（1+9%）×85%−10. 022 = 32. 507（万元）

累计应支付的工程款 = 7. 191+（38. 900+8/4×2）×（1+7%）×（1+9%）×85%−10. 022 = 39. 698（万元）

已完工程计划投资 = 38. 900×（1+7%）×（1+9%）= 45. 369（万元）

拟完工程计划投资 =（18+40. 5/2+38. 4/3）×（1+7%）×（1+9%）= 59. 540（万元）

进度偏差 = 45. 369−59. 540 = −14. 171（万元），进度拖后 14. 171 万元。

3. 分项工程 E 的综合单价 = (60+150+40) × (1+12%) = 280.00（元/m^2）

可抵扣增值税进项税 = (150×9%+40×5%) ×300 = 4650.00（元）

E 的工程款 = (280×300+280×300×6%+4500) × (1+7%) × (1+9%) /10000 = 10.910（万元）

4. 合同增减额 = 10.910+3.5−12× (1+7%) × (1+9%) = 0.414（万元）

竣工结算款 = (172.792+0.414) × (1−85%) = 25.981（万元）